CAD/CAM/CAE/EDA 微视频讲解大系

U0167596

中文版 MATLAB 2022
数学建模从入门到精通

（实战案例版）

260 分钟同步微视频讲解　132 个实例案例分析

☑回归模型　☑非线性回归模型　☑线性规划模型　☑非线性规划模型　☑整数规划模型
☑二次规划模型　☑目标规划模型　☑遗传算法求解数学规划模型　☑极值最值问题模型

天工在线　编著

中国水利水电出版社
www.waterpub.com.cn
·北京·

内 容 提 要

《中文版 MATLAB 2022 数学建模从入门到精通（实战案例版）》以目前新版、功能全面的 MATLAB 2022 软件为基础，详细介绍了 MATLAB 数学建模和数学计算的相关知识，既是一本涉及数学建模和数学计算的 MATLAB 教程，也是一本讲解清晰的包含 137 集同步微视频的 MATLAB 视频教程。

全书共 14 章，内容包括 MATLAB 数值计算基础、数据可视化分析、数学建模基础、数据统计和分析、回归模型、最小二乘法求解非线性回归模型、线性规划模型、整数规划模型、求解特定非线性规划模型、二次规划模型、目标规划模型、遗传算法求解数学规划模型、极值最值问题模型、测定线膨胀系数设计实例等知识。基础知识和经典案例相结合，使知识掌握得更容易，学习更有目的性。

本书除配备了全书实例的源文件和对应的讲解视频外，还赠送了 9 套拓展案例的教学视频和操作源文件，读者可按照前言中的说明进行下载学习。

本书既可作为 MATLAB 软件初学者的入门用书，也可作为理工科院校相关专业的教材或辅导用书。MATLAB 功能强大，对大数据处理技术、深度学习和虚拟现实感兴趣的读者，可参考学习本书的相关内容。

图书在版编目（CIP）数据

中文版 MATLAB 2022数学建模从入门到精通 ： 实战
案例版 / 天工在线编著. -- 北京 ： 中国水利水电出版
社，2023.9
（CAD/CAM/CAE/EDA微视频讲解大系）
ISBN 978-7-5226-1650-6

Ⅰ．①中⋯ Ⅱ．①天⋯ Ⅲ．①Matlab软件－应用－数
学模型 Ⅳ．①O141.4

中国国家版本馆 CIP 数据核字(2023)第 134191 号

丛 书 名	CAD/CAM/CAE/EDA 微视频讲解大系
书　　名	中文版 MATLAB 2022 数学建模从入门到精通（实战案例版） ZHONGWENBAN MATLAB 2022 SHUXUE JIANMO CONG RUMEN DAO JINGTONG
作　　者	天工在线　编著
出版发行	中国水利水电出版社 （北京市海淀区玉渊潭南路 1 号 D 座　100038） 网址：www.waterpub.com.cn E-mail：zhiboshangshu@163.com 电话：（010）62572966-2205/2266/2201（营销中心）
经　　售	北京科水图书销售有限公司 电话：（010）68545874、63202643 全国各地新华书店和相关出版物销售网点
排　　版	北京智博尚书文化传媒有限公司
印　　刷	河北文福旺印刷有限公司
规　　格	203mm×260mm　16 开本　22 印张　590 千字
版　　次	2023 年 9 月第 1 版　2023 年 9 月第 1 次印刷
印　　数	0001—5000 册
定　　价	89.80 元

前 言

Preface

    MATLAB 是美国 MathWorks 公司出品的一款优秀的商业数学软件,它将数值分析、矩阵计算、数据可视化及非线性动态系统的建模和仿真等诸多强大的功能集成在一个易于使用的视窗环境中,为科学研究、工程设计,以及与数值计算相关的众多科学领域提供了一种全面的解决方案,并成为自动控制、应用数学、信息与计算科学等专业的本科生与研究生必须掌握的基本技能。

    MATLAB 功能强大,应用范围广泛,是各大公司和科研机构相关专业的专用软件,也是各高校理工科相关学生必须掌握的专业技能之一。本书以目前版本最新、功能最全面的 MATLAB 2022 为基础进行编写。

本书特点

↘ 内容合理,适合自学

    本书定位以初学者为主。MATLAB 功能强大,为了帮助初学者快速掌握 MATLAB 数学建模的使用方法和应用技巧,本书从基础着手,详细对 MATLAB 的基本功能进行介绍,同时根据不同读者的需求,在数学计算和数学建模领域进行了详细的介绍,让读者快速入门。

↘ 视频讲解,通俗易懂

    为了提高学习效率,本书中的大部分实例都录制了教学视频。视频录制时采用模仿实际授课的形式,在各知识点的关键处给出解释、提醒和注意事项。专业知识和经验的提炼,让读者在高效学习的同时,更多体会 MATLAB 功能的强大,以及数学建模的魅力与乐趣。

↘ 内容全面,实例丰富

    本书在有限的篇幅内,包罗了 MATLAB 2022 数学计算和数学建模常用的全部功能,包括 MATLAB 数值计算基础、数据可视化分析、数学建模基础、数据统计和分析、回归模型、最小二乘法求解非线性回归模型、线性规划模型、整数规划模型、求解特定非线性规划模型、二次规划模型、目标规划模型、遗传算法求解数学规划模型、极值最值问题模型、测定线膨胀系数设计实例等内容。知识点全面、够用。在介绍知识点时,辅以大量中小型实例,并提供具体的分析和设计过程,以帮助读者快速理解并掌握 MATLAB 数学计算和数学建模的知识要点和使用技巧。

本书显著特色

↘ 体验好,随时随地学习

    二维码扫一扫,随时随地看视频。书中大部分实例都提供了二维码,读者朋友可以通过手机扫一扫,随时随地观看相关的教学视频。(若个别手机不能播放,请参考下方"本书学习资源及获取方式",下载后在计算机上进行观看。)

➲ **实例多，用实例学习更高效**

实例多，覆盖范围广泛，用实例学习更高效。 为方便读者学习，针对本书实例专门制作了 137 集配套教学视频，读者可以先看视频，像看电影一样轻松、愉悦地学习本书内容，然后对照书中内容加以实践和练习，可以大大提高学习效率。

➲ **入门易，全力为初学者着想**

遵循学习规律，入门实战相结合。 本书采用"基础知识+中小实例+综合实例+大型案例"的编写模式，内容由浅入深，循序渐进，入门与实战相结合。

➲ **服务快，让你学习无后顾之忧**

提供 QQ 群在线服务，随时随地可交流。 本书提供微信公众号、QQ 群等多渠道贴心服务。

本书学习资源及获取方式

本书除配带全书实例的讲解视频和操作源文件外，还赠送 9 套应用案例的教学视频和操作源文件，读者可以通过以下方法下载资源后使用。

（1）读者请使用手机微信的扫一扫功能扫描左侧的微信公众号二维码，或者在微信公众号中搜索"设计指北"，关注后输入 mat1650 并发送到公众号后台，获取本书资源的下载链接，将该链接复制到计算机浏览器的地址栏中，根据提示进行下载。

（2）读者可加入 QQ 群 939357232（若群满，则会创建新群，请根据加群时的提示加入对应的群），与老师和其他读者进行在线交流与学习。

◀》 **注意：**

在学习本书或按照本书中的实例进行操作之前，请先在计算机中安装 MATLAB 2022 软件，您可以在 MathWorks 中文官网中下载 MATLAB 软件试用版本（或购买正版），也可在网上商城、软件经销商处购买安装软件。

关于作者

本书由天工在线组织编写。天工在线是一个 CAD/CAM/CAE/EDA 技术研讨、工程开发、培训咨询和图书创作的工程技术人员协作联盟，包含 40 多位专职和众多兼职 CAD/CAM/CAE/EDA 工程的技术专家。天工在线负责人由 Autodesk 中国认证考试中心首席专家担任，全面负责 Autodesk 中国官方认证考试的大纲制定、题库建设、技术咨询和师资力量培训工作，成员精通 Autodesk 系列软件。其创作的很多教材成为国内具有引导性的旗帜作品，在国内相关专业方向的图书创作领域具有举足轻重的地位。

致谢

本书能够顺利出版，是作者、编辑和所有审校人员共同努力的结果，在此表示深深的感谢。同时，祝福所有读者在通往优秀工程师的道路上一帆风顺。

编 者

2023 年 7 月

目 录

Contents

第 1 章　MATLAB 数值计算基础

内容指南

　　MATLAB 具有三大基本功能：数值计算功能、符号计算功能和图形处理功能。正是因为有了这 3 项强大的基本功能，才使得 MATLAB 成为世界上最优秀、最受用户欢迎的数学软件。

　　MATLAB 中所有数值功能都是以矩阵为基本单元进行运算的，其矩阵运算功能可谓全面、强大。本章简要介绍基本命令、数据类型、向量和矩阵。

内容要点

- ❯ MATLAB 命令的组成
- ❯ MATLAB 中的数据类型
- ❯ 数据计算

1.1　MATLAB 命令的组成

　　MATLAB 语言基于最为流行的 C++语言，因此其语法特征与 C++语言极为相似，而且更加简单，更加符合科技人员对数学表达式的书写格式，更利于非计算机专业的科技人员使用。而且，这种语言可移植性好，可拓展性极强。

　　MATLAB 中不同的数字、字符、符号代表不同的含义，组成了丰富的表达式，能满足用户的各种应用。本节将按照不同的命令生成方法简要介绍各种符号的功能。

1.1.1　基本符号

　　指令行"头首"的>>符号是指令输入提示符，它是自动生成的，如图 1-1 所示。为使书写简洁，本书使用 MATLAB 的 M-book 进行演示，而在 M-book 中运行的指令前是没有提示符的。

　　>>属于运算提示符，表示 MATLAB 处于准备就绪状态。例如，在提示符后输入一条命令或一段程序后按 Enter 键，MATLAB 将给出相应的结果，并将结果保存在工作空间管理窗口中，然后再次显示一个运算提示符，为下一段程序的输入做准备。

　　在 MATLAB 命令窗口中输入汉字时，会出现一个输入窗口，在中文状态下输入的括号和标点等不被认为是命令的一部分，所以，在输入命令时一定要在英文状态下进行。

　　下面介绍几种在命令输入过程中常见的错误及其显示的警告与错误信息。

　　（1）输入的括号为中文格式。

图 1-1　命令行窗口

```
>> sin（）
 sin（）
    ↑
错误：输入字符不是 MATLAB 语句或表达式中的有效字符。
```

（2）函数使用格式错误。

```
>> sin( )
错误使用 sin
输入参数的数目不足。
```

（3）缺少步骤，未定义变量。

```
>> sin(x)
未定义函数或变量 'x'。
```

（4）正确格式。

```
>> x=1
x =
     1
>> sin(x)
ans =
0.8415
```

1.1.2　功能符号

除了命令必须输入的符号外，MATLAB 为了解决命令输入过于烦琐、复杂的问题，采取了分号、续行符及插入变量等方法。

1. 分号

一般情况下，在 MATLAB 命令行窗口中输入命令，系统会随机根据指令输出计算结果。命令显示如下。

```
>> A=[1 2;3 4]
A =
     1     2
     3     4
>> B=[5 6;7 8]
B =
     5     6
     7     8
```

若不想让 MATLAB 每次都显示运算结果，只需在运算式最后加上分号（;），命令显示如下。

```
>> A=[1 2;3 4];
>> B=[5 6;7 8];
>> A,B
A =
     1     2
     3     4
B =
     5     6
     7     8
```

2．续行符

由于命令太长，或出于某种需要，输入指令行必须多行书写时，需要使用特殊符号 "…" 进行处理，如图 1-2 所示。

MATLAB 用 3 个或 3 个以上的连续黑点表示 "续行"，即表示下一行是上一行的继续。

```
>> y=1-1/2+1/3-1/4+ ...
1/5-1/6+1/7-1/8

y =

 0.6345
```

图 1-2　多行输入

3．插入变量

在需要解决的问题比较复杂、采用直接输入的形式比较麻烦、即使添加分号依然无法解决的情况下，可以插入变量，赋予变量名为数值，最后进行计算。

变量在定义之后才可以使用，未定义就会出错，显示警告信息，警告信息字体显示为红色。

```
>> x
未定义函数或变量 'x'。
```

存储变量可以不必定义，随时需要、随时定义，但是有时如果变量很多，需要提前声明，同时也可以直接赋 0 值，并且添加注释，这样方便以后进行区分，避免混淆。

```
>> x=1
x =
     1
>> y=2
y =
     2
```

直接输入 x=1*2，则自动在命令行窗口中显示结果。

```
>> x=1*2
x =
     2
```

命令中包含赋值符号，因此表达式的计算结果被赋给了变量 x。命令执行后，变量 x 被保存在 MATLAB 的工作空间中，以备后用。

若输入 x=1*2;，则按 Enter 键后不显示输出结果，可继续输入命令，完成所有命令的输入后，显示运算结果，命令显示如下。

```
>> x=1*2;
>>
```

1.1.3 常用命令

在使用 MATLAB 语言编制程序时，掌握常用的操作命令或技巧，可以起到事半功倍的效果，下面详细介绍一些常用的命令。

（1）cd：显示或改变工作目录。

```
>> cd
C:\Users\yan\MATLAB              %显示工作目录
```

（2）clc：清除工作窗，含义是用户不想关闭图形窗口，仅仅是想将该窗口中的内容清除。

在命令行中输入 clc，按 Enter 键执行该命令，则自动清除命令行中的所有程序，如图 1-3 所示。

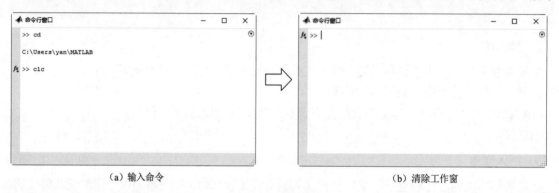

（a）输入命令   （b）清除工作窗

图 1-3 清除命令

（3）clf：清除图形窗口。

（4）clear：清除当前图形窗口中的所有内容，清除工作区中的内存变量，将该图形窗口中除了位置和单位属性外的所有属性都重新设置为默认状态。

输入 clear 命令，则自动清除内存中变量的定义，其调用格式见表 1-1。

表 1-1 clear 调用格式

调 用 格 式	说　　　明
clear	从当前工作区中删除所有变量
clear name1 ... nameN	删除内存中的变量、脚本、函数或 MEX 函数 (name1 ... nameN)
clear -regexp expr1 ... exprN	删除与列出的任何正则表达式匹配的所有变量。此选项仅删除变量
clear ItemType	删除 ItemType 指示的项目类型

扫一扫，看视频

实例——变量赋值

源文件：yuanwenjian\ch01\ep101.m

本实例演示如何给变量 a 赋值 1，然后清除赋值。

MATLAB 程序如下。

```
>> a=2
a =
    2
>> clear a
>> a
未定义函数或变量 'a'。
```

（5）close all：关闭所有打开的文件。

在命令行中输入 close all，按 Enter 键执行该命令，则自动关闭当前打开的所有文件。

1.2　MATLAB 中的数据类型

MATLAB 中支持的数据类型包括逻辑（logical）、字符（char）、数值（numeric）、元胞数组（cell）、结构体（structure）、表格（table）和函数句柄（function handle）。

1. 逻辑型

逻辑型变量值为 1 或 0。

2. 字符型

MATLAB 的字符型输入使用单引号括起来，字符串存储为字符数组，每个元素占一个 ASCII 字符。

3. 数值型

数值型分为整型（int）、单精度浮点型（single）和双精度浮点型（double）。

4. 元胞数组

MATLAB 的元胞数组可存储任意类型和维度的数组。可使用{}访问元胞数组中的变量。

5. 结构体

MATLAB 中的结构体与 C 语言中的类似，一个结构体可通过不同字段存储不同类型的数据。

6. 表格

表格中包含不同类型的数组，用于存储不同类型的数据。

7. 函数句柄

函数句柄可用于间接调用一个函数的 MATLAB 值或数据类型。

1.3　数 据 计 算

强大的计算功能是 MATLAB 软件的特点，数据计算是 MATLAB 软件的基础。MATLAB 包括各种各样的数据，主要包括数值、字符串、向量、矩阵、单元型数据和结构型数据。

MATLAB 还提供了丰富的运算符，能满足用户的各种应用需求。这些运算符包括算术运算符、关系运算符和逻辑运算符。

1.3.1 变量

1. 定义变量

变量是任何程序设计语言的基本元素之一，MATLAB 语言当然也不例外。变量是指在运行时其值可以被改变的量。变量可以被多次赋值，因此变量常用于保存程序中的临时数据。

与其他的程序设计语言相同，在 MATLAB 语言中也存在变量作用域的问题。

（1）局部变量。在未加特殊说明的情况下，MATLAB 语言将所识别的一切变量视为局部变量，即仅在其使用的 M 文件内有效。

（2）全局变量。若要将变量定义为全局变量，则应当对变量进行说明，即在该变量前加 global 关键字。一般来说，全局变量均用大写的英文字符表示。

变量在使用前必须在代码中进行声明，即创建（定义）该变量。

扫一扫，看视频

实例——定义变量

源文件：yuanwenjian\ch01\ep102.m

本实例演示如何定义全局变量。

MATLAB 程序如下。

```
>> x                          %输入字符
函数或变量 'x' 无法识别。        %运行结果显示变量未定义
>> global X                   %为变量 x 定义全局变量
>> X
x =
    []                        %显示定义后的变量运行结果
```

2. 变量赋值

在赋值过程中，如果变量已存在，则 MATLAB 将使用新值代替旧值，并以新值类型代替旧值类型。MATLAB 中变量的命名应遵循以下规则。

（1）变量名必须以字母开头，之后可以是任意的字母、数字或下划线。

（2）变量名区分字母大小写。

（3）变量名不超过 31 个字符，第 31 个字符以后的字符将会被忽略。

MATLAB 赋值语句有以下两种格式。

```
变量=表达式
表达式
```

其中，表达式是用运算符将有关运算量连接起来的句子。一般地，运算结果在命令行窗口中显示出来，若不想让 MATLAB 每次都显示运算结果，只需在运算式最后加上分号（;）。

变量的初始化包括以下两种方式。

（1）使用赋值语句初始化，如：

```
x=1
```

（2）使用 input()函数从键盘中输入，如：

```
x=input('请输入数据')
```

实例——定义数值变量

扫一扫，看视频

源文件：yuanwenjian\ch01\ep103.m

本实例演示如何将数值赋值给变量。

MATLAB 程序如下。

```
>> 30*15
ans =
    450
  >> x=30*15     %将数字的值赋给变量，那么此变量称为数值变量
x =
    450
```

实例——函数赋值

扫一扫，看视频

源文件：yuanwenjian\ch01\ep104.m

本实例演示如何利用函数给变量 x 赋值。

MATLAB 程序如下。

```
>> x=1
x =
    1
>> x=12
x =
    12
>> x
x =
    12
>> x=input('请输入数据')
请输入数据 4     %在键盘中选择 4
x =
    4
```

3. 预定义的变量

MATLAB 语言本身也具有一些预定义的变量，也可以称之为常量。表 1-2 中给出了 MATLAB 语言经常使用的一些特殊变量。

表 1-2　MATLAB 中的特殊变量

变 量 名 称	变 量 说 明
ans	MATLAB 中默认变量
pi	圆周率
eps	浮点运算的相对精度
inf	无穷大，如 1/0
NaN	不定值，如 0/0、∞/∞、$0*\infty$
i(j)	复数中的虚数单位
realmin	最小正浮点数
realmax	最大正浮点数

与常规的程序设计语言不同，MATLAB 并不要求事先对所使用的特殊变量进行声明，也不需要指定特殊变量类型，MATLAB 语言会自动根据所赋予这些变量的值或对变量所进行的操作识别变量

的类型。

扫一扫，看视频

实例——预定义变量

源文件：yuanwenjian\ch01\ep105.m

本实例演示如何显示圆周率 pi 的值。

MATLAB 程序如下。

```
>> pi
ans =
    3.1416
```

这里的 ans 表示当前的计算结果，若计算时用户没有对表达式设定变量，系统就自动将当前结果赋给 ans 变量。

在定义变量时应避免与常量同名，以免改变这些常量的值。如果已经改变了某个常量的值，可以通过"clear+常量名"命令恢复该常量的初始设定值。当然，重新启动 MATLAB 也可以恢复这些常量值。

扫一扫，看视频

实例——显示实数与复数的值

源文件：yuanwenjian\ch01\ep106.m

本实例演示如何显示实数与复数的值。

MATLAB 程序如下。

```
>> 6
ans =
    6
>> i
ans =
    0.0000 + 1.0000i
>> 6i
ans =
    0.0000 + 6.0000i
>> 6+i
ans =
    6.0000 + 1.0000i
```

扫一扫，看视频

实例——重定义变量

源文件：yuanwenjian\ch01\ep107.m

本实例演示如何重定义变量 pi 的值。

MATLAB 程序如下。

```
>> pi=1;
>> clear pi
>> pi
ans =
    3.1416
```

4. 变量函数

MATLAB 中还有许多常用的变量函数，如 who 函数用于列出工作区中的变量，它的调用格式见表 1-3。

表 1-3　who 函数调用格式

调 用 格 式	说　明
who	按字母顺序列出当前活动工作区中所有变量的名称
who -file filename	列出指定的 MAT 文件中的变量名称
who global	列出全局工作区中的变量名称
who ... var1 ... varN	只列出指定的变量。此语法可与先前语法中的任何参数结合使用
who ... -regexp expr1 ... exprN	只列出与指定的正则表达式匹配的变量
C = who(...)	将变量的名称存储在元胞数组 C 中

在 MATLAB 中，whos 函数用于列出工作区中的变量及大小和类型，其调用格式与 who 函数相同，这里不再赘述。

在 MATLAB 中，exist 函数用于检查变量、脚本、函数、文件夹或类的存在情况，它的调用格式见表 1-4。

表 1-4　exist 调用格式

调 用 格 式	说　明
exist name	以数字形式返回 name 的类型。不同的数字代表不同的 name 类型。 ➥ 0：name 不存在或因其他原因找不到变量、脚本、函数、文件夹或类 ➥ 1：name 是工作区中的变量 ➥ 2：name 是扩展名为.m、.mlx 或.mlapp 的文件，或是具有未注册文件扩展名（.mat、.fig、.txt）的文件的名称 ➥ 3：name 是 MATLAB 搜索路径上的 MEX 文件 ➥ 4：name 是已加载的 Simulink® 模型或位于 MATLAB 搜索路径上的 Simulink 模型或库文件 ➥ 5：name 是内置 MATLAB 函数，不包括类 ➥ 6：name 是 MATLAB 搜索路径上的 P 代码文件 ➥ 7：name 是文件夹 ➥ 8：name 是类
exist name searchType	返回 name 的类型，从而将结果限定为指定的类型 searchType。要搜索的结果的类型可指定为下列值。 ➥ builtin：只检查内置函数，可能的返回值为 5、0 ➥ class：只检查类，可能的返回值为 8、0 ➥ dir：只检查文件夹，可能的返回值为 7、0 ➥ file：只检查文件或文件夹，可能的返回值为 2、3、4、6、7、0 ➥ var：只检查变量，可能的返回值为 1、0
A = exist(...)	将 name 的类型返回到 A

实例——检查变量

扫一扫，看视频

源文件：yuanwenjian\ch01\ep108.m

本实例演示检查变量的定义情况。

MATLAB 程序如下。

```
>> x
函数或变量 'x' 无法识别。
>> exist x
ans =
     0
>> x=1
x =
     1
```

```
>> exist x
ans =
    1
```

1.3.2 数据的显示格式

一般而言，MATLAB 中数据的存储与计算都是以双精度进行的，但有多种显示形式。默认情况下，若数据为整数，就以整数表示；若数据为实数，则以保留小数点后 4 位的精度近似表示。

用户可以改变数字显示格式。控制数字显示格式的命令是 format，其调用格式见表 1-5。

表 1-5　format 调用格式

调用格式	说　　明
format(style)	将命令行窗口中的输出显示格式更改为 style 指定的格式（style 类型格式见表 1-6）
fmt=format	自行将输出格式重置为默认值，即浮点表示法的短固定十进制小数点格式和适用于所有输出行的宽松行距

表 1-6　style 类型格式

类 型 格 式	说　　明	示　　例
format short	5 位定点表示（默认值），短固定十进制小数点格式，小数点后包含 4 位数	3.1416
format long	15 位定点表示，长固定十进制小数点格式，double 类型的小数点后包含 15 位数，single 类型的小数点后包含 7 位数	3.141592653589793
format shortE	5 位浮点表示，短科学记数法，小数点后包含 4 位数	3.1416e+00
format longE	15 位浮点表示，长科学记数法，double 类型的小数点后包含 15 位数，single 类型的小数点后包含 7 位数	3.141592653589793e+00
format shortG	在 5 位定点和 5 位浮点中选择最好的格式表示，MATLAB 自动选择	3.1416
format longG	在 15 位定点和 15 位浮点中选择最好的格式表示，MATLAB 自动选择	3.14159265358979
format shortEng	短工程记数法，小数点后包含 4 位有效位数，指数为 3 的倍数	3.1416e+000
format longEng	长工程记数法，小数点后包含 15 位有效位数，指数为 3 的倍数	3.14159265358979e+000
format hex	二进制双精度数字的十六进制格式表示	400921fb54442d18
format +	在矩阵中，用符号+、-和空格表示正号、负号和 0	+
format bank	用美元与美分定点表示货币格式，小数点后包含 2 位数	3.14
format rat	以有理数（分数）形式输出结果	1/2
format compact	变量之间没有空行	X=1 X 1
format loose	变量之间有空行，添加空白行以使输出更易于阅读	X=1 X 1

实例——控制数字显示格式

源文件：yuanwenjian\ch01\ep109.m
本实例演示如何控制数字显示格式。
MATLAB 程序如下。

```
>> format long,pi
```

```
ans =
    3.141592653589793
>> format short,pi
ans =
    3.1416
>> format rat,pi
ans =
    355/113
```

1.3.3 运算符与函数

1. 算术运算符

MATLAB 的算术运算符见表 1-7。

表 1-7 MATLAB 的算术运算符

运　算　符	定　义
+	算术加
−	算术减
*	算术乘
.*	点乘
^	算术乘方
.^	点乘方
\	算术左除
.\	点左除
/	算术右除
./	点右除
'	矩阵转置。当矩阵是复数时，求矩阵的共轭转置
.'	矩阵转置。当矩阵是复数时，不求矩阵的共轭转置

其中，加、减、乘、除及乘方算术运算符与传统意义上的加、减、乘、除及乘方运算符类似，用法基本相同，而点乘、点乘方等运算符有其特殊的一面。点运算是指元素点对点的运算，即矩阵内元素对元素之间的运算。点运算要求参与运算的变量在结构上必须是相同的。

MATLAB 的除法运算较为特殊。对于简单数值，算术左除与算术右除也不同。算术右除与传统的除法相同，即 a/b=a÷b；而算术左除则与传统的除法相反，即 a\b=b÷a。对于矩阵，算术右除 A/B 相当于求解线性方程 X*B=A 的解；算术左除 A\B 相当于求解线性方程 A*X=B 的解。点左除与点右除与上述点运算相似，是变量对应元素进行点除。

实例——四则运算

源文件：yuanwenjian\ch01\ep110.m
本实例演示计算 50÷15+15×6-8。
MATLAB 程序如下。

扫一扫，看视频

```
>> a=50/15+15*6-8
a =
   85.3333
```

```
>> format rat        %以有理数形式输出结果
>> a
a =
    256/3
>> format hex        %十六进制格式表示
>> a
a =
    4055555555555555
>> format short      %5 位定点表示（默认值）
>> a
a =
    85.3333
```

2. 关系运算符

关系运算符主要用于对矩阵与数、矩阵与矩阵进行比较，返回表示二者关系的由 0 和 1 组成的矩阵，0 和 1 分别表示不满足和满足指定关系。

MATLAB 的关系运算符见表 1-8。

表 1-8   MATLAB 的关系运算符

运 算 符	定 义
==	等于
~=	不等于
>	大于
>=	大于或等于
<	小于
<=	小于或等于

扫一扫，看视频

实例——关系运算符运算

源文件：yuanwenjian\ch01\ep111.m
本实例演示关系运算符的运算。
MATLAB 程序如下。

```
>> 1>2
ans =
    logical
    0
>> 1<2
ans =
    logical
    1
>> 1==0
ans =
    logical
    0
```

3. 逻辑运算符

MATLAB 进行逻辑判断时，所有非零数值均被认为真，而零为假。在逻辑判断结果中，判断为真时输出 1，判断为假时输出 0。

MATLAB 的逻辑运算符见表 1-9。

表 1-9　MATLAB 的逻辑运算符

运 算 符	定 义
&或 and	逻辑与。两个操作数同时为逻辑真时，结果为 1；否则为 0
|或 or	逻辑或。两个操作数同时为逻辑假时，结果为 0；否则为 1
～或 not	逻辑非。当操作数为逻辑假时，结果为 1；否则为 0
xor	逻辑异或。当两个操作数相同时，结果为 0；否则为 1
any	有非零元素则为真，否则为假
all	所有元素均为非零则为真，否则为假

在算术、关系、逻辑 3 种运算符中，算术运算符优先级最高，关系运算符次之，逻辑运算符优先级最低。在逻辑运算符中，逻辑非的优先级最高，逻辑与和逻辑或有相同的优先级。

4. 常用的基本数学函数及三角函数

MATLAB 常用的基本数学函数及三角函数见表 1-10。

表 1-10　MATLAB 常用的基本数学函数与三角函数

名　称	说　明	名　称	说　明
abs(x)	数量的绝对值或向量的长度	sign(x)	符号函数。当 x<0 时，sign(x)=−1；当 x=0 时，sign(x)=0；当 x>0 时，sign(x)=1
angle(z)	复数 z 的相角	sin(x)	正弦函数
sqrt(x)	开平方	cos(x)	余弦函数
real(z)	复数 z 的实部	tan(x)	正切函数
imag(z)	复数 z 的虚部	asin(x)	反正弦函数
conj(z)	复数 z 的共轭复数	acos(x)	反余弦函数
round(x)	四舍五入至最近整数	atan(x)	反正切函数
fix(x)	无论正负，舍去小数至最近整数	atan2(x,y)	四象限的反正切函数
floor(x)	向负无穷大方向取整	sinh(x)	超越正弦函数
ceil(x)	向正无穷大方向取整	cosh(x)	超越余弦函数
rat(x)	将实数 x 化为分数表示	tanh(x)	超越正切函数
rats(x)	将实数 x 化为多项分数展开	asinh(x)	反超越正弦函数
rem	求两个整数相除的余数	acosh(x)	反超越余弦函数
sqrt	乘方、开方	atanh(x)	反超越正切函数

实例——计算开方函数

源文件：yuanwenjian\ch01\ep112.m

本实例演示如何计算开方函数。

MATLAB 程序如下。

```
>> x= 95^3
x =
    857375
```

扫一扫，看视频

```
>> y= sqrt(x)
y =
    925.9455
```

当表达式比较复杂或重复出现的次数太多时，更好的办法是先定义变量，再由变量表达式计算得到结果。

扫一扫，看视频

实例——计算复数函数

源文件：yuanwenjian\ch01\ep113.m

本实例演示如何计算复数函数。

MATLAB 程序如下。

```
>> x=3i
x =
    0.0000 + 3.0000i
>> angle(x)
ans =
    1.5708
>> abs(x)
ans =
    3
>> sin(x)
ans =
    0.0000 +10.0179i
```

1.3.4　向量

本书中，在不需要强调向量的特殊性时，将向量和矩阵统称为矩阵（或数组）。可以将向量看作一种特殊的矩阵，因此矩阵的运算对向量同样适用。

向量的生成有直接输入法、冒号法和利用 MATLAB 函数创建 3 种方法。

1. 直接输入法

生成向量最直接的方法就是在命令行窗口中直接输入，格式要求如下。

（1）向量元素需要用[ ]括起来。

（2）元素之间可以用空格、逗号或分号分隔。用空格和逗号分隔生成行向量，用分号分隔形成列向量。

扫一扫，看视频

实例——创建向量示例 1

源文件：yuanwenjian\ch01\ep114.m

本实例演示如何创建向量。

MATLAB 程序如下。

```
>> x=[9 8 7 6]
x =
    9    8    7    6
>> x=[9;8;7;6]
x =
    9
    8
```

```
    7
    6
```

2. 冒号法

冒号法生成向量的基本格式是 x=first:increment:last，表示创建一个从 first 开始，到 last 结束，数据元素的增量为 increment 的向量。若增量为 1，则上面创建向量的方式可简写为 x=first:last。

实例——创建向量示例 2

源文件：yuanwenjian\ch01\ep115.m

本实例创建一个从 0 开始，增量为-2，到-10 结束的向量 x。

MATLAB 程序如下。

扫一扫，看视频

```
>> x=0:-2:-10
x =
    0   -2   -4   -6   -8   -10
```

还可以使用引用向量元素的方式创建向量，具体调用见表 1-11。

表 1-11　引用向量元素的方式

格　式	说　明
x(n)	表示向量中的第 n 个元素
x(n1:n2)	表示向量中的第 n1～n2 个元素

实例——向量元素的引用

源文件：yuanwenjian\ch01\ep116.m

本实例演示如何引用向量元素。

MATLAB 程序如下。

扫一扫，看视频

```
>> x=[1 2 3 4 5 6 7 8]
x =
    1    2    3    4    5    6    7    8
>> x(2)
ans =
    2
>> x(1:2)
ans =
    1    2
```

3. 利用 MATLAB 函数创建向量

（1）linspace()函数。

linspace()函数创建一个线性间隔的向量，通过直接定义数据元素的个数，而不是数据元素直接的增量创建向量。函数调用格式见表 1-12。

表 1-12　linspace()函数调用格式

调用格式	说　明
y = linspace(x1,x2)	创建一个 x1 和 x2 之间包含 100 个等间距点的行向量 y。元素个数默认为 100
y = linspace(x1,x2,n)	创建一个从 x1 开始，到 x2 结束，元素个数为 n 的向量 y

扫一扫，看视频

实例——使用函数创建等差向量

源文件：yuanwenjian\ch01\ep117.m

本实例创建一个从 0 开始，到 1 结束，元素个数为 5 的向量 x。

MATLAB 程序如下。

```
>> x=linspace(0,1,5)
x =
     0    0.2500    0.5000    0.7500    1.0000
```

（2）logspace()函数。

logspace()函数创建一个对数分隔的向量，与 linspace()函数一样，logspace()函数也通过直接定义数据元素个数，而不是数据元素之间的增量创建向量。函数调用格式见表 1-13。

表 1-13 logspace()函数调用格式

调 用 格 式	说　　　　明
y = logspace(a,b)	创建一个由 10^a 和 10^b 之间的对数间距点组成的行向量 y，元素个数为 50
y = logspace(a,b,n)	创建一个从 10^a 开始，到 10^b 结束，包含 n 个数据元素的向量
y = logspace(a,pi)	创建一个由 10^a 和 π 之间的对数间距点组成的行向量 y，元素个数为 50
y = logspace(a,pi,n)	创建一个由 10^a 和 π 之间的对数间距点组成的行向量 y，元素个数为 n

扫一扫，看视频

实例——使用函数创建等比向量

源文件：yuanwenjian\ch01\ep118.m

本实例创建一个从 10 开始，到 π 结束，包含 10 个数据元素的对数间距的向量 x。

MATLAB 程序如下。

```
>> x=logspace(1,pi,10)
x =
  列 1 至 5
   10.0000    8.7928    7.7314    6.7980    5.9774
  列 6 至 10
    5.2558    4.6213    4.0634    3.5729    3.1416
```

1.3.5 矩阵

MATLAB 以矩阵为基本运算单元，而构成矩阵的基本单元是数据。

1. 矩阵的生成

矩阵的生成包括直接输入法、M 文件生成法和文本文件生成法等。

（1）直接输入法。

在键盘上直接按行方式输入矩阵是最方便、最常用的创建数值矩阵的方法，尤其适合较小的简单矩阵。在用此方法创建矩阵时，应当注意以下几点。

1）输入矩阵时要以"[]"为其标识符号，矩阵的所有元素都必须在括号内。

2）矩阵同行元素之间由空格（个数不限）或逗号分隔，行与行之间用分号或按 Enter 键进行分隔。

3）矩阵大小不需要预先定义。

4）矩阵元素可以是运算表达式。

扫一扫，看视频

5）若"[]"中无元素，表示空矩阵。

6）如果不想显示中间结果，可以用分号结束。

实例——创建矩阵

源文件：yuanwenjian\ch01\ep119.m

本实例演示如何创建矩阵。

MATLAB 程序如下。

```
>> A = [1 2 3;4 5 6;7 8 9]
   A =
      1    2    3
      4    5    6
      7    8    9
>> B = [9 8 7;6 5 4;3 2 1]
   B =
      9    8    7
      6    5    4
      3    2    1
```

在输入矩阵时，MATLAB 允许方括号内还有方括号，结果与不加方括号是一样的。

（2）M 文件生成法。

当矩阵的规模比较大时，使用直接输入法就显得笨拙，容易出差错也不易修改。为了解决这些问题，可以将所要输入的矩阵按格式先写入一个文本文件中，并将此文件以.m 为扩展名进行保存，即 M 文件。

M 文件是一种可以在 MATLAB 环境中运行的文本文件，分为命令式文件和函数式文件两种。在此处主要用到的是命令式 M 文件，用它的简单形式创建大型矩阵。在 MATLAB 命令行窗口中输入 M 文件名，所要输入的大型矩阵即可输入内存中。

M 文件中的变量名与文件名不能相同，否则会造成变量名和函数名的混乱。

实例——输出检测报告数据

源文件：yuanwenjian\ch01\ep120.m、healthy_baby.m

扫一扫，看视频

本实例通过编制 M 文件输出检测报告矩阵数据，表 1-14 中包含了 10 位新生儿出院前健康检测报告中的数据。

表 1-14　检测报告数据

受试验者 i	皮肤颜色	肌肉弹性	反应敏感性	心脏搏动
1	5	10	12.000	240000.00%
2	5	8	24.000	480000.00%
3	5	8	17.000	340000.00%
4	5	9	15.000	300000.00%
5	3	6	16.100	536666.67%
6	3	6	32.000	1066666.67%
7	4	9	13.000	325000.00%
8	4	7	12.000	300000.00%
9	3	7	4.000	133333.33%
10	4	10	9.000	225000.00%

在 M 文件编辑器中输入以下代码。

```
%healthy_baby.m
%创建一个 M 文件，用于输入大规模矩阵
    measurement = [5 10 12.000 240000.00;
                   5 8 24.000 480000.00;
                   5 8 17.000 340000.00;
                   5 9 15.000 300000.00;
                   3 6 16.100 536666.67;
                   3 6 32.000 1066666.67;
                   4 9 13.000 325000.00;
                   4 7 12.000 300000.00;
                   3 7 4.000 133333.33;
                   4 10 9.000 225000.00]
```

将该 M 文件保存为 healthy_baby.m，然后在 MATLAB 命令行窗口中输入文件名，得到以下结果。

```
>> healthy_baby
measurement =

   1.0e+06 *

    0.0000    0.0000    0.0000    0.2400
    0.0000    0.0000    0.0000    0.4800
    0.0000    0.0000    0.0000    0.3400
    0.0000    0.0000    0.0000    0.3000
    0.0000    0.0000    0.0000    0.5367
    0.0000    0.0000    0.0000    1.0667
    0.0000    0.0000    0.0000    0.3250
    0.0000    0.0000    0.0000    0.3000
    0.0000    0.0000    0.0000    0.1333
    0.0000    0.0000    0.0000    0.2250

>> format bank        %设置显示格式，保留两位小数
>> healthy_baby
measurement =

        5.00       10.00       12.00      240000.00
        5.00        8.00       24.00      480000.00
        5.00        8.00       17.00      340000.00
        5.00        9.00       15.00      300000.00
        3.00        6.00       16.10      536666.67
        3.00        6.00       32.00     1066666.67
        4.00        9.00       13.00      325000.00
        4.00        7.00       12.00      300000.00
        3.00        7.00        4.00      133333.33
        4.00       10.00        9.00      225000.00
```

（3）文本文件生成法。

MATLAB 中的矩阵还可以由文本文件创建，即在文件夹（通常为 work 文件夹）中创建文本文件，在命令行窗口中直接调用此文件名即可。

扫一扫，看视频

实例——输出文本数据

源文件：yuanwenjian\ch01\ep121.m、wenben.txt

本实例利用文本文件创建矩阵 x，其中

$$x = \begin{pmatrix} 1 & 2 & 3 \\ 4 & 5 & 6 \\ 7 & 8 & 10 \end{pmatrix}$$

在记事本中建立文件，内容如下。

1	2	3
4	5	6
7	8	10

将该文件保存为 wenben.txt，然后在 MATLAB 命令行窗口中输入以下代码。

```
>> load wenben.txt
>> wenben
wenben =
        1      2      3
        4      5      6
        7      8     10
```

动手练——矩阵四则运算

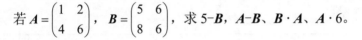

若 $A = \begin{pmatrix} 1 & 2 \\ 4 & 6 \end{pmatrix}$，$B = \begin{pmatrix} 5 & 6 \\ 8 & 6 \end{pmatrix}$，求 $5-B$，$A-B$、$B \cdot A$、$A \cdot 6$。

扫一扫，看视频

思路点拨：

源文件：yuanwenjian\ch01\pr1.m

（1）输入矩阵。

（2）使用运算符号计算矩阵。

2. 特殊矩阵

在工程计算及理论分析中，经常会遇到一些特殊的矩阵，如全 0 矩阵、单位矩阵、随机矩阵等。对于这些矩阵，在 MATLAB 中都有相应的命令可以直接生成。

（1）全 0 矩阵。

在 MATLAB 中，全 0 矩阵使用 zeros() 函数生成，该函数的调用格式见表 1-15。

表 1-15 zeros() 函数调用格式

调 用 格 式	说 明
X = zeros(m)	生成 m 阶全 0 矩阵
X = zeros(m,n)	生成 m 行 n 列全 0 矩阵
X = zeros(size(A))	创建与 A 维数相同的全 0 矩阵
X = zeros(…,typename)	返回一个由 0 组成且数据类型为 typename 的矩阵。要创建的数据类型（类），指定为 double、single、logical、int8、uint8、int16、uint16、int32、uint32、int64、uint64 或提供 zeros() 函数支持的其他类的名称
X = zeros(…,'like',p)	返回一个与 p 类似的由零值组成的矩阵，它具有与 p 相同的数据类型（类）、稀疏度和复/实性。要创建的矩阵的原型，可以指定为矩阵

实例——生成全 0 矩阵

源文件：yuanwenjian\ch01\ep122.m

本实例演示如何创建 2 行 3 列的全 0 矩阵。

扫一扫，看视频

MATLAB 程序如下。

```
>> X = zeros(2,3,'uint32')
X =
    2×3 uint32 矩阵
    0   0   0
    0   0   0
```

（2）全 1 矩阵。

在 MATLAB 中，全 1 矩阵使用 ones()函数生成，该函数的调用格式见表 1-16。

表 1-16　ones()函数调用格式

调用格式	说　明
ones(m)	生成 m 阶全 1 矩阵
ones(m,n)	生成 m 行 n 列全 1 矩阵
ones(size(A))	创建与 A 维数相同的全 1 矩阵
X = ones(classname) X = ones(n,classname) X = ones(sz1,...,szN,classname) X = ones(sz,classname)	返回由 1 组成且数据类型为 classname 的 n×n 矩阵。classname 指定数据类型，大小向量 sz 定义 size(X)，classname 定义 class(X)
X = ones('like',p) X = ones(n,'like',p) X = ones(sz1,...,szN,'like',p) X = ones(sz,'like',p)	返回一个由 1 组成的如同 p 的 n×n 矩阵。大小向量 sz 定义 size(X)，classname 定义 class(X)

扫一扫，看视频

实例——生成全 1 矩阵

源文件：yuanwenjian\ch01\ep123.m

本实例演示如何创建全 1 矩阵。

MATLAB 程序如下。

```
>> p = [1+2i  3i];          %创建复数矩阵
>> X = ones(2,3,'like',p)   %创建格式如同 p 的 2×3 全 1 矩阵
X =
    1.0000 + 0.0000i   1.0000 + 0.0000i   1.0000 + 0.0000i
    1.0000 + 0.0000i   1.0000 + 0.0000i   1.0000 + 0.0000i
```

（3）单位矩阵。

若 $\lambda_1 = \lambda_2 = \cdots = \lambda_n = 1$，即

$$E_n = \begin{pmatrix} 1 & 0 & \cdots & 0 \\ 0 & 1 & \cdots & 0 \\ \vdots & \vdots & \vdots & \vdots \\ 0 & 0 & \cdots & 1 \end{pmatrix}$$

则将 E_n 称为单位矩阵。

如果 A 为 $m \times n$ 矩阵，则 $E_m A = A E_n = A$。在 MATLAB 中，单位矩阵使用 eye()函数生成，该函数的调用格式见表 1-17。

表 1-17　eye()函数调用格式

调 用 格 式	说　明
I = eye	返回标量 1
eye(m)	生成 m 阶单位矩阵
eye(m,n)	生成 m 行 n 列单位矩阵
eye(size(A))	创建与 A 维数相同的单位矩阵
I = eye(classname) I = eye(n,classname) I = eye(n,m,classname) I = eye(sz,classname)	返回一个主对角线元素为 1 且其他位置元素为 0 的 n×m 矩阵。classname 指定数据类型 class(I)，大小向量 sz 定义 size(I)
I = eye('like',p) I = eye(n,'like',p) I = eye(n,m,'like',p) I = eye(sz,'like',p)	返回一个与 p 类似的 n×m 矩阵

3. 矩阵元素函数

建立完矩阵之后，还需要对其元素进行引用、修改。表 1-18 中列出了矩阵元素的引用格式，表 1-19 中列出了常用的矩阵元素修改命令。

表 1-18　矩阵元素的引用格式

格　式	说　明
X(m,:)	表示矩阵中第 m 行的元素
X(:,n)	表示矩阵中第 n 列的元素
X(:,:,p)	表示三维矩阵 X 的第 p 页
X(:)	将 X 中的所有元素重构成一个列向量
X(:,:)	将 X 中的所有元素重构成一个二维矩阵
X(j:k)	索引矩阵中第 j~k 个元素，因此相当于向量 [A(j), A(j+1), …, A(k)]
X(:,j:k)	包含第 1 个维度中的所有下标，使用向量 j:k 对第 2 个维度进行索引。返回包含列 [A(:,j), A(:,j+1), …, A(:,k)] 的矩阵
X(m,n1:n2)	表示矩阵中第 m 行中第 n1~n2 个元素

表 1-19　常用的矩阵元素修改命令

命　令	说　明
D=[A;B C]	A 为原矩阵，B、C 中包含要扩充的元素，D 为扩充后的矩阵
A(m,:)=[]	删除 A 的第 m 行
A(:,n)=[]	删除 A 的第 n 列
A(m,n)=a; A(m,:)=[a b...]; A(:,n)=[a b ...]	对 A 的第 m 行第 n 列的元素赋值；对 A 的第 m 行赋值；对 A 的第 n 列赋值

实例——矩阵元素的引用

源文件：yuanwenjian\ch01\ep124.m

本实例演示如何引用矩阵元素。

在 MATLAB 命令行窗口中输入以下命令。

```
>> A = eye(5,5)        %创建 5 阶单位矩阵
A =
```

扫一扫，看视频

```
     1    0    0    0    0
     0    1    0    0    0
     0    0    1    0    0
     0    0    0    1    0
     0    0    0    0    1
>> A(:,1)                %显示第 1 列数据
ans =
     1
     0
     0
     0
     0
>> A(2,:)                %显示第 2 行数据
ans =
     0    1    0    0    0
>> A(1,2:3)              %显示第 1 行第 2 个和第 3 个元素的值
ans =
     0    0
>> A(1,2:3)=[ 5,6];      %为第 1 行第 2 个和第 3 个元素赋值
>> A                     %显示新矩阵
A =
     1    5    6    0    0
     0    1    0    0    0
     0    0    1    0    0
     0    0    0    1    0
     0    0    0    0    1
```

不但矩阵元素可以引用和修改，矩阵的维度和方向也可以进行变换。常用的矩阵变维命令见表 1-20，常用的矩阵变向命令见表 1-21。

表 1-20　常用的矩阵变维命令

命　　令	说　　明
C(:)=A(:)	将矩阵 A 转换为矩阵 C 的维度，矩阵 A、C 元素个数必须相同
reshape(X,m,n)	将已知矩阵变维成 m 行 n 列的矩阵

表 1-21　常用的矩阵变向命令

命　　令	说　　明
rot90(A)	将 A 逆时针方向旋转 90°
rot90(A,k)	将 A 逆时针方向旋转 90°×k，k 可为正整数或负整数
fliplr(X)	将 X 左右翻转
flipud(X)	将 X 上下翻转
flipdim(X,dim)	dim=1 时对行翻转，dim=2 时对列翻转
B = flip(A)	返回的矩阵 B 具有与 A 相同的大小，但元素顺序已反转
B = flip(A,dim)	沿维度 dim 反转 A 中元素的顺序

注意：

数组的镜像变换实质是翻转矩阵元素的操作，分为两种，包括左右翻转和上下翻转。flip(A,1)将翻转每列中的元素，flip(A,2)将翻转每行中的元素。

实例——矩阵变维

源文件： yuanwenjian\ch01\ep125.m

本实例演示如何改变矩阵形状进行变维操作。

在 MATLAB 命令行窗口中输入以下命令。

```
>> A=1:12;
>> B=reshape(A,2,6)
B =
     1     3     5     7     9    11
     2     4     6     8    10    12
>> C=zeros(3,4);                    %用 ":" 法必须先设定修改后矩阵的形状
>> C(:)=A(:)
C =
     1     4     7    10
     2     5     8    11
     3     6     9    12
```

第 2 章　数据可视化分析

内容指南

在工程计算中，往往会遇到大量的数据，仅从这些数据表面无法看出事物的内在关系，此时便会用到数据可视化。数据可视化的字面意思就是将用户收集或通过某些实验得到的数据反映到图像上，以此观察数据所反映的各种内在关系。

内容要点

- 图形窗口
- 基本的绘图函数
- 数据分析

2.1　图　形　窗　口

图形窗口是 MATLAB 数据可视化的平台，这个窗口和命令行窗口是相互独立的。如果能熟练掌握图形窗口的各种操作，便可以根据自己的需要获得各种高质量的图形。

2.1.1　figure()函数

在 MATLAB 中，使用 figure()函数建立图形窗口。figure()函数的常用调用格式见表 2-1。

表 2-1　figure()函数的常用调用格式

调 用 格 式	说　　明
figure	创建一个图形窗口，默认名称为 Figure1
figure(n)	查找编号（Number 属性）为 n 的图形窗口，并将其作为当前图形窗口。如果不存在，则创建一个编号为 n 的图形窗口，n 为一个正整数
figure(f)	将 f 指定的图形窗口作为当前图形窗口，显示在其他所有图形窗口之上
f=figure(…)	返回 Figure 对象，常用于查询可修改指定的图形窗口属性
figure(PropertyName,PropertyValue,…)	对指定的属性名 PropertyName，用指定的属性值 PropertyValue（属性名与属性值成对出现）创建一个新的图形窗口；对于那些没有指定的属性，则使用默认值。属性名与有效的属性值见表 2-2

表 2-2　Figure 属性名与有效的属性值

属 性 名	说　　明	有 效 值	默 认 值
Position	图形窗口的位置与大小	四维向量[left,bottom, width,height]	取决于显示

属 性 名	说 明	有 效 值	默 认 值
Units	属性 Position 的度量单位	inches（英寸） centimeters（厘米） normalized（标准化单位认为窗口长宽是1） points（点） pixels（像素） characters（字符）	pixels
Color	窗口的背景颜色	ColorSpec（有效的颜色参数）	取决于颜色表
Menubar	转换图形窗口菜单条的开与关	none、figure	figure
Name	显示图形窗口的标题	任意字符串	''（空字符串）
NumberTitle	指定标题栏中是否显示'Figure No. n'，其中 n 为图形窗口的编号	on、off	on
Resize	指定图形窗口是否可以通过鼠标改变大小	on、off	on
SelectionHighlight	指定图形窗口被选中时是否突出显示	on、off	on
Visible	指定图形窗口是否可见	on、off	on
WindowStyle	指定窗口是标准窗口还是典型窗口	normal（标准窗口）、model（典型窗口）	normal
Colormap	图形窗口的色图	m×3 的 RGB 颜色矩阵	jet 色图
Dithermap	用于真颜色数据以伪颜色显示的色图	m×3 的 RGB 颜色矩阵	有所有颜色的色图
DithermapMode	是否使用系统生成的抖动色图	auto、manual	manual
FixedColors	不是从色图中获得的颜色	m×3 的 RGB 颜色矩阵	无（只读模式）
MinColormap	系统颜色表中能使用的最少颜色数	任一标量	64
ShareColors	指定是否允许 MATLAB 共享系统颜色表中的颜色	on、off	on
Alphamap	图形窗口的 α 色图，用于设定透明度	m 维向量，每一分量在[0,1]之间	64 维向量
BackingStore	打开或关闭屏幕像素缓冲区	on、off	on
DoubleBuffer	对于简单的动画渲染是否使用快速缓冲	on、off	off
Renderer	用于屏幕和图片的渲染模式	painters、zbuffer、OpenGL	系统自动选择
Children	显示于图形窗口中的任意对象句柄	句柄向量	[]
FileName	命令 guide 使用的文件名	字符串	无
Parent	图形窗口的父对象：根屏幕	总是 0（即根屏幕）	0
Selected	是否显示窗口的选中状态	on、off	on
Tag	用户指定的图形窗口标签	任意字符串	''（空字符串）
Type	图形对象的类型（只读类型）	figure	figure
UserData	用户指定的数据	任一矩阵	[]（空矩阵）
RendererMode	默认的或用户指定的渲染程序	auto、manual	auto
CurrentAxes	图形窗口中当前坐标轴的句柄	坐标轴句柄	[]
CurrentCharacter	图形窗口中最后一个输入的字符	单个字符	无
CurrentObject	图形窗口中当前对象的句柄	图形对象句柄	[]
CurrentPoint	图形窗口中最后单击的按钮的位置	二维向量[x-coord, y-coord]	[0 0]
SelectionType	鼠标选取类型	normal、extended、alt、open	normal
BusyAction	指定如何处理中断调用程序	cancel、queue	queue
ButtonDownFcn	当在窗口中空闲处单击时执行的回调程序	字符串	''（空字符串）
CloseRequestFcn	当执行命令关闭时，定义一个回调程序	字符串	closereq

续表

属 性 名	说 明	有 效 值	默 认 值
CreateFcn	当打开一个图形窗口时，定义一个回调程序	字符串	''（空字符串）
DeleteFcn	当删除一个图形窗口时，定义一个回调程序	字符串	''（空字符串）
Interruptible	定义一个回调程序是否可中断	on、off	on（可以中断）
KeyPressFcn	当在图形窗口中按键时，定义一个回调程序	字符串	''（空字符串）
ResizeFcn	当图形窗口改变大小时，定义一个回调程序	字符串	''（空字符串）
UIContextMenu	定义与图形窗口相关的菜单	属性 UIContextmenu 的句柄	无
WindowButtonDownFcn	当在图形窗口中单击时，定义一个回调程序	字符串	''（空字符串）
WindowButtonMotionFcn	当将鼠标移进图形窗口中时，定义一个回调程序	字符串	''（空字符串）
WindowButtonUpFcn	当在图形窗口中松开按钮时，定义一个回调程序	字符串	''（空字符串）
IntegerHandle	指定使用整数或非整数图形窗口句柄	on、off	on（整数句柄）
HandleVisiblity	指定图形窗口句柄是否可见	on、callback、off	on
HitTest	定义图形窗口是否能变成当前对象（参见图形窗口属性 CurrentObject）	on、off	on
NextPlot	在图形窗口中定义如何显示另外的图形	replacechildren、add、replace	add
Pointer	选取鼠标记号	crosshair、arrow、topr、watch、topl、botl、botr、circle、cross、fleur、left、right、top、fullcrosshair、bottom、ibeam、custom	arrow
PointerShapeCData	定义鼠标外形的数据	16×16 矩阵	将鼠标设置为 custom 且可见
PointerShapeHotSpot	设置鼠标活跃的点	二维向量[row,column]	[1,1]

MATLAB 提供了查阅表 2-2 中属性和属性值的 set()和 get()函数，它们的调用格式如下。

➥ set(n)：返回关于图形窗口 figure(n)的所有图像属性的名称和所有可能的取值。

➥ get(n)：返回关于图形窗口 figure(n)的所有图像属性的名称和当前属性值。

需要注意的是，figure()函数产生的图形窗口的编号是在原有编号的基础上加 1。有时，作图是为了进行不同数据的比较，需要在同一个视窗中观察不同的图像，这时可用 MATLAB 提供的 subplot()函数完成这项任务。

如果用户想关闭图形窗口，可以使用 close 命令；如果用户不想关闭图形窗口，仅是想将该窗口中的内容清除，可以使用 clf()函数实现。另外，clf(rest)函数除了能够消除当前图形窗口中的所有内容，还可以将该图形窗口中除位置和单位属性外的所有属性都恢复为默认状态。当然，也可以通过使用图形窗口中的菜单项实现相应的功能，这里不再赘述。

在 MATLAB 的命令行窗口中输入 figure 命令，将打开一个如图 2-1 所示的图形窗口。

该图形窗口中的工具条中包含多个工具按钮，其功能分别介绍如下。

➥ ：单击此按钮将新建一个图形窗口，该窗口不会覆盖当前的图形窗口，编号紧接着当前窗口的最后一个。

➥ ：打开图形窗口文件（扩展名为.fig）。

➥ ：将当前的图形以.fig 文件的形式保存到用户希望保存到的目录下。

➥ ：打印图形。

➥ ：链接/取消链接绘图。单击该按钮，将在图形上方显示链接的变量或表达式，弹出如图 2-2 所示的对话框，用于指定数据源属性。一旦在变量与图形之间建立了实时链接，对变量的修改将即时反映到图形上。

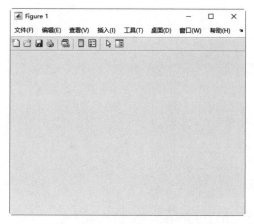

图 2-1 新建的图形窗口

图 2-2 链接绘图

❯ ▢：插入颜色栏。单击此按钮后会在图形的右侧出现一个色轴，如图 2-3 所示，这会给用户
在编辑图形色彩时带来很大的方便。

❯ ▦：此按钮用于给图形添加标注。单击此按钮后会在图形的右上角显示图例，双击框内数据
名称所在的区域，可以改为用户所需要的数据。

❯ ▨：编辑绘图。单击此按钮后，双击图形对象，会打开如图 2-4 所示的"属性检查器"对话
框，可以在其中对图形进行相应的编辑。

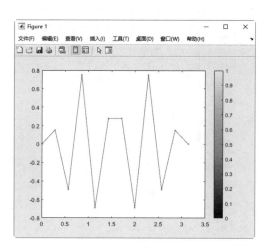

图 2-3 插入颜色栏

图 2-4 "属性检查器"对话框

❯ ▤：单击此按钮打开"属性检查器"对话框。

将鼠标指针移动到绘图区，绘图区右上角会显示一个编辑工具条，如图 2-5 所示。

❯ ▨：将图形另存为图片，或者复制为图像或向量图。

❯ ▤：单击此按钮，在图形上按住鼠标左键拖动，所选区域将默认以红色高亮显示，如图 2-6
所示。

❯ ▤：数据提示。单击此按钮，鼠标指针会变为空心十字形状 ✛ 。单击图形的某一点，显示该
点在所在坐标系中的坐标值，如图 2-7 所示。

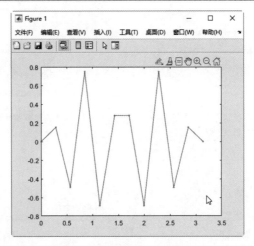

图 2-5　显示编辑工具条

↘ 🖐 ：拖动平移图形。

↘ ⊕ ：单击或框选图形，可以放大图形窗口中的整个图形或图形的一部分。

↘ ⊖ ：缩小图形窗口中的图形。

↘ ⌂ ：将视图还原到缩放、平移之前的状态。

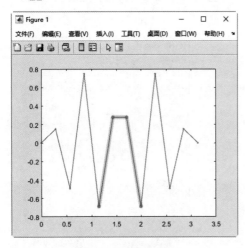

图 2-6　高亮选择数据

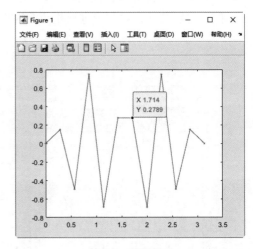

图 2-7　数据提示

2.1.2　subplot()函数

如果要在同一图形窗口中分割出几个窗口，可以使用 subplot()函数，subplot()函数的常用调用格式见表 2-3。

表 2-3　subplot()函数的常用调用格式

调 用 格 式	说　　　　明
subplot(m,n,p)	将当前窗口分割成 m × n 个视图区域，并指定第 p 个视图为当前视图
subplot(m,n,p,'replace')	删除位置 p 处的现有坐标区并创建新坐标区
subplot(m,n,p,'align')	创建新坐标区，以便对齐图框。此选项为默认行为

调用格式	说明
subplot(m,n,p,ax)	将现有坐标区 ax 转换为同一图窗中的子图
subplot('Position',pos)	在 pos 指定的自定义位置创建坐标区。指定 pos 作为 [left bottom width height] 形式的四元素向量。如果新坐标区与现有坐标区重叠，新坐标区将替换现有坐标区
subplot(…,Name,Value)	使用一个或多个名称-值对参数修改坐标区属性
ax = subplot(…)	返回创建的 Axes 对象，可以使用 ax 修改坐标区
subplot(ax)	将 ax 指定的坐标区设为父图窗的当前坐标区。如果父图窗还不是当前图窗，此选项不会使父图窗成为当前图窗

需要注意的是，这些子图的编号是按行排列的。例如，第 s 行第 t 个视图区域的编号为$(s-1) \times n + t$。如果在使用此函数之前并没有任何图形窗口被打开，那么系统将自动创建一个图形窗口，并将其分割为 $m \times n$ 个视图区域。

实例——创建图形窗口

源文件：yuanwenjian\ch02\ep201.m

本实例演示自动创建一个图形窗口，并将其分割为 2×2 个视图区域。

MATLAB 程序如下。

```
>> close all         %关闭当前已打开的文件
>> clear             %清除工作区中的变量
>> subplot(2,2,1)    %将该窗口分为 2 行 2 列 4 个视图，并显示第 1 个视图区域
>> subplot(2,2,3)    %显示第 3 个视图区域
```

运行结果如图 2-8 所示。

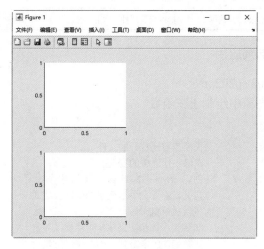

图 2-8　显示分割图形

2.1.3　tiledlayout()函数

tiledlayout()函数用于创建分块图布局，显示当前图窗中的多个绘图。如果没有图窗，则 MATLAB 会自动创建一个图窗并按照设置进行布局。如果当前图窗中包含一个现有布局，则 MATLAB 会使用新布局替换该布局。其调用格式见表 2-4。

表 2-4 tiledlayout()函数调用格式

调 用 格 式	说 明
tiledlayout(m,n)	将当前窗口分割成 m × n 个视图区域，默认状态下，只有一个空图块填充整个布局。当调用 nexttile()函数创建新的坐标区域时，布局都会根据需要进行调整以适应新坐标区，同时保持所有图块的纵横比约为 4:3
tiledlayout('flow')	指定布局的'flow'图块排列
tiledlayout(…,Name,Value)	使用一个或多个名称-值对参数指定布局属性
tiledlayout(parent,…)	在指定的父容器（可指定为 Figure、Panel 或 Tab 对象）中创建布局
t = tiledlayout(…)	返回 TiledChartLayout 对象 t，使用 t 配置布局的属性

分块图布局包含覆盖整个图窗或父容器的不可见图块网格。每个图块可以包含一个用于显示绘图的坐标区。创建布局后，调用 nexttile()函数将坐标区对象放置到布局中，然后调用绘图函数在该坐标区中进行绘图。nexttile()函数的调用格式见表 2-5。

表 2-5 nexttile()函数调用格式

调 用 格 式	说 明
nexttile	创建一个坐标区对象，再将其放入当前图窗中的分块图布局的下一个空图块中
nexttile(tilenum)	指定要在其中放置坐标区的图块的编号。图块编号从 1 开始，按从左到右、从上到下的顺序递增。如果图块中有坐标区或图对象，nexttile()函数会将该对象设为当前坐标区
nexttile(span)	创建一个占据多行或多列的坐标区对象。指定 span 作为[r c]形式的向量。坐标区占据 r 行 c 列的图块。坐标区的左上角位于第 1 个空的 r×c 区域的左上角
nexttile(tilenum,span)	创建一个占据多行或多列的坐标区对象。将坐标区的左上角放置在 tilenum 指定的图块中
nexttile(t,…)	在 t 指定的分块图布局中放置坐标区对象
ax = nexttile(…)	返回坐标区对象 ax，使用 ax 对坐标区设置属性

扫一扫，看视频

实例——正弦函数图窗布局应用

源文件：yuanwenjian\ch02\ep202.m

本实例演示如何在不同图窗中绘制正弦函数。

MATLAB 程序如下。

```
>> close all              %关闭当前已打开的文件
>> clear                  %清除工作区中的变量
>> x = linspace(-pi,pi);  %创建-π～π 的向量 x，默认元素个数为 100
>> y = sin(x);            %定义以向量 x 为自变量的函数表达式 y
>> tiledlayout(2,2)       %将当前窗口布局为 2×2 的视图区域
>> nexttile              %在第 1 个图块中创建一个坐标区对象
>> plot(x)               %在新坐标区中绘制图形，绘制曲线
>> nexttile              %创建第 2 个图块和坐标区，并在新坐标区中绘制图形
>> plot(x,y)             %显示以 x 为横坐标、以 y 为纵坐标的曲线
>> nexttile([1 2])       %创建第 3 个图块，占据 1 行 2 列的坐标区
>> plot(x,y)             %在新坐标区中绘制图形，显示以 x 为横坐标、以 y 为纵坐标的曲线
```

运行结果如图 2-9 所示。

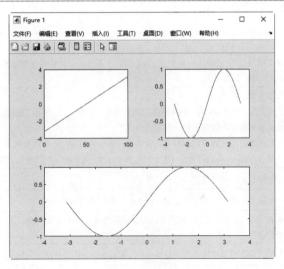

图 2-9　图窗布局

2.2　基本的绘图函数

在 MATLAB 中，基本的绘图函数根据绘图样式分为线图函数和点图函数，根据坐标系可分为直角坐标系函数、极坐标函数和双 Y 轴函数等，本节详细介绍这些函数。

2.2.1　线图函数

plot()函数是最基本的绘图函数，也是最常用的绘图函数。当执行 plot()函数时，系统会自动创建一个新的图形窗口。若之前已经有图形窗口打开，那么系统会将图形绘制在最近打开过的图形窗口上，原有图形也将被覆盖。事实上，前面已经对这个函数有了一定的了解，本节将详细讲述该函数的各种用法。

plot()函数的常用调用格式见表 2-6。

表 2-6　plot()函数的常用调用格式

调 用 格 式	说　　明
plot(x,y)	当 x 是实向量时，则绘制出以该向量元素的下标（即向量的长度，可用 length()函数求得）为横坐标，以该向量元素的值为纵坐标的一条连续曲线； 当 x 是实矩阵时，按列绘制出每列元素值相对应的曲线，曲线数等于 x 的列数； 当 x 是负数矩阵时，按列分别绘制出以元素实部为横坐标，以元素虚部为纵坐标的多条曲线
plot(x,y,LineSpec)	当 x、y 是同维向量时，绘制以 x 为横坐标、以 y 为纵坐标的曲线； 当 x 是向量，y 是有一维与 x 等维的矩阵时，绘制出多条颜色不同的曲线，曲线数等于 y 的另一维数，x 作为这些曲线的横坐标； 当 x 是矩阵，y 是向量时，同上，但以 y 为横坐标； 当 x、y 是同维矩阵时，以 x 对应的列元素为横坐标、以 y 对应的列元素为纵坐标分别绘制曲线，曲线数等于矩阵的列数。其中，x、y 为向量或矩阵，LineSpec 为用单引号标记的字符串，用于设置所画数据点的类型、大小、颜色，以及数据点之间连线的类型、粗细、颜色等
plot($x_1,y_1,x_2,y_2,\cdots$)	绘制多条曲线。在这种用法中，（x_i,y_i）必须是成对出现的，上面的命令等价于逐次执行 plot(x_i,y_i)命令，其中 $i = 1,2,\cdots$

调用格式	说 明
plot(x₁,y₁,LineSpec1,...,xₙ,yₙ,LineSpecn,...)	这种格式的用法与 plot(x₁,y₁,x₂,y₂,...)用法相似，不同的是此格式有参数的控制，运行此命令等价于依次执行 plot(xᵢ,yᵢ,s)，其中 i = 1,2,…
plot(y)	创建数据 y 的二维线图： 当 y 是实向量（Y(i)=a）时，则绘制以该向量元素的下标 i（即向量的长度，可用 length()函数求得）为横坐标，以该向量元素的值 a 为纵坐标的一条连续曲线； 当 y 是实矩阵时，按列绘制出每列元素值相对齐下标的曲线，曲线数等于 x 的列数； 当 y 是复数矩阵（y=a+bi）时，按列分别绘制出以元素实部 a 为横坐标，以元素虚部 b 为纵坐标的多条曲线。
plot(y,LineSpec)	设置线条样式、标记符号和颜色
plot(...,Name,Value)	使用一个或多个属性参数值指定曲线属性，线条的设置属性见表 2-7
plot(ax,...)	将在由 ax 指定的坐标区中，而不是在当前坐标区（gca）中创建线条。选项 ax 可以位于前面的语法中的任何输入参数组合之前
h=plot(...)	创建由图形线条对象组成的列向量 h，可以使用 h 修改图形数据的属性

绘制曲线时可选的线条属性及其说明见表 2-7。

表 2-7　线条属性及其说明

属 性	说 明	参 数 值
color	线条颜色	指定为 RGB 三元组、十六进制颜色代码、颜色名称或短名称
LineWidth	指定线宽	默认为 0.5
Marker	标记符号	+、o、*、.、x、square、s、diamond、d、v、^、>、<、pentagram、p、hexagram、h、none
MarkerIndices	要显示标记的数据点的索引	[a b c]（在第 a、第 b 和第 c 个数据点处显示标记）
MarkerEdgeColor	指定标识符的边缘颜色	auto（默认）、RGB 三元组、十六进制颜色代码、r、g、b
MarkerFaceColor	指定标识符的填充颜色	none（默认）、auto、RGB 三元组、十六进制颜色代码、r、g、b
MarkerSize	指定标识符的大小	默认为 6
DatetimeTickFormat	刻度标签的格式	yyyy-MM-dd、dd/MM/yyyy、dd.MM.yyyy、yyyy 年 MM 月 dd 日、MMMM d, yyyy、eeee, MMMM d, yyyy HH:mm:ss、MMMM d, yyyy HH:mm:ss Z
DurationTickFormat	刻度标签的格式	dd:hh:mm:ss hh:mm:ss mm:ss hh:mm

LineSpec 的合法设置参见表 2-8～表 2-10。实际应用中，LineSpec 是某些字母或符号的组合，由 MATLAB 系统默认设置，即曲线默认一律采用"实线"线型，不同曲线将按表 2-9 中给出的前 7 种颜色（蓝、绿、红、青、品红、黄、黑）顺序着色。

表 2-8　线型符号及说明

线 型 符 号	符 号 含 义	线 型 符 号	符 号 含 义
-	实线（默认值）	:	点线
--	虚线	-.	点画线

表 2-9 颜色控制字符

字　符	色　彩	RGB 值
b（blue）	蓝色	001
g（green）	绿色	010
r（red）	红色	100
c（cyan）	青色	011
m（magenta）	品红	101
y（yellow）	黄色	110
k（black）	黑色	000
w（white）	白色	111

表 2-10 线型控制字符

字　符	数 据 点	字　符	数 据 点
+	加号	>	向右三角形
o	小圆圈	<	向左三角形
*	星号	s	正方形
.	实点	h	正六角星
×	交叉号	p	正五角星
d	菱形	∨	向下三角形
∧	向上三角形		

实例——绘制函数曲线

源文件：yuanwenjian\ch02\ep203.m

本实例绘制函数 $y = 2e^{-0.5x}\sin(2\pi x)$、$y = 2e^{-x}\sin(2\pi x)$、$y = 2e^{-2x}\sin(2\pi x)$、的曲线，并设置图窗样式。

扫一扫，看视频

MATLAB 程序如下。

```
>> close all
>> x=(0:pi/100:2*pi);
>> y1=2*exp(-0.5*x).*sin(2*pi*x);
>> y2=2*exp(-x).*sin(2*pi*x);
>> y3=2*exp(-2*x).*sin(2*pi*x);
>> plot(x,y1,'b',x,y2,'r*',x,y3,'cp');
>> fig = gcf;
>> fig.Color = [0 0.5 0.5];
>> fig.ToolBar = 'none';
```

运行结果如图 2-10 所示。

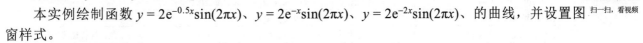 注意：

上面的 x=(0:pi/100:2*pi)可以用 linspace(0,2*pi,200)表示，将已知的区间进行 200 等分。linspace()函数的具体调用格式为 linspace(a,b,n)，作用是将已知[a,b]区间 n 等分，返回值为各节点的坐标。

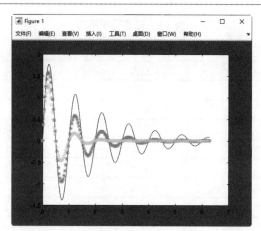

图 2-10　绘制函数曲线

2.2.2　散点图函数

散点图 scatter() 函数用于生成由点组成的单根曲线，它的常用调用格式见表 2-11。

表 2-11　scatter() 函数的常用调用格式

调用格式	说　明
scatter(x,y)	根据数据 x、y 在指定的位置显示点
scatter(x,y,s)	以 s 指定的大小绘制每个点
scatter(x,y,s,c)	以 c 指定的颜色绘制每个点
scatter(…,'filled')	使用上面介绍的 3 条语法中的任何输入参数组合填充点
scatter(…,markertype)	markertype 指定标记类型
scatter(tbl,xvar,yvar)	根据数据集 tbl 中的变量 xvar 和 yvar 绘制散点图
scatter(tbl,xvar,yvar,'filled')	用实心圆绘制表中的指定变量
scatter(…,Name,Value)	对指定的属性 Name 设置属性值 Value，可以在同一语句中对多个属性进行设置
scatter(ax,…)	绘制到 ax 指定的轴中
h = scatter(…)	使用 h 修改散点图的属性

扫一扫，看视频

实例——绘制带随机干扰的正弦值和余弦值散点图

源文件：yuanwenjian\ch02\ep204.m
本实例绘制带随机干扰的正弦值和余弦值散点图。
MATLAB 程序如下。

```
>>close all
% 定义带随机干扰的正弦值和余弦值变量
>> theta = linspace(0,2*pi,300);
>> x = sin(theta) + 0.75*rand(1,300);
>> y = cos(theta) + 0.75*rand(1,300);
>> sz = 40;          %定义点大小
%创建一个散点图并设置标记边颜色、标记面颜色和线条宽度
>> scatter(x,y,sz,'MarkerEdgeColor',[0 .5 .5],...
          'MarkerFaceColor',[0 .7 .7],...
          'LineWidth',1.5)
```

运行结果如图 2-11 所示。

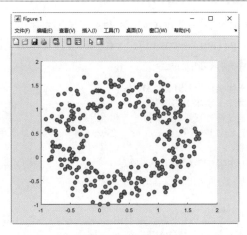

图 2-11　散点图

动手练——绘制函数折线图

绘制函数 $y_1 = x\sin 2x$、$y_2 = x\sin^2 x$ 的折线图。

思路点拨：

源文件：yuanwenjian\ch02\pr201.m
（1）定义变量。
（2）输入表达式。
（3）使用 plot() 函数绘制折线图。

2.2.3　隐函数绘图函数

隐函数根据变量的个数可分为二元隐函数、三元隐函数等。

1. 二元隐函数

如果方程 $f(x, y) = 0$ 能确定 y 是 x 的函数，那么称这种方式表示的函数是二元隐函数。隐函数不一定能写为 $y = f(x)$ 的形式。绘制二元隐函数的 fimplicit() 函数的常用调用格式见表 2-12。

表 2-12　fimplicit() 函数的常用调用格式

调 用 格 式	说　明
fimplicit(f)	在 x 默认区间 [−5, 5] 内绘制由隐函数 $f(x, y) = 0$ 定义的曲线。定义的曲线改用函数句柄，如 $\sin(x+y)$，改为 @(x, y) $\sin(x+y)$
fimplicit(f,interval)	在 interval 指定的范围内绘制隐函数 $f(x, y) = 0$ 的图形，将区间指定为 [xmin, xmax] 形式的二元素向量
fimplicit(ax,…)	绘制到由 ax 指定的轴中，而不是当前轴(GCA)。指定轴作为第 1 个输入参数
fimplicit(…,LineSpec)	指定线条样式、标记符号和线条颜色
fimplicit(…,Name,Value)	使用一个或多个名称-值对参数指定行属性
fp = fimplicit(…)	根据输入返回函数行对象或参数化函数行对象。使用 fp 查询和修改特定行的属性

实例——绘制隐函数

源文件：yuanwenjian\ch02\ep205.m
本实例按要求绘制以下函数的图像。

（1）绘制隐函数 $f_2(x,y) = x^2 - y^4 = 0$ 在 $x \in (-2\pi, 2\pi)$，$y \in (-2\pi, 2\pi)$ 上的图像。

（2）绘制隐函数 $f_3(x,y) = \lg(|\sin x + \cos y|)$ 在 $x \in (-\pi, \pi)$，$y \in (0, 2\pi)$ 上的图像。

在 MATLAB 命令行窗口中输入如下命令。

```
>> close all          %关闭当前已打开的文件
>> clear              %清除工作区中的变量
>> syms x y t         %定义符号变量x、y和t
>> subplot(1,2,1), fimplicit(@(x,y) x.^2-y.^4)          %绘制函数的图像
%在指定区间绘制函数的图像
>> subplot(1,2,2),fimplicit(@(x,y) log(abs(sin(x)+cos(y)))),[-pi pi 0 2*pi])
```

运行结果如图 2-12 所示。

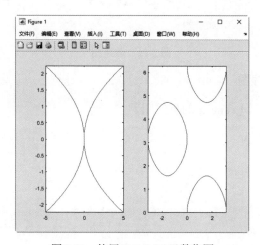

图 2-12　使用 fimplicit() 函数作图

2. 三元隐函数

meshgrid() 函数用于生成二元函数 $z = f(x,y)$ 中 $x-y$ 平面上的矩形定义域中数据点矩阵 X 和 Y，或三元隐函数 $f(x,y,z) = 0$ 中立方体定义域中的数据点矩阵 X、Y 和 Z。它的常用调用格式也非常简单，见表 2-13。

表 2-13　meshgrid() 函数的常用调用格式

调 用 格 式	说　　明
[X,Y] = meshgrid(x,y)	向量 X 为 $x\text{-}y$ 平面上矩形定义域的矩形分割线在 x 轴的值，向量 Y 为 $x\text{-}y$ 平面上矩形定义域的矩形分割线在 y 轴的值。输出向量 X 为 $x\text{-}y$ 平面上矩形定义域的矩形分割点的横坐标值矩阵，输出向量 Y 为 $x\text{-}y$ 平面上矩形定义域的矩形分割点的纵坐标值矩阵
[X,Y] = meshgrid(x)	等价于 [X,Y] = meshgrid(x,x)
[X,Y,Z] = meshgrid(x,y,z)	向量 X 为立方体定义域在 x 轴上的值，向量 Y 为立方体定义域在 y 轴上的值，向量 Z 为立方体定义域在 z 轴上的值。输出向量 X 为立方体定义域中分割点的 x 轴坐标值，Y 为立方体定义域中分割点的 y 轴坐标值，Z 为立方体定义域中分割点的 z 轴坐标值
[X,Y,Z] = meshgrid(x)	等价于 [X,Y,Z] = meshgrid(x,x,x)

mesh() 函数生成的是由 **X**、**Y** 和 **Z** 指定的网线面，而不是单条曲线，它的常用调用格式见表 2-14。

表 2-14 mesh()函数的常用调用格式

调用格式	说 明
mesh(X,Y,Z)	绘制三维网格图,颜色和曲面的高度相匹配。若 X 与 Y 均为向量,且 length(X)=n, length(Y)=m,而 [m,n]=size(Z),空间中的点(X(j),Y(i),Z(i,j))为所画曲面网线的交点;若 X 与 Y 均为矩阵,则空间中的点(X(i,j), Y(i,j), Z(i,j))为所画曲面的网线的交点
mesh(Z)	生成的网格图满足 X=$1:n$ 与 Y=$1:m$, [n,m] = size(Z),其中 Z 为定义在矩形区域上的单值函数
mesh(Z,c)	同 mesh(Z),并进一步由 c 指定边的颜色
mesh(…,c)	同 mesh(X,Y,Z),并进一步由 c 指定边的颜色
mesh(ax,…)	将图形绘制到 ax 指定的坐标区中,而不是当前坐标区中
mesh(…,'PropertyName', PropertyValue, …)	对指定的属性 PropertyName 设置为属性值 PropertyValue,可以在同一语句中对多个属性进行设置
h = mesh(…)	返回图形对象句柄

实例——绘制网格面

扫一扫,看视频

源文件:yuanwenjian\ch02\ep206.m

本实例演示绘制网格面 $z = x^2 e^{-x^2-y^2}$ 。

MATLAB 程序如下。

```
>> close all
>> x=-4:0.25:4;
>> y=x;                       %定义两个相同的向量 x 和 y
>> [X,Y]=meshgrid(x,y);       %基于向量 x、y 创建二维网格数据矩阵 X 和 Y
>> Z= X.^2.*exp(-X.^2-Y.^2);  %使用函数表达式定义矩阵 Z
>> mesh(Z)                    %创建函数 Z 的网格图
```

运行结果如图 2-13 所示。

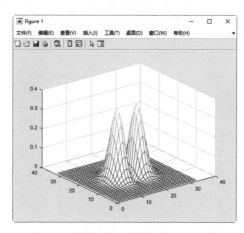

图 2-13 网格面

2.2.4 其他坐标系下的绘图函数

以上绘图函数都是基于笛卡儿坐标系的,而在实际工程应用中,往往会涉及不同坐标系下的图像问题,如常用的极坐标。下面简单介绍几个在工程计算中常用的其他坐标系下的绘图函数。

1. 极坐标系绘图

在 MATLAB 中,polarplot()函数用于绘制极坐标系下的函数图像。polarplot()函数的常用调用格式见表2-15。

表2-15   polarplot()函数的常用调用格式

调 用 格 式	说 明
polarplot(theta,rho)	在极坐标中绘图，theta 代表弧度，rho 代表极坐标矢径
polarplot(theta,rho,s)	在极坐标中绘图，参数 s 的内容与 plot()函数相似

扫一扫，看视频

实例——极坐标系绘图

源文件：yuanwenjian\ch02\ep207.m

本实例演示在极坐标系下绘制以下函数的图像。

$$r = \cos^4 4t + \sin^4 \frac{t}{4}$$

MATLAB 程序如下。

```
>> close all                           %关闭当前已打开的文件
>> clear                               %清除工作区中的变量
>> t=linspace(0,24*pi,1000);           %创建 0～24π 的 1000 个等距点向量
>> r=cos(4.*t).^4+sin(t./4).^4;        %输入函数表达式
>> polarplot(t,r)                      %绘制图像
```

运行结果如图 2-14 所示。

如果还想看一下此函数在直角坐标系下的图像，则可借助 pol2cart()函数，它可以将相应的极坐标数据点转换为直角坐标系下的数据点，具体步骤如下。

```
>> [x,y]=pol2cart(t,r);    %将极坐标数组 t 和 r 的对应元素转换为二维笛卡儿坐标或 xy 坐标
>> figure                  %新建一个图形窗口
>> plot(x,y)               %绘制图形
```

运行结果如图 2-15 所示。

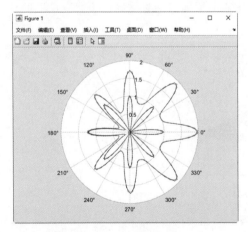

图 2-14   极坐标图形

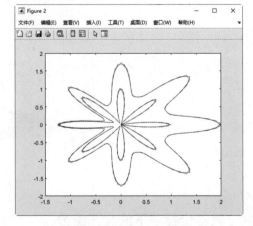

图 2-15   直角坐标图形

2. 半对数坐标系绘图

半对数坐标在工程中也是很常用的，MATLAB 提供的 semilogx()与 semilogy()函数可以很容易实现这种绘图方式。semilogx()函数用于绘制 x 轴为半对数坐标的曲线，semilogy()函数用于绘制 y 轴为半对数坐标的曲线，它们的调用格式是一样的。以 semilogx()函数为例，其常用调用格式见表 2-16。

表 2-16 semilogx()函数的常用调用格式

调 用 格 式	说 明
semilogx(Y)	绘制以 10 为底数的对数刻度的 x 轴和线性刻度的 y 轴的半对数坐标曲线。若 Y 是实矩阵,则按列绘制每列元素值相对其下标的曲线图;若 Y 为复矩阵,则等价于 semilogx(real(Y),imag(Y))
semilogx(X1,Y1,...)	对坐标对(Xi,Yi) (i=1,2,...)绘制所有曲线。如果(Xi,Yi)是矩阵,则以(Xi,Yi)对应的行或列元素为横/纵坐标绘制曲线
semilogx(X1,Y1,LineSpec,...)	对坐标对(Xi,Yi) (i=1,2,...)绘制所有曲线,其中 LineSpec 是控制曲线线型、标记及色彩的参数
semilogx(...,'PropertyName', PropertyValue,...)	设置所有用 semilogx()函数生成的图形对象的属性
semilogx(ax,...)	在由 ax 指定的坐标区中创建线条
h = semilogx(...)	返回 line 图形句柄向量,每条线对应一个句柄

实例——半对数坐标系绘图

扫一扫,看视频

源文件: yuanwenjian\ch02\ep208.m

本实例比较函数 $y = x^2$ 在半对数坐标系与直角坐标系下的图形。

在 MATLAB 命令行窗口中输入以下命令。

```
>> close all                        %关闭打开的文件
>> x=0:0.01:2;                      %定义取值范围和取值点
>> y=x.^2;                          %定义函数
>> subplot(1,2,1),semilogy(x,y)     %在第 1 个视窗中绘制半对数坐标系下的函数图形
>> subplot(1,2,2),plot(x,y)         %在第 2 个视窗中绘制直角坐标系下的函数图形
```

运行结果如图 2-16 所示。

3. 双对数坐标系绘图

除了半对数坐标系绘图外,MATLAB 还提供了双对数坐标系下的绘图函数 loglog(),其调用格式与 semilogx()函数相同,这里不再详细说明。

实例——双对数坐标系绘图

扫一扫,看视频

源文件: yuanwenjian\ch02\ep209.m

本实例比较函数 $y = \sin 2\pi x$ 在双对数坐标系与直角坐标系下的图形。

在 MATLAB 命令行窗口中输入以下命令。

```
>> close all                        %关闭打开的文件
>> x=0:0.01:1;                      %设置取值范围和取值点
>> y=sin(2.*pi.*x);                 %定义函数
>> subplot(1,2,1),loglog(x,y)       %在第 1 个视窗中绘制双对数坐标系下的函数图形
>> subplot(1,2,2),plot(x,y)         %在第 2 个视窗中绘制直角坐标系下的函数图形
```

运行结果如图 2-17 所示。

4. 双 y 轴坐标系

双 y 轴坐标系在实际中常用于比较两个函数的图像,实现这一操作的函数是 yyaxis(),其常用调用格式见表 2-17。

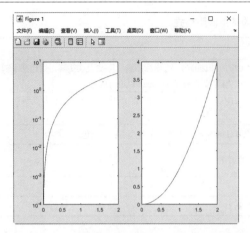

图 2-16　半对数坐标系与直角坐标系图形的比较

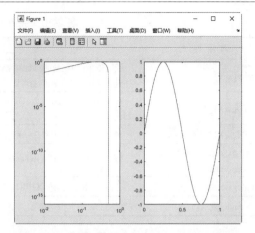

图 2-17　双对数坐标系与直角坐标系图形的比较

表 2-17　yyaxis()函数的常用调用格式

调 用 格 式	说　　明
yyaxis left	用左边的 y 轴绘制数据图。如果当前坐标区中没有两个 y 轴，将添加第 2 个 y 轴。如果没有坐标区，则首先创建坐标区
yyaxis right	用右边的 y 轴绘制数据图
yyaxis(ax,…)	指定 ax 坐标区（而不是当前坐标区）的活动侧为左或右。如果坐标区中没有两个 y 轴，将添加第 2 个 y 轴。指定坐标区作为第 1 个输入参数。使用单引号将 left 和 right 引起来

扫一扫，看视频

实例——绘制产品成本数据曲线

源文件： yuanwenjian\ch02\ep210.m

2021 年某企业产品成本数据见表 2-18，根据需要提取指定的数据用于数据分析。本实例用不同标度在同一坐标系内绘制时间-直接材料费与时间-单位成本曲线。

表 2-18　企业基本开销支出

项　　目	1 月份	2 月份	3 月份	4 月份	5 月份	6 月份	7 月份	8 月份
直接材料	3634.15	7868.21	9283.77	2042.12	7503.33	8650.50	8355.00	5241.55
直接人工	2456.47	1398.42	17.09	4252.17	1662.57	757.96	4687.29	4925.95
制造费用	310.09	693.20	951.18	893.05	902.67	374.82	313.89	216.63
本期转出	980.88	856.55	332.02	827.77	420.81	219.99	970.76	812.13
转出数量	124.45	117.46	13.61	43.85	40.05	101.76	56.43	131.07
单位成本	7.88	7.29	24.39	18.88	10.51	2.16	17.20	6.20
直接材料比重	3094.0%	57809.9%	21174.0%	5098.3%	7373.6%	15328.4%	6374.7%	0.0%
直接人工比重	2091.4%	10274.6%	39.0%	10615.9%	1633.8%	1343.1%	3576.3%	0.0%
制造费用比重	264.0%	5093.1%	2169.4%	2229.6%	887.1%	664.2%	239.5%	0.0%

MATLAB 程序如下。

```
>> close all                    %关闭打开的文件
>> x=1:8;                       %设置取值范围和取值点
%定义直接材料费 y1 与单位成本 y2
>> y1=[3634.15,7868.21,9283.77,2042.12,7503.33,8650.50,8355.00,5241.55];
>> y2=[7.88,7.29,24.39,18.88,10.51,2.16,17.20,6.20];
```

```
>> yyaxis left          %激活左侧，使后续图形函数作用于该侧
>> plot(x,y1,'*-')      %绘制函数 y1 的曲线
>> yyaxis right         %激活右侧，使后续图形函数作用于该侧
>> plot(x,y2 ,'h-.')    %绘制函数 y2 的曲线
```

运行结果如图 2-18 所示。

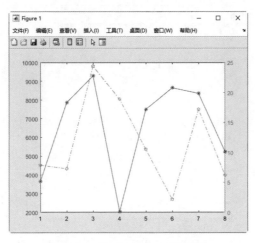

图 2-18   使用 yyaxis()函数作图

2.3 数 据 分 析

在统计学中，数据按变量值是否连续可分为离散数据和连续数据两种，下面分别介绍两种数据的可视化分析。

2.3.1 离散数据

在实际工作和学习中，得到的数据往往是一些有限的离散数据，离散变量一般都是整数，如人口总数、设备台数等。我们需要将它们以点的形式描绘在图上，以此反映一定的函数关系。

实例——绘制抽样包装数据变化曲线

源文件：yuanwenjian\ch02\ep211.m

某方便食品生产商，以生产袋装食品为主，每天的产量大约为 8000 袋。按规定每箱应为 100 袋，为了对产品质量进行监测，企业质检部门经常进行抽检，以分析每箱袋数是否符合要求。某批产品中抽取的 25 个样本数据如下。

扫一扫，看视频

112	101	103	102	100	102	107	95	108	115	100	123	102
101	102	116	95	97	108	105	136	102	101	98	93	

描绘出这些点，以观察食品重量随抽样的变化关系。

MATLAB 程序如下。

```
>> close all          %关闭当前已打开的文件
>> clear              %清除工作区中的变量
>> x=1:25;            %输入抽样次数
```

```
>> y=[112,101,103 102,100,102,107,95,108,...
    115,100,123,102,101,102,116,95,97,108,...
    105,136,102,101,98,93];    %输入数据
>> plot(x,y,'r*')              %用红色的*描绘出相应的数据点
```

运行结果如图 2-19 所示。

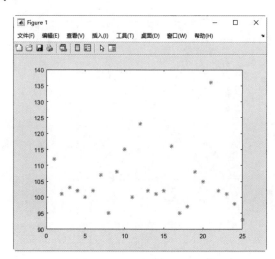

图 2-19　离散数据作图

2.3.2　连续数据

用 MATLAB 可以绘制出连续函数的图像，不过此时自变量的取值间隔要足够小，否则绘制出的图像可能会与实际情况有很大的偏差。这一点读者可以从下面的实例中体会。

扫一扫，看视频

实例——绘制参数方程曲线

源文件：yuanwenjian\ch02\ep212.m

本实例绘制以下含参数方程的图像。

$$\begin{cases} x = 2(\cos t + t\sin t) \\ y = 2(\sin t - t\cos t) \end{cases}, t \in [0, 4\pi]$$

MATLAB 程序如下。

```
>> close all              %关闭当前已打开的文件
>> clear                  %清除工作区中的变量
>> t1=0:pi/5:4*pi;        %定义取值范围和取值点
>> t2=0:pi/20:4*pi;       %定义取值范围和取值点
>> x1=2*(cos(t1)+t1.*sin(t1));   %定义以 t1 为自变量的参数方程
>> y1=2*(sin(t1)-t1.*cos(t1));
>> x2=2*(cos(t2)+t2.*sin(t2));   %定义以 t2 为自变量的参数方程
>> y2=2*(sin(t2)-t2.*cos(t2));
%以红色点线绘制以 t1 为自变量的方程图像
>> subplot(2,2,1),plot(x1,y1,'r.'),title('图 1')
>> subplot(2,2,2),plot(x2,y2,'r.'),title('图 2')
%以默认的蓝色线条分别绘制以 t1 和 t2 为自变量的方程图像
>> subplot(2,2,3),plot(x1,y1),title('图 3')
```

```
>> subplot(2,2,4),plot(x2,y2),title('图4')
```

运行结果如图 2-20 所示。

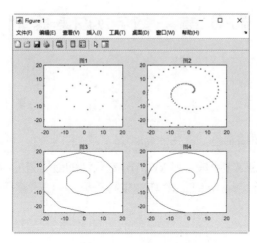

图 2-20　连续数据作图

✎ 说明：

上面的 plot()函数将在后续内容中介绍。很显然，图 2-20 中右下角的曲线要比左下角的光滑得多，因此，要使图像更精确，一定要多选一些数据点。

动手练——分析主要矿产基础储量指标情况

已知全国主要矿产基础储量，见表 2-19，通过绘图显示每年基础储量指标变化趋势。

扫一扫，看视频

表 2-19　主要矿产基础储量

指　标	2016 年	2015 年	2014 年
石油储量/万吨	3501	3496	3433
天然气储量/亿立方米	5436	5193	4945
煤炭储量/亿吨	6249	2440	2399
铁矿储量/亿吨	620	207	206
锰矿储量/万吨	3103	2762	2141
铬矿储量/万吨	407	419	419

📋 思路点拨：

源文件：yuanwenjian\ch02\pr202.m

（1）定义三年的存储量数据。

（2）使用 plot()函数绘制折线图。

第 3 章　数学建模基础

内容指南

数学建模是一种数学的思考方法，是运用数学的语言和方法，通过抽象、简化建立能近似刻画并解决实际问题的一种强有力的数学手段。MATLAB 是公认的最优秀的数学模型求解工具，在数学建模竞赛中超过 95%的参赛队伍使用 MATLAB 作为求解工具，在国家奖获奖队伍中，MATLAB 的使用率几乎为 100%。

内容要点

➥ 数学建模概述
➥ 数学建模的学习
➥ 回归模型简介
➥ 回归模型相关性关系
➥ 数学规划模型简介

3.1　数学建模概述

当需要从定量的角度分析和研究一个实际问题时，人们就要在深入调查研究、了解对象信息、作出简化假设、分析内在规律等工作的基础上，用数学的符号和语言作表述建立数学模型。

3.1.1　数学建模的概念

广义地说，一切数学概念、数学理论体系、数学公式、方程式和算法系统都可以称为数学模型；各种数学分支也都可看作数学模型，如欧氏几何、非欧几何、线性代数、代数几何、量子群、微积分、复变函数、泛函分析、平稳过程、马尔可夫过程等。

狭义地说，数学建模是指根据具体问题，在一定假设下找出解这个问题的数学框架，求出模型的解，并对它进行验证的全过程。这种数学框架可以是方程、计算机程序乃至图表和图形。

事实上，数学建模是一个"迭代"过程，每次"迭代"包括实际问题的抽象、简化，作假设、明确变量与参数，形成明确的数学框架；解析地或数值地求出模型的解；对求解所得结果进行解释、分析和验证；如果符合实际情况可交付使用，如果与实际情况不符，需对假设进行修改，进入下一个"迭代"。经过多次反复"迭代"，最终求得令人满意的结果。数学模型的外延是指各类具体的数学模型，如资源管理的数学模型。

数学模型是关于部分现实世界和为一种特殊目的而做的一个抽象的、简化的结构。具体来说，数学模型就是为了达到某种目的，用字母、数学及其他数学符号建立起来的等式或不等式，以及图表、图像、框图等描述客观事物的特征及其内在联系的数学结构表达式。一般来说，数学建模过程可表示为图 3-1 所示。

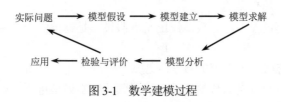

图 3-1　数学建模过程

3.1.2　数学建模的重要意义

数学建模日益显示出其重要作用，已成为现代应用数学的一个重要领域。为培养高质量、高层次人才，对理工、经济、金融、管理科学等各专业的学生都提出数学建模技能和素质方面的要求。

随着数学以空前的广度和深度向一切领域渗透，以及电子计算机的出现与飞速发展，数学建模作为用数学方法解决实际问题的第一步，越来越受到人们的重视。因此，数学建模被时代赋予更重要的意义。

（1）在一般工程技术领域，数学建模仍大有用武之地。在以声、光、热、力、电这些物理学科为基础的诸如机械、电机、土木、水利等工程技术领域中，数学建模的普遍性和重要性不言而喻，虽然这里的基本模型是已有的，但是由于新技术、新工艺的不断涌现，提出了许多需要用数学方法解决的新问题。高速、大型计算机的飞速发展，使过去即便有了数学模型也无法求解的课题（如大型水坝的应力计算、中长期天气预报等）迎刃而解；建立在数学模型和计算机模拟基础上的 CAD 技术，以其快速、经济、方便等优势，大量替代了传统工程设计中的现场实验、物理模拟等手段。

（2）在高新技术领域，数学建模几乎是必不可少的工具。无论是发展通信、航天、微电子、自动化等高新技术本身，还是将高新技术用于传统工业去创造新工艺、开发新产品，计算机技术支持下的建模和模拟都是经常使用的有效手段。数学建模、数值计算和计算机图形学等相结合形成的计算机软件，已经被固化于产品中，在许多高新技术领域起着核心作用，被认为是高新技术的特征之一。从这个意义上来说，数学不再仅仅作为一门学科，它是许多技术的基础，而且直接走在了技术的前沿。

（3）数学迅速进入一些新领域，为数学建模开拓了许多新的应用方向。随着数学向经济、人口、生态、地质等所谓非物理领域的渗透，一些交叉学科（如计量经济学、人口控制论学、数学生态学、数学地质学等）应运而生。

3.2　数学建模的学习

人们在观察、分析和研究一个现实对象时经常使用模型，如展览馆里的飞机模型、水坝模型，实际上，照片、玩具、地图、电路图等都是模型，它们能概括地、集中地反映现实对象的某些特征，从而帮助人们迅速、有效地了解并掌握那个对象。数学模型不过是更抽象些的模型。

3.2.1　数学建模解决问题的方法

在生活中，形形色色的现象发生的缘由都可以用数学建模进行分析。数学建模只是运用数学解决、解释现实问题的过程，是培养运用数学的习惯，提供运用数学的思想。数学建模解决问题的方法如下。

（1）提出问题。对一个具体的问题，尽可能用数学语言加以提炼和刻画。

（2）识别问题。对问题进行必要的分析，判定该问题所属类别，如概率统计模型、微分方程模型、优化模型等（很多时候问题是交叉的）。

（3）提出假设。在建模过程中，对模型作出基本假设，是建模的一个重要过程，它反映了作者对问题的理解。

（4）建模。将问题提炼成一个完整的数学表达式。

（5）求解并解释模型。用适当的数学工具对所得到的数学模型进行求解（强调：能用简单方法进行求解，则不要用高级方法求解），并对结果做数学上的分析。

（6）检验模型。将模型应用于已知问题并对问题作出解释。

（7）修改模型。对模型检验中所出现的问题做进一步的分析并修改已有模型，使之更完善。

（8）应用模型。将所得到的模型具体应用到生产管理中以发挥相应的作用。

3.2.2 数学建模方法和步骤

应用数学解决各类实际问题时，数学建模是十分关键的一步，同时也是十分困难的一步。数学建模的基本方法如下。

1. 演绎法

根据对模型的认识，用数学方法进行逻辑上的分析以期寻找其中的相关关系，从而建立对应的模型并用一定的数学方法进行求解，如微分方程模型、优化模型等。

2. 测试分析法

测试分析法往往将研究对象视为"黑洞"系统，通过对已有的数据进行统计分析，寻找内部特征再建立相应的模型并加以求解，如概率统计模型、回归模型等。

建立数学模型的过程是把错综复杂的实际问题简化、抽象为合理的数学结构的过程。要通过调查、收集数据资料，观察和研究实际对象的固有特征和内在规律，抓住问题的主要矛盾，建立起反映实际问题的数量关系，然后利用数学的理论和方法分析和解决问题。

数学建模的一般步骤如下。

1. 模型准备

了解问题的实际背景，明确建模目的，收集必需的各种信息，尽量弄清对象的特征。

2. 模型假设

根据对象的特征和建模目的，对问题进行必要的、合理的简化，用精确的语言作出假设，是建模至关重要的一步。如果对问题的所有因素一概考虑，无疑是一种有勇气但方法欠佳的行为，所以高超的建模者能充分发挥想象力、洞察力和判断力，善于辨别主次；而且为了使处理方法更简单，应尽量使问题线性化、均匀化。

3. 模型构成

根据所作的假设分析对象的因果关系，利用对象的内在规律和适当的数学工具，构造各个量间的等式关系或其他数学结构。

4. 模型求解

可以采用解方程、画图形、证明定理、逻辑运算、数值运算等各种传统的和近代的数学方法，特别是计算机技术。

5. 模型分析

对模型解答进行数学上的分析，能否对模型结果作出细致精当的分析，决定了模型能否达到更高的档次。需要注意的是，无论哪种情况，都需要进行误差分析和数据稳定性分析。

3.2.3　常用数学模型

数学是研究现实世界数量关系和空间形式的科学，在它产生和发展的历史长河中，一直是与各种各样的应用问题紧密相关的，要解决实际应用问题，就必须建立数学模型。

数学模型一般是实际事物的一种数学简化，它常常是以某种意义上接近实际事物的抽象形式存在的，但它和真实的事物有着本质的区别。要描述一个实际现象，可以有多种方式，如录音、录像、比喻、传言等。根据数学建模的具体应用范围，可将常用数学模型分为以下几类。

1. 预测与预报

（1）灰色预测模型。

灰色预测模型可以通过极值点和稳定点预测下一次极值点和稳定点出现的时间点，该模型适用范围如下。

1）数据样本点个数少，6～15 个。

2）数据呈现指数或曲线的形式。

（2）微分方程预测模型。

微分方程预测模型用于解决如下问题：无法直接找到原始数据之间的关系，但可以找到原始数据变化速度之间的关系，通过公式推导转化为原始数据之间的关系。

（3）回归分析预测模型。

回归分析预测模型用于求一个因变量与若干自变量之间的关系，若自变量变化，求因变量如何变化。该模型对样本点的个数有如下要求。

1）自变量之间的协方差比较小，最好趋近于 0，自变量间的相关性小。

2）样本点的个数 $n>3k+1$，k 为自变量的个数。

3）变量要服从正态分布。

（4）马尔可夫预测模型。

马尔可夫预测模型解决问题有如下特点：一个序列之间没有信息的传递、前后没有联系、数据与数据之间随机性强、相互不影响。例如，今天的温度与昨天、后天没有直接的联系，预测后天温度高、中、低的概率，只能得到概率。

（5）时间序列预测模型。

时间序列预测模型与马尔可夫预测模型互补，用于解决至少有两个点需要信息的传递的问题，包括 AR 模型、MA 模型、ARMA 模型、周期模型、季节模型等。

（6）小波分析预测模型。

小波分析预测模型用于处理海量无规律的数据。需要将波（数据的波动性）进行分离，分离出周期数据、规律性数据，应用范围比较广。

（7）神经网络预测模型。

神经网络预测模型用于处理大量的数据，不需要模型，只需要输入和输出，进行黑箱处理，建议选择该模型作为检验的办法。

（8）混沌序列预测模型。

混沌序列预测是一种新型的非线性系统预测理论，研究如何由时间序列通过相空间重构，从另一个维度和视角来辨识系统，挖掘系统中蕴藏的规律，并预测系统的未来走势，非常适合那些总体呈确定性,但又具有某种程度的随机性的复杂系统。基本思想是构造一个非线性映射来近似地还原原系统，这一非线性映射即为要建立的预测模型。

2. 评价与决策

（1）模糊综合评判：用于评价一个对象优、良、中、差等层次，如评价一个学校等，不能排序。

（2）主成分分析模型：用于评价多个对象的水平并排序，指标间关联性很强。

（3）层次分析法（AHP）：用于做决策，如去哪儿旅游，通过指标综合考虑进行决策。

（4）数据包络（DEA）分析法：用于解决优化问题，如对各省发展状况进行评判。

（5）秩和比综合评价法：用于评价各个对象并排序，指标间关联性不强。

（6）优劣解距离法（TOPSIS）模型：根据有限个评价对象与理想化目标的接近程度进行排序，是在现有的对象中进行相对优劣的评价。

（7）投影寻踪综合评价法：用于糅合多种算法，如遗传算法、最优化理论等。

（8）方差分析：分析几类数据之间有无差异性影响，如不同微量元素对儿童的身高有无影响，差异量是多少等。

（9）协方差分析：针对包含几个因素的问题，只考虑一个因素对问题的影响，忽略其他因素，但注意数据的量纲及初始情况，如疫苗的评价及预测问题。

3. 分类与判别

（1）距离聚类：系统聚类。

（2）关联性聚类。

（3）层次聚类。

（4）密度聚类。

（5）其他聚类。

（6）贝叶斯判别：属于统计判别方法。

（7）费舍尔（Fisher）判别：适用于训练样本比较多的问题。

（8）模糊识别：适用于分好类的数据点比较少的问题。

4. 关联与因果

（1）灰色关联分析方法：适用于样本点个数比较少的问题。

（2）斯皮尔曼（Spearman）或肯德尔（Kendall）等级相关分析。

（3）皮尔逊（Person）相关：适用于样本点个数比较多的问题。

（4）Copula 相关：适用于金融数学、概率数学。

（5）典型相关分析：针对包含多个因变量、多个自变量的问题，各自变量组相关性比较强，研究哪个因变量与哪个自变量关系比较紧密。

（6）标准化回归分析：包含若干个自变量、一个因变量，研究哪个自变量与因变量关系比较紧密。

（7）生存分析：用于删失数据分析，数据中有缺失的数据，分析哪些因素对因变量有影响。

（8）格兰杰因果检验：属于计量经济学，如去年的 x 对今年的 y 有没有影响。

5. 优化与控制

（1）线性规划、整数规划、0-1 规划。

（2）非线性规划与智能优化算法。

（3）多目标规划和目标规划。

（4）动态规划。

（5）网络优化。

（6）排队论与计算机仿真。

（7）模糊规划：范围约束。

（8）灰色规划。

3.3　回归模型简介

回归模型（Regression Model）是对统计关系进行定量描述的一种数学模型，是一种预测性的建模技术。

3.3.1　回归的定义

"回归"一词是英国生物学家 F.高尔顿（Francis Galton）在遗传学研究中首先提出的，"回归"是关于一个被解释变量（或因变量）对一个或多个解释变量（或自变量）依存关系的研究。回归的目的是根据已知的或固定的解释变量的值，去估计或预测被解释变量的总体均值。

设随机变量 Y 与 x 之间存在着某种相关关系，x 是普通的变量，是可以控制或可以精确观察的变量，如年龄、试验时的温度、施加的压力、电压、时间等。

设 Y 关于 x 的回归函数为 $\mu(x)$，利用样本估计 $\mu(x)$ 的问题称为求 Y 关于 x 的回归问题。

若 $\mu(x)$ 为线性函数，即 $\mu(x) = a + bx$，此时估计 $\mu(x)$ 的问题称为求一元线性回归问题。

对于 x 取定一组不完全相同的值 $x_1, x_2, \cdots, x_n$，设 $Y_1, Y_2, \cdots, Y_n$ 分别是在 $x_1, x_2, \cdots, x_n$ 处对 Y 的独立观察结果，称 $(x_1, Y_1), (x_2, Y_2), \cdots, (x_n, Y_n)$ 是一个样本，对应的样本值记为 $(x_1, y_1), (x_2, y_2), \cdots, (x_n, y_n)$。

回归分析是指从变量 $x_1, x_2, \cdots, x_n$ 估计另一变量 $Y_1, Y_2, \cdots, Y_n$ 的方法。

3.3.2　回归模型分类

回归模型研究的是因变量和自变量之间的关系，这种模型通常用于预测分析时间序列模型，以及发现变量之间的因果关系，如预测保险赔偿、自然灾害的损失、选举的结果和犯罪率等，研究这些问题最好的方法就是回归分析。

如果回归函数 $\mu(x; \theta_1, \theta_2, \cdots, \theta_p)$ 是参数 $\theta_1, \theta_2, \cdots, \theta_p$ 的线性函数（x 不必是线性函数），则称 $Y = \mu(x; \theta_1, \theta_2, \cdots, \theta_p) + \varepsilon, \varepsilon \sim N(0, \sigma^2)$ 为线性回归模型；如果 $\mu(x; \theta_1, \theta_2, \cdots, \theta_p)$ 是参数 $\theta_1, \theta_2, \cdots, \theta_p$ 的非线性函数，则称 $Y = \mu(x; \theta_1, \theta_2, \cdots, \theta_p) + \varepsilon, \varepsilon \sim N(0, \sigma^2)$ 为非线性回归模型。模型 $Y = a + \beta h(x) + \varepsilon$，$\varepsilon \sim N(0, \sigma^2)$ 是线性回归模型，而模型 $Y = a e^{\beta x} \varepsilon, \ln \varepsilon \sim N(0, \sigma^2)$ 和 $Y = a x^\beta \varepsilon, \ln \varepsilon \sim N(0, \sigma^2)$ 都不是线性

回归模型，但是它们都能经过变量变换转化为线性回归模型，又如

$$Y = \theta_1 e^{\theta_2 x} + \varepsilon, \varepsilon \sim N(0, \sigma^2)$$

是非线性回归模型，它不能经过变量变换转换为线性回归模型，这种现象称为本质的非线性回归模型。又如

$$Y = (\theta_1 + \theta_2 x + \theta_3 x^2)^{-1} + \varepsilon \quad （Holliday模型）$$

$$Y = \frac{\theta_1}{1 + \exp(\theta_2 - \theta_3^x)} + \varepsilon \quad （Logistic模型）$$

都是本质的非线性回归模型。

回归模型有许多种，可通过 3 种方法进行分类：自变量的个数、因变量的类型和回归线的形状。

（1）按照相关关系中自变量个数的不同进行分类，回归模型可分为一元回归模型和多元回归模型。在一元回归模型中，自变量只有一个；而在多元回归模型中，自变量有两个及以上。

（2）按照因变量的类型进行分类，回归模型可分为线性回归模型和非线性回归模型。

（3）按照回归线的形状进行分类，如果在回归分析中只包括一个自变量和一个因变量，且二者的关系可用一条直线近似表示，则这种回归分析称为一元线性回归模型；如果回归分析中包括两个或两个以上的自变量，且因变量和自变量之间是非线性关系，则称为多元非线性回归模型。

根据回归函数的类型对回归模型进行分类，如图 3-2 所示。

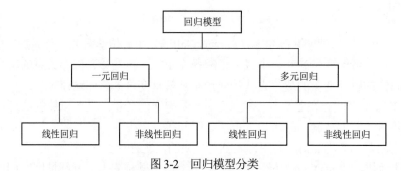

图 3-2　回归模型分类

3.4　回归模型相关性关系

相关性分析是指对两个或多个具备相关性的变量元素进行分析，从而衡量两个变量因素的相关密切程度。元素之间需要存在一定的联系或概率才可以进行相关性分析。

3.4.1　相关关系的类型

现象之间的相关关系从不同的角度可以区分为不同的类型。

1. 按照相关关系涉及变量（或因素）的多少进行分类

（1）单相关。又称为一元相关，是指两个变量之间的相关关系，如广告费支出与产品销售量之间的相关关系。

（2）复相关。又称为多元相关，是指 3 个或 3 个以上变量之间的相关关系，如商品销售额与居民

收入、商品价格之间的相关关系。

（3）偏相关。在一个变量与两个或两个以上的变量相关的条件下，当假定其他变量不变时，其中两个变量的相关关系称为偏相关。例如，在假定商品价格不变的条件下，该商品的需求量与消费者收入水平的相关关系即为偏相关。

2. 按照相关形式的不同进行分类

（1）线性相关。又称为直线相关，是指当一个变量变动时，另一个变量随之发生大致均等的变动。从图形上看，其观察点的分布近似地表现为一条直线。例如，人均消费水平与人均收入水平通常呈线性关系。

（2）非线性相关。一个变量变动时，另一个变量也随之发生变动，但这种变动不是均等的。从图形上看，其观察点的分布近似地表现为一条曲线，如抛物线、指数曲线等，因此也称为曲线相关。例如，工人在一定数量界限内加班加点工作，产量增加，但一旦超过一定限度，产量反而可能下降，这就是一种非线性关系。

3. 按照相关现象变化的方向不同进行分类

（1）正相关。当一个变量的值增加或减少时，另一个变量的值也随之增加或减少。例如，工人劳动生产率提高，产品产量也随之增加；居民的消费水平随个人可支配收入的增加而增加。

（2）负相关。当一个变量的值增加或减少时，另一个变量的值反而减少或增加。例如，商品流转额越大，商品流通费用越低；利润随单位成本的降低而增加。

4. 按相关程度进行分类

（1）完全相关。当一个变量的数量完全由另一个变量的数量变化确定时，二者之间即为完全相关。例如，在价格不变的条件下，销售额与销售量之间的正比例函数关系即为完全相关，此时相关关系便为函数关系，因此也可以说函数关系是相关关系的一个特例。

（2）不相关。又称为零相关，当变量之间彼此互不影响，其数量变化各自独立时，则变量之间为不相关。例如，股票价格的高低与气温的高低一般情况下是不相关的。

（3）不完全相关。两个变量的关系介于完全相关和不相关之间，称为不完全相关。由于完全相关和不相关的数量关系是确定的或相互独立的，因此统计学中相关分析的主要研究对象是不完全相关。

相关性的方向和强弱如图 3-3 所示。

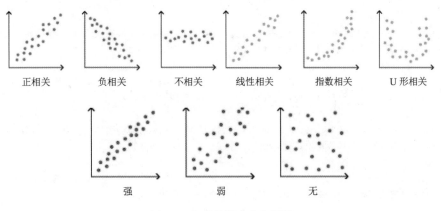

图 3-3　相关性的方向和强弱

3.4.2 相关图

散点图又称为相关图，它是用直角坐标系的 x 轴代表自变量，y 轴代表因变量，将两个变量间相对应的变量值用坐标点的形式描绘出来，用于表明相关点分布状况的图形。

通过观察散点图上数据点的分布情况，可以推断出变量间的相关性。如果变量之间不存在相互关系，那么在散点图上就会表现为随机分布的离散的点，那些离点集群较远的点称为离群点或异常点。如果存在某种相关性，那么大部分的数据点就会相对密集并以某种趋势呈现。

扫一扫，看视频

实例——工业污染治理项目数据的相关性判断

源文件：yuanwenjian\ch03\ep301.m

表 3-1 所示为工业污染治理项目中废水项目、废气项目、固体废物项目、噪声项目和其他项目的投资，试对工业污染治理总投资各项目的关系进行相关性分析。

单位：万元

表 3-1 投资数据

指　　　标	2017 年	2016 年	2015 年	2014 年	2013 年	2012 年
工业污染治理完成总投资	681.53	819.00	773.68	997.65	849.66	500.45
治理废水项目完成投资	76.37	108.23	118.41	115.24	124.88	140.34
治理废气项目完成投资	446.26	561.47	521.80	789.39	640.91	257.71
治理固体废物项目完成投资	12.74	46.67	16.14	15.05	14.04	24.74
治理噪声项目完成投资	1.28	0.62	2.78	1.09	1.76	1.16
治理其他项目完成投资	144.86	101.99	114.52	76.86	68.06	76.48

操作步骤

在命令行窗口中输入以下命令。

```
>> clear          %清除工作区中的变量
>> data=[681.53,819.00,773.68,997.65,849.66,500.45;
       76.37,108.23,118.41,115.24,124.88,140.34;
       446.26,561.47,521.80,789.39,640.91,257.71;
       12.74,46.67,16.14,15.05,14.04,24.74;
       1.28, 0.62,2.78,1.09,1.76,1.16;
       144.86,101.99,114.52,76.86,68.06,76.48];    %输入变量
>> subplot(221)
>> scatter(data(1,:)',data(2,:)','filled')  %根据总投资与废水项目投资数据绘制数据散点图
>> title('总投资和废水项目投资相关性')       %添加标题
>> subplot(222)
>> scatter(data(1,:)', data(3,:)','filled') %根据总投资与废气项目投资数据绘制数据散点图
>> title('总投资和废气项目投资相关性')        %添加标题
>> subplot(223)
>> scatter(data(1,:)', data(4,:)','filled') %根据总投资与固体废物项目投资数据绘制数据散点图
>> title('总投资和固体废物项目投资相关性')     %添加标题
>> subplot(224)
>> scatter(data(1,:)',data(5,:)','filled')  %根据总投资与噪声项目投资数据绘制数据散点图
>> title('总投资和噪声项目投资相关性')         %添加标题
```

运行结果如图 3-4 所示。

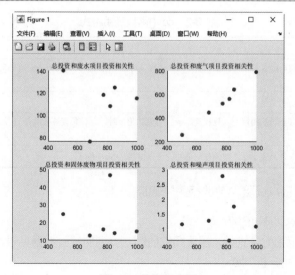

图 3-4 数据散点图

可以看到，左上角的图中总投资与废水项目投资有较弱的线性负相关趋势，右上角的图中总投资和废气项目投资有较强的线性正相关趋势，其余两幅图中的数据相关性更弱。

3.4.3 协方差分析

协方差用于衡量两个变量的总体误差，如果两个变量的变化趋势一致，协方差就是正值，说明两个变量正相关；如果两个变量的变化趋势相反，协方差就是负值，说明两个变量负相关；如果两个变量相互独立，那么协方差就是 0，说明两个变量不相关。

协方差的计算公式为

$$\mathrm{cov}(X,Y) = \frac{\sum\limits_{i=1}^{n}(X_i - \overline{X})(Y_i - \overline{Y})}{n-1}$$

其中，$\overline{X}$ 表示变量 X 的均值，$\overline{Y}$ 表示变量 Y 的均值，n 表示数据样本数。

协方差的结果如果为正值，则说明两者是正相关的。

协方差矩阵计算的是不同维度之间的协方差，而不是不同样本之间的协方差。协方差矩阵是一个对称的矩阵，而且对角线上的元素是各个维度上的方差。协方差矩阵的定义为

$$\boldsymbol{C}_{m\times n} = (c_{i,j}, c_{i,j} = \mathrm{cov}(\mathrm{Dim}_i, \mathrm{Dim}_j))$$

其中，Dim_i 表示第 1 个维度，Dim_j 表示第 2 个维度，$c_{i,j}$ 表示协方差矩阵中的元素值。则协方差矩阵为

$$\boldsymbol{C} = \begin{pmatrix} \mathrm{cov}(x,x) & \mathrm{cov}(x,y) & \mathrm{cov}(x,z) \\ \mathrm{cov}(y,x) & \mathrm{cov}(y,y) & \mathrm{cov}(y,z) \\ \mathrm{cov}(z,x) & \mathrm{cov}(z,y) & \mathrm{cov}(z,z) \end{pmatrix}$$

MATLAB 中计算协方差的函数为 cov()，其调用格式见表 3-2。

表 3-2　cov()函数调用格式

调用格式	说明
C =cov(A)	A 为向量时，计算其方差；A 为矩阵时，计算其协方差矩阵，其中协方差矩阵的对角元素是 A 的列向量的方差，按观测值数量-1 实现归一化
C=cov(A,B)	返回两个随机变量 A 和 B 之间的协方差
C=cov(…,w)	为之前的任何语法指定归一化权重。w = 0（默认值）时，则 C 按观测值数量-1 实现归一化；w = 1 时，则 C 按观测值数量实现归一化
C =cov(…,nanflag)	指定一个条件，用于在之前的任何语法的计算中忽略 NaN 值

扫一扫，看视频

实例——植物的含氧量与试验次数的相关性判断

源文件： yuanwenjian\ch03\ep302.m

研究人员测定了一类植物的含氧量，用于药物研制，得到的试验数据见表 3-3。试对植物的含氧量和试验次数的关系进行相关性分析判断。

表 3-3　植物的试验数据

试验次数	1	2	3	4	5	6	7	8	9	10
植物含氧量	114	90	131	124	117	98	104	144	151	132
试验次数	11	12	13	14	15	16	17	18	19	20
植物含氧量	102	106	127	119	115	106	125	122	118	118

操作步骤

（1）在命令行窗口中输入以下命令。

```
>> clear                                        %清除工作区中的变量
>> x = 1:20;                                     %定义试验次数
>> y=[114,90,131,124,117,98,104,144,151,132,...
      102,106,127,119,115,106,125,122,118,118];  %输入植物的含氧量
>> plot(x,y,'*')                                 %绘制数据散点图
>> title('植物的含氧量和试验次数相关性')            %添加标题
```

运行结果如图 3-5 所示。

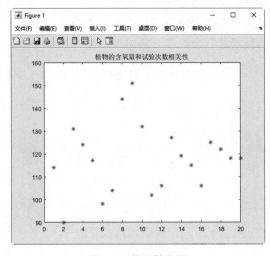

图 3-5　数据散点图

可以看到，植物的含氧量和试验次数不相关。

（2）相关性分析判断。

```
>> cov(x,y)   %计算协方差
ans =
     35.0000    8.3421
      8.3421  224.3447
```

从计算结果可知，由于协方差均为正值，植物的含氧量和试验次数正相关。

3.4.4 相关系数分析

相关表和相关图可反映两个变量之间的相互关系及其相关方向，但无法确切地表明两个变量之间相关的程度。

著名统计学家卡尔·皮尔逊设计了统计指标——相关系数。相关系数是用于反映变量之间相关关系密切程度的统计指标。相关系数的平方称为判定系数。

相关系数可以用于描述定量变量之间的关系。相关系数的符号（±）表明关系的方向（正相关或负相关），其值的大小表示关系的强弱程度（完全不相关时为 0，完全相关时为 1）。由于研究对象的不同，相关系数有多种定义方式，较为常用的是皮尔逊相关系数。相关系数用 r 表示，它的计算公式为

$$r = \frac{n\sum xy - \sum x \sum y}{\sqrt{n\sum x^2 - (\sum x)^2}\sqrt{n\sum y^2 - (\sum y)^2}}$$

其中，x、y 表示两个变量值，n 表示数据样本数。

相关系数的值介于 -1 与 1 之间，即 $-1 < r < 1$。当 $r > 0$ 时，表示两变量正相关；当 $r < 0$ 时，表示两变量负相关；当 $|r| = 1$ 时，表示两变量完全线性相关，即为函数关系；当 $r = 0$ 时，表示两变量间无线性相关关系；当 $0 < |r| < 1$ 时，表示两变量存在一定程度的线性相关，且 $|r|$ 越接近 1，两变量间线性关系越密切，$|r|$ 越接近于 0，表示两变量的线性相关越弱。

一般可按 3 级划分：$|r| < 0.4$ 为低度线性相关；$0.4 < |r| < 0.7$ 为显著线性相关；$0.7 < |r| < 1$ 为高度线性相关。

MATLAB 中计算相关系数的函数为 corrcoef()，其调用格式见表 3-4。

表 3-4 corrcoef()函数调用格式

调用格式	说明
R = corrcoef(A)	返回 A 的相关系数的矩阵，其中 A 的列表示随机变量，行表示观测值
R = corrcoef(A,B)	返回两个随机变量 A 和 B 之间的相关系数矩阵 R
[R,P]=corrcoef(...)	返回相关系数的矩阵 R 和 P 值矩阵，用于测试观测到的现象之间没有关系的假设，P 值的范围为 0～1，其中接近 0 的值对应于 R 中的显著相关性，表示观测到原假设情况的概率较低
[R,P,RLO,RUP]=corrcoef(...)	RLO、RUP 分别是相关系数 95%置信度的估计区间上、下限。如果 R 包含复数元素，此语法无效
[R,P,RLO,RUP]=corrcoef(...,Name,Value)	在上述语法的基础上，通过一个或多个名称-值对参数指定其他选项

实例——广告的促销次数和销售额的相关性判断

源文件：yuanwenjian\ch03\ep303.m

表 3-5 所示为某商场的促销广告次数与 10 周销售额之间的样本数据。该商场在过去的 10 周通过

扫一扫，看视频

在报纸上刊登派发免费购物券的广告进行促销。管理人员想证实广告的促销次数和下一周商场的销售额之间是否存在关系。

表 3-5　广告促销次数和销售额样本数据

周	广告次数	销售额/万元	周	广告次数	销售额/万元
1	2	50	6	1	38
2	5	57	7	5	63
3	1	41	8	3	48
4	3	54	9	4	59
5	4	54	10	2	46

操作步骤

（1）绘制数据对应的散点图。在命令行窗口中输入以下命令。

```
>> clear                                %清除工作区中的变量
>> x = [2,5,1,3,4,1,5,3,4,2];           %定义广告次数
>> y=[50,57,41,54,54,38,63,48,59,46];   %输入销售额
>> scatter(x,y,'filled')                %绘制数据散点图
>> title('广告的促销次数和销售额的相关性')   %添加标题
```

运行结果如图 3-6 所示。

可以看到，广告的促销次数和销售额具有高度相关性。

（2）相关性分析判断。

1）计算协方差。

```
>> cov(x,y)    %计算协方差
ans =
    2.2222   11.0000
   11.0000   62.8889
```

从计算结果可知，广告的促销次数和销售额呈正相关。

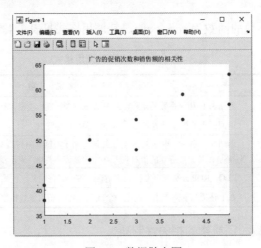

图 3-6　数据散点图

2）计算相关系数。协方差通过数字衡量变量间的相关性，正值表示正相关，负值表示负相关，但无法对相关的密切程度进行度量。

当面对多个变量时，无法通过协方差说明哪两组数据的相关性最高。要衡量和对比相关性的密切程度，就需要使用相关系数。

```
>> [R,P]=corrcoef(x,y)          %计算相关系数
R =
    1.0000    0.9305
    0.9305    1.0000
P =
    1.0000    0.0001
    0.0001    1.0000
```

从计算结果可知，广告的促销次数和下一周商场的销售额的相关系数为 0.9305，接近 1，为高度线性相关。

3.5　数学规划模型简介

在工程技术、经济金融管理、科学研究和日常生活等诸多领域中，常常会遇到如下问题：结构设计要在满足强度要求的条件下选择材料的尺寸，使其总重量最轻；资源分配要在有限资源约束的条件下制定各用户的分配数量，使资源产生的总效益最大；生产计划要按照产品的工艺流程和顾客需求，制定原料、零部件等订购、投产的日程和数量，尽量降低成本使利润最高。

上述一系列问题的实质是：在一系列客观或主观限制条件下，寻求使所关心的某个或多个指标达到最大（或最小）。用数学建模的方法对这类问题进行研究，产生了在一系列等式与不等式约束条件下，使某个或多个目标函数达到最大（或最小）的数学模型，即数学规划模型。

3.5.1　建立数学规划模型的要点

在人们的生产实践中，经常会遇到如何利用现有资源安排生产以取得最大经济效益的问题。此类问题构成了运筹学的一个重要分支——数学规划。数学规划模型即求目标函数在一定约束条件下的极值问题。

本书中要介绍的数学规划模型主要有线性规划模型、整数规划模型、非线性规划模型、目标规划模型、最大最小问题规划模型。

建立数学规划模型一般需要考虑以下 3 个要素。

（1）决策变量：所研究问题要求解的哪些未知量，一般用 n 维向量 $X = (x_1, x_2, \cdots, x_n)^T$ 表示，其中 x_n 表示问题的第 n 个决策变量。当对 X 赋值后它通常称为该问题的一个解。

📢 **注意：**

> 在解决实际问题时，把问题归结为一个数学规划模型是很重要的一步，但往往也是困难的一步，模型建立得是否恰当，直接影响到求解。而选取适当的决策变量，是建立有效模型的关键之一。

（2）目标函数：所研究问题要求达到最大（或最小）的那个（那些）指标的数学表达式，它是决策变量的函数，记为 $f(X)$。

（3）约束条件：由所研究问题对决策变量 X 的限制条件给出，X 允许取值的范围记为 D，即 $X \in$

D，D 称为可行域。D 常用一组关于决策变量 X 的等式 $h_i(X) = 0(i = 1, 2, \cdots, p)$ 和不等式 $g_i(X) \leqslant (\geqslant)0$ $(j = p+1, p+2, \cdots, m)$ 界定，分别称为等式约束和不等式约束。

1. 数学规划模型的一般形式

数学规划模型可表达为如下的一般形式。

$$\max(\min)z = f(X) \tag{3-1}$$

$$\text{s.t.} \begin{cases} h_i(X) = 0, & i = 1, 2, \cdots, p \\ g_j(X) \leqslant (\geqslant)0, & j = p+1, p+2, \cdots, m \end{cases} \tag{3-2}$$

其中，式（3-1）称为问题的目标函数，max(min)表示对目标函数 $f(X)$ 求最大值或最小值；式（3-2）中的几个不等式是问题的约束条件，记为 s.t.（即 subject to），表示"受约束于"。

由于等式约束总可以转化为不等式约束，大于或等于约束总可以转化为小于或等于约束，于是数学规划模型的一般形式又可简化为

$$\max(\min)z = f(X)$$

$$\text{s.t.} \ g_i(X) \leqslant 0, \quad i = 1, 2, \cdots, m$$

2. 数学规划模型的基本类型

数学规划模型的分类方法较多，这里将数学规划模型按照以下方式进行划分。

（1）线性规划模型：目标函数和约束条件都是线性函数的数学规划模型。

（2）整数规划模型：决策变量要求取整数值的线性规划模型。

（3）非线性规划模型：目标函数或约束条件中有非线性函数的数学规划模型。

（4）目标规划模型：具有多个目标函数的数学规划模型。

（5）二次规划：具有不同优先级的目标和偏差的规划问题。

（6）动态规划：求解多阶段决策问题的最优化方法。

数学规划模型相对比较好理解，关键是要能熟练地求出模型的解。

3.5.2 简单数学模型

为了进一步加深对数学模型与数学建模的认识，下面举几个简单数学模型的例子。

扫一扫，看视频

实例——兔子繁殖模型

源文件：yuanwenjian\ch03\ep304.m

兔子出生两个月后能生小兔。若每对兔子每次只生一对小兔（一个月内），问 n 个月后有多少对兔子？

为了建立兔子总数的数学模型，可作以下假设。

（1）第一个月只有一对兔子。

（2）在一段时间内不计兔子的死亡数。

模型分析

第一个月，有一对兔子；第二个月，小兔尚未成熟，不能生育，故兔子总数仍是一对；第三个月，兔子生了一对小兔，现共有兔子两对；第四个月：老兔子又生了一对小兔，而上月出生的小兔未成熟不能生育，故该月共有三对兔子；第五个月，有两对兔子每对生一对，另有一对不能生殖，该月

有五对兔子。

如此推算得出兔子对数数列为 1、1、2、3、5、8、13、21、34、…

这是斐波那契（Fibonacci）数列，这个数列的第 n 项记作 F，那么，由上述生殖规律：下一个月（时刻 $n+1$）的兔子数等于上月出生的小兔数 F_{n-1} 加上本月兔子数，即

$$F_n + F_{n-1} = F_{n+1}, \quad n = 1, 3, \cdots$$
$$F_1 + F_2 = 1$$

(3-3)

用数学归纳法可以证明

$$F_n = \frac{1}{\sqrt{5}}\left[\left(\frac{1+\sqrt{5}}{2}\right)^n - \left(\frac{1-\sqrt{5}}{2}\right)^n\right]$$

(3-4)

式（3-4）便是兔子总数的模型。建立该模型的过程使用了数学归纳法，进行模型验证可以使用代入计算、数学证明等方法。

事实上，当 $n=2$ 时，有

$$F_2 = \frac{1}{\sqrt{5}}\left[\frac{1+\sqrt{5}+1-\sqrt{5}}{2} \times \frac{1+\sqrt{5}-1+\sqrt{5}}{2}\right] = 1$$

设 $n=k$ 时，有以下关系成立

$$F_k = \frac{1}{\sqrt{5}}\left[\left(\frac{1+\sqrt{5}}{2}\right)^k - \left(\frac{1-\sqrt{5}}{2}\right)^k\right], \quad \forall k \leqslant n$$

那么计算 $n=k+1$ 时，有

$$F_k + F_{k-1} = \frac{1}{\sqrt{5}}\left[\left(\frac{1+\sqrt{5}}{2}\right)^k - \left(\frac{1-\sqrt{5}}{2}\right)^k\right] + \frac{1}{\sqrt{5}}\left[\left(\frac{1+\sqrt{5}}{2}\right)^{k-1} - \left(\frac{1-\sqrt{5}}{2}\right)^{k-1}\right]$$

$$= \frac{1}{\sqrt{5}}\left[\left(\frac{1+\sqrt{5}}{2}\right)^k + \left(\frac{1+\sqrt{5}}{2}\right)^{k-1}\right] - \frac{1}{\sqrt{5}}\left[\left(\frac{1-\sqrt{5}}{2}\right)^k + \left(\frac{1-\sqrt{5}}{2}\right)^{k-1}\right]$$

$$= \frac{1}{\sqrt{5}}\left[\left(\frac{1+\sqrt{5}}{2}\right)^{k+1} - \left(\frac{1-\sqrt{5}}{2}\right)^{k+1}\right]$$

$$= F_{k+1}$$

操作步骤

建立模型的目的是求解问题，下面求解并解释兔子繁殖模型。可以用以下 MATLAB 程序语句表示。

```
>>F(1)=1;
>>F(2)=1;
>>n = input('输入月份n: ');
>>for k=3:n
   F(k) = F(k-1)+F(k-2);  %兔子总数的数学模型的解析表达式
   end
```

```
>>fprintf('兔子繁殖模型求解结果: ')
>>fprintf('%2.0f 个月后有%2.0f 对兔子',n,F(k))
```

运行结果如下。

```
输入月份 n: 10
兔子繁殖模型求解结果: 10 个月后有 55 对兔子
```

除了使用上面的数学模型的解析表达式进行计算外，有时使用图形做模型更有效。

扫一扫，看视频

实例——最短路径模型

源文件：yuanwenjian\ch03\ep305.m

某办公楼工程采用现浇钢筋混凝土框架结构，地下 1 层，地上 10 层。建设单位与施工总承包单位签订了施工总承包合同，约定合同工期为 720 天。施工总承包单位提交的施工总进度计划如图 3-7 所示（时间单位为天），该计划通过了监理工程师的审查和确认。业主方经与设计方商定，对主要装饰石材指定了材质、颜色和样品，施工方与石材厂商签订了石材购销合同。本工程各工作相关参数见表 3-6。计算该工程的关键线路。

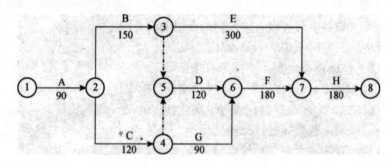

图 3-7　施工总进度计划网络图

表 3-6　工程各工作相关参数

序 号	工 作	最大可压缩时间/天	赶工费用/（元/天）
1	A	5	2000
2	B	15	2000
3	C	20	1000
4	D	10	3000
5	E	5	5000
6	F	15	1500
7	G	0	3000
8	H	8	1000

使用建立图论模型的方法解决关键线路问题，可作以下假设。

（1）所有工作按时完成，不进行时间压缩。

（2）所有人员、物力条件不受影响。

模型分析

将工作序号用节点表示，工作用连线边表示，赋予图中各边某个具体的参数，创建有向图。将工作之间的关系（时间、赶工费用）定义为连接边的权重。使用 Boykov-Kolmogorov 算法，计算有向图的最大流，也就是工程中完成各工作所需的最长时间。

操作步骤

MATLAB 程序如下。

```
>> s = [1 2 2 3 4 5 3 6 4 7];                          %定义节点与节点之间的关系
>> t = [2 3 4 5 5 6 7 7 6 8];
>> weight = [90 150 120 0 300 0 90 120 180 180];       %定义权重
>> names = {'A' 'B' 'C' '' 'E' '' 'G' 'D' 'F' 'H'};    %定义边名称
>> times = [5 15 20 0 10 0 5 15 0 8];                  %定义压缩天数
>> cost = [2000 2000 1000 0 3000 0 5000 1500 3000 1000];   %定义赶工费用
>> x = [0 1 2 2 2 3 4 5];                              %定义节点坐标
>> y = [0 0 1 -1 0 0 0 0];
>> G = digraph(s,t,weight);
>> G.Edges.times = times';
>> G.Edges.cost = cost';
>> p = plot(G,'EdgeLabel',G.Edges.Weight,'XData',x,'YData',y);  %使用分层布局的方法绘制图
>> highlight(p,'Edges', [4 6],'LineStyle','--')       %突出显示边
>> p.EdgeLabel = names;                                %设置图边名称
>> p.MarkerSize = 20;                                  %设置图节点大小
>> p.NodeFontSize = 15;                                %设置图节点文本大小
>> p.EdgeFontWeight = 'bold';                          %设置图边文本加粗
>> [mf,GF,cs,ct] = maxflow(G,1,8);                     %使用 Boykov-Kolmogorov 算法,计算最大流
>> highlight(p,GF,'EdgeColor','r','LineWidth',2);      %显示关键线路
```

运行结果如图 3-8 所示。

该工程的关键线路为（按照工作序号）1→2→3→7→8，即（按照工作名称）A→B→D→H。

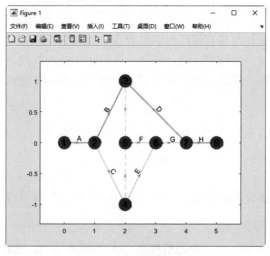

图 3-8　绘制关键线路

第 4 章　数据统计和分析

内容指南

数据分析是指用适当的统计分析方法对收集到的大量数据进行分析，将它们加以汇总、理解并消化，以求最大化地开发数据的功能，发挥数据的作用。数据分析是为了提取有用信息和形成结论而对数据加以详细研究和概括总结的过程。

本章使用统计量描述分析数据，帮助人们作出判断；使用统计图直观地显示数据的内在规律。

内容要点

- 常用统计量
- 方差分析
- 多元数据相关分析
- 统计图表的绘制

4.1　常用统计量

数据统计的任务是采集和处理带有随机影响的数据，或收集样本并对之进行加工，以此对所研究的问题总结出一定的结论，这一过程称为统计推断。从样本中提取有用的信息研究总体的分布及各种特征数就是构造统计量的过程，因此，统计量是样本的某种函数。下面介绍几种常用统计量。

1. 样本均值

设 $X_1, X_2, \cdots, X_n$ 是总体 X 的一个简单随机样本，则样本均值为

$$\bar{X} = \frac{1}{n} \sum_{i=1}^{n} X_i$$

通常用样本均值估计总体分布的均值和对有关总体分布均值的假设作检验。

2. 样本方差

设 $X_1, X_2, \cdots, X_n$ 是总体 X 的一个简单随机样本，$\bar{X}$ 为样本均值，则样本方差为

$$S^2 = \frac{1}{n-1} \sum_{i=1}^{n} (X_i - \bar{X})^2$$

通常用样本方差估计总体分布的方差和对有关总体分布方差的假设作检验。

3. k 阶原点矩

设 $X_1, X_2, \cdots, X_n$ 是总体 X 的一个简单随机样本，则样本的 k 阶原点矩为

$$A_k = \frac{1}{n}\sum_{i=1}^{n}X_i^k$$

可以看到当 $k=1$ 时，相当于样本均值。通常用样本的 k 阶原点矩估计总体分布的 k 阶原点矩。

4. k 阶中心矩

设 $X_1, X_2, \cdots, X_n$ 是总体 X 的一个简单随机样本，$\bar{X}$ 为样本均值，称为样本的 k 阶中心矩，通常用样本的 k 阶中心矩估计总体分布的 k 阶中心矩。

5. 顺序统计量

设 $X_1, X_2, \cdots, X_n$ 是总体 X 的一个简单随机样本，$x_1, x_2, \cdots, x_n$ 为样本观测值。将 $x_1, x_2, \cdots, x_n$ 按照从小到大的顺序排列为

$$x_1 \leqslant x_2 \leqslant \cdots \leqslant x_n$$

当样本 $X_1, X_2, \cdots, X_n$ 取值为 $x_1, x_2, \cdots, x_n$ 时，定义 $X_{(k)}$ 取值为 $X_k (k=1,2,\cdots,n)$，称 $X_{(1)}, X_{(2)}, \cdots, X_{(n)}$ 为 $X_1, X_2, \cdots, X_n$ 的顺序统计量。

显然，$X_{(1)} = \min X_i$ 是样本观测值中取值最小的一个，称为最小顺序统计量；$X_{(n)} = \max X_i$ 是样本观测值中取值最大的一个，称为最大顺序统计量。称 $X_{(r)}$ 为第 r 个顺序统计量。

MATLAB 中计算样本均值的函数为 mean()，其调用格式见表 4-1。

表 4-1 mean()函数调用格式

调 用 格 式	说 明
M = mean(A)	如果 A 为向量，输出 M 是 A 中所有参数的平均值；如果 A 为矩阵，输出 M 是一个行向量，其每个元素是对应列的元素的平均值
M = mean(A,dim)	按指定的维数求平均值

MATLAB 还提供了其他几个求平均值的函数，调用格式与 mean()函数相似，见表 4-2。

表 4-2 其他求平均值的函数及其说明

函 数	说 明
nanmean()	求算术平均
geomean()	求几何平均
harmmean()	求和谐平均
trimmean()	求调整平均

实例——计算元件通电时间平均值

源文件：yuanwenjian\ch04\ep401.m

扫一扫，看视频

本实例为检测某厂生产的某种电子元件通电时间，抽取 10 件样本取得数据：202,209,213,198,206,210,195,208,200,207。考查电子元件的平均值数据。

在命令行中输入以下命令。

```
>> A=[202,209,213,198,206,210,195,208,200,207];
>> mean(A)
ans =
    204.80000
>> plot(A,'*')   %绘制样本点
```

运行结果如图 4-1 所示。

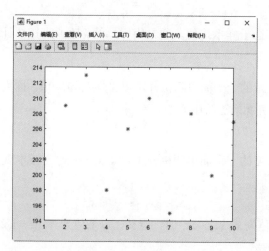

图 4-1 绘制样本点

MATLAB 中计算样本方差的函数为 var()，其调用格式见表 4-3；计算样本标准差的函数为 std()，其调用格式见表 4-4。

表 4-3 var()函数调用格式

调 用 格 式	说　　明
V = var(X)	如果 X 是向量，输出 V 是 X 中所有元素的样本方差；如果 X 是矩阵，输出 V 是行向量，其每个元素是对应列的元素的样本方差，这里使用的是 n−1 标准化
V = var(X,1)	使用 n 标准化，即按二阶中心矩的方式进行计算
V = var(X,w)	w 是权重向量，其元素必须为正，长度与 X 匹配
V = var(X,w,dim)	dim 指定计算维数

表 4-4 std()函数调用格式

调 用 格 式	说　　明
s = std(X)	按照样本方差的无偏估计计算样本标准差。如果 X 是向量，输出 s 是 X 中所有元素的样本标准差；如果 X 是矩阵，输出 s 是行向量，其每个元素是对应列的元素的样本标准差
s = std(X,flag)	如果 flag 为 0，结果同 s = std(X)；如果 flag 为 1，按照二阶中心矩的方式计算样本标准差
s = std(X,flag,dim)	dim 指定计算维数

扫一扫，看视频

实例——计算销售数据估计值

源文件：yuanwenjian\ch04\ep402.m

本实例显示了某汽车公司销售各类型乘用车的销售记录，在过去的 300 天的营业时间里，其销售数据见表 4-5。

表 4-5 某汽车公司 300 天内汽车的销售数据

销售数量（x）	天数	销售数量（x）	天数
0	54	3	42
1	117	4	12
2	72	5	3

假设销售数据服从正态分布 $N(\mu, \sigma^2)$，试估计正态分布的两个参数 μ 和 σ。

MATLAB 程序如下。

```
>> clear
>> A=[54,117,72,42,12,3];
>> miu=mean(A)            %计算平均值
miu =
    50
>> sigma=var(A,1)         %计算方差
sigma =
    1451
>> sigma^0.5
ans =
    38.0920
>> sigma2=std(A,1)        %计算标准差
sigma2 =
    38.0920
```

由以上计算结果可得估计参数 $\mu = 50$，$\sigma = 38.0920$。

4.2　方　差　分　析

方差分析是基于样本方差的分解，分析鉴别一个变量或一些变量对一个特定变量的影响程度的统计分析方法。用于推断多个正态总体在方差相等的条件下，均值是否相等的假设检验问题。

试验样本的分组方式不同，采用的方差分析方法也不同，一般常用的有单因素方差分析和双因素方差分析。

4.2.1　单因素方差分析

为了考查某个因素对事物的影响，我们把影响事物的其他因素相对固定，让所考查的因素改变，从而观察由于该因素改变所造成的影响，并由此分析、推断所论因素的影响是否显著，以及应该如何选用该因素。这种把其他因素相对固定，只有一个因素变化的试验叫作单因素试验。在单因素试验中进行方差分析称为单因素方差分析。表 4-6 是单因素方差分析的主要计算结果。

表 4-6　单因素方差分析

方差来源	平方和 S	自由度 f	均方差 $\bar{S}$	F 值
因素 A 的影响	$S_A = r\sum_{j=1}^{p}(\bar{x}_j - \bar{x})^2$	$p-1$	$\bar{S}_A = \dfrac{S_A}{p-1}$	$F = \dfrac{\bar{S}_A}{S_E}$
误差	$S_E = \sum_{j=1}^{p}\sum_{i=1}^{r}(x_{ij} - \bar{x}_j)^2$	$n-p$	$\bar{S}_E = \dfrac{S_E}{n-p}$	
总和	$S_T = \sum_{j=1}^{p}\sum_{i=1}^{r}(x_{ij} - \bar{x})^2$	$n-1$		

MATLAB 提供了 anova1()函数进行单因素方差分析，其调用格式见表 4-7。

表 4-7　anova1()函数调用格式

调 用 格 式	说　　明
p = anova1(X)	X 的各列为彼此独立的样本观察值，其元素个数相同。p 为各列均值相等的概率值，若 p 值接近于 0，则原假设受到怀疑，说明至少有一列均值与其余列均值有明显不同
p = anova1(X,group)	group 数组中的元素可以用于标识箱线图中的坐标
p = anova1(X,group,displayopt)	displayopt 有两个值：on 和 off，其中 on 为默认值，此时系统将自动给出方差分析表和箱线图
[p,table] = anova1(...)	table 返回方差分析表
[p,table,stats] = anova1(...)	stats 为统计结果量，是结构体变量，包括每组的均值等信息

扫一扫，看视频

实例——方差分析销售量

源文件：yuanwenjian\ch04\ep403.m

某商店某商品 4 年内销售量随季节变动的销售数据见表 4-8，试对季节对销售量的影响进行方差分析。

表 4-8　某商店某商品销售量的季节变动分析　　　　　　　　　　单位：百件

年份	1 月	2 月	3 月	4 月	5 月	6 月	7 月	8 月	9 月	10 月	11 月	12 月	平均
2011	40	34	36	34	35	32	28	34	34	37	38	40	
2012	38	32	40	32	32	30	30	33	36	36	36	42	
2013	32	36	37	31	31	29	31	33	32	35	37	52	
2014	30	26	35	29	30	28	28	33	32	32	35	36	
合计													
月平均													

MATLAB 程序如下。

```
>> clear
>> X=[40,34,36,34,35,32,28,34,34,37,38,40;
      38,32,40,32,32,30,30,33,36,36,36,42;
      32,36,37,31,31,29,31,33,32,35,37,52;
      30,26,35,29,30,28,28,33,32,32,35,36];
>> mean(X)                        %计算"平均"列
ans =
  列 1 至 5
    35.0000   32.0000   37.0000   31.5000   32.0000
  列 6 至 10
    29.7500   29.2500   33.2500   33.5000   35.0000
  列 11 至 12
    36.5000   42.5000
>> [p,table,stats]=anova1(X)      %对销量进行方差分析
p =
    5.0690e-05
table =
  4×6 cell 数组
  列 1 至 4
    {'来源'}    {'SS'      }    {'df'}    {'MS'      }
    {'列'  }    {[580.5625]}    {[11]}    {[ 52.7784]}
    {'误差'}    {[350.2500]}    {[36]}    {[  9.7292]}
    {'合计'}    {[930.8125]}    {[47]}    {0×0 double}
  列 5 至 6
```

```
      {'F'        }   {'p 值(F)'  }
      {[  5.4248]}    {[5.0690e-05]}
      {0×0 double}    {0×0 double  }
      {0×0 double}    {0×0 double  }
  stats =
      包含以下字段的 struct:
      gnames: [12×2 char]
           n: [4 4 4 4 4 4 4 4 4 4 4 4]
      source: 'anova1'
       means: [35 32 37 31.5000 32 29.7500 29.2500 ... ]
          df: 36
           s: 3.1192
```

计算结果如图 4-2 和图 4-3 所示，可以看到 F 统计量 $F = 5.42 > 3.89 = F_{0.99}(4,36)$，故可以认为销售量受季节变动的影响高度显著。

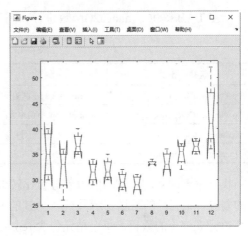

图 4-2　方差分析表

图 4-3　箱线图

4.2.2　双因素方差分析

在许多实际问题中，常常要进行几个因素同时变化时的方差分析。例如，在农业试验中，有时既要研究几种不同品种的种子对农作物收获量的影响，又要研究几种不同种类的肥料对农作物收获量的影响。这里就有种子和肥料两种因素在变化。必须在两个因素同时变化时分析对收获量的影响，以便找到最合适的种子和肥料种类的搭配。这就是双因素方差分析要完成的工作。双因素方差分析包括没有重复试验的方差分析和具有相等重复试验次数的方差分析，其分析分别见表 4-9 和表 4-10。

表 4-9　无重复试验双因素方差分析

方差来源	平方和 S	自由度 f	均方差 $\bar{S}$	F 值
因素 A 的影响	$S_{\mathrm{A}} = q\sum_{i=1}^{p}(\bar{x}_{i\bullet} - \bar{x})^2$	$p-1$	$\bar{S}_{\mathrm{A}} = \dfrac{S_{\mathrm{A}}}{p-1}$	$F = \dfrac{\bar{S}_{\mathrm{A}}}{\bar{S}_{\mathrm{E}}}$
因素 B 的影响	$S_{\mathrm{B}} = p\sum_{j=1}^{q}(\bar{x}_{\bullet j} - \bar{x})^2$	$q-1$	$\bar{S}_{\mathrm{B}} = \dfrac{S_{\mathrm{B}}}{q-1}$	$F = \dfrac{\bar{S}_{\mathrm{B}}}{\bar{S}_{\mathrm{E}}}$
误差	$S_{\mathrm{E}} = \sum_{i=1}^{p}\sum_{j=1}^{q}(x_{ij} - \bar{x}_{i\bullet} - \bar{x}_{\bullet j} + \bar{x})^2$	$(p-1)(q-1)$	$\bar{S}_{\mathrm{E}} = \dfrac{S_{\mathrm{E}}}{(p-1)(q-1)}$	
总和	$S_{\mathrm{T}} = \sum_{i=1}^{p}\sum_{j=1}^{q}(x_{ij} - \bar{x})^2$	$pq-1$		

表 4-10 等重复试验双因素方差分析（r 为试验次数）

方差来源	平方和 S	自由度 f	均方差 $\bar{S}$	F 值
因素 A 的影响	$S_A = qr\sum_{i=1}^{p}(\bar{x}_{i\bullet} - \bar{x})^2$	$p-1$	$\bar{S}_A = \dfrac{S_A}{p-1}$	$F_A = \dfrac{\bar{S}_A}{\bar{S}_E}$
因素 B 的影响	$S_B = pr\sum_{j=1}^{q}(\bar{x}_{\bullet j} - \bar{x})^2$	$q-1$	$\bar{S}_B = \dfrac{S_B}{q-1}$	$F_B = \dfrac{\bar{S}_B}{\bar{S}_E}$
A×B	$S_{A\times B} = r\sum_{i=1}^{p}\sum_{j=1}^{q}(x_{ij} - \bar{x}_{i\bullet} - \bar{x}_{\bullet j} + \bar{x})^2$	$(p-1)(q-1)$	$\bar{S}_{A\times B} = \dfrac{S_{A\times B}}{(p-1)(q-1)}$	$F_{A\times B} = \dfrac{\bar{S}_{A\times B}}{\bar{S}_E}$
误差	$S_E = \sum_{k=1}^{r}\sum_{i=1}^{p}\sum_{j=1}^{q}(x_{ijk} - \bar{x}_{ij\bullet})^2$	$pq(r-1)$	$\bar{S}_E = \dfrac{S_E}{pq(r-1)}$	
总和	$S_T = \sum_{k=1}^{r}\sum_{i=1}^{p}\sum_{j=1}^{q}(x_{ijk} - \bar{x})^2$	$pqr-1$		

MATLAB 提供了 anova2()函数进行双因素方差分析，其调用格式见表 4-11。

表 4-11 anova2()函数调用格式

调用格式	说明
p = anova2(X,reps)	reps 定义的是试验重复的次数，必须为正整数，默认为 1
p = anova2(X,reps,displayopt)	displayopt 有两个值：on 和 off，其中 on 为默认值，此时系统将自动给出方差分析表
[p,table] = anova2(...)	table 返回方差分析表
[p,table,stats] = anova2(...)	stats 为统计结果量，是结构体变量，包括每组的均值等信息

执行平衡的双因素试验的方差分析比较 X 中两个或多个列（行）的均值，不同列的数据表示因素 A 的差异，不同行的数据表示另一因素 B 的差异。如果行列对有多于一个的观察点，则变量 reps 指出每个单元观察点的数目，每个单元包含 reps 行。例如：

$$\begin{matrix} & A=1 & A=2 \\ & \begin{bmatrix} x_{111} & x_{112} \\ x_{121} & x_{122} \\ x_{211} & x_{212} \\ x_{221} & x_{222} \\ x_{311} & x_{312} \\ x_{321} & x_{322} \end{bmatrix} & \begin{matrix} \left.\right\}B=1 \\ \left.\right\}B=2 \\ \left.\right\}B=3 \end{matrix} \end{matrix}$$

扫一扫，看视频

实例——火箭射程双因素分析

源文件：yuanwenjian\ch04\ep404.m

火箭使用了 4 种燃料和 3 种推进器进行射程试验。对每种燃料和每种推进器的组合各进行了一次试验，得到火箭射程测量数据，见表 4-12。试检验燃料种类与推进器种类对火箭射程有无显著性影响（A 为燃料，B 为推进器）。

表 4-12 火箭射程测量数据

燃料	B_1	B_2	B_3
A_1	58.2	56.2	65.3
A_2	49.1	54.1	51.6

续表

燃　料	B_1	B_2	B_3
A_3	60.1	70.9	39.2
A_4	75.8	58.2	48.7

MATLAB 程序如下。

```
>> clear
>> X=[58.2  56.2  65.3;
      49.1  54.1  51.6;
      60.1  70.9  39.2;
      75.8  58.2  48.7];
>> [p,table,stats]=anova2(X',1)
p =
    0.7387    0.4491
table =
  5×6 cell 数组
  列 1 至 3
    {'来源'}        {'SS'       }      {'df'}
    {'列' }         {[  157.5900]}     {[ 3]}
    {'行' }         {[  223.8467]}     {[ 2]}
    {'误差'}        {[  731.9800]}     {[ 6]}
    {'合计'}        {[1.1134e+03]}     {[11]}
  列 4 至 6
    {'MS'      }     {'F'        }     {'p 值(F)' }
    {[  52.5300]}    {[  0.4306]}     {[  0.7387]}
    {[111.9233]}     {[  0.9174]}     {[  0.4491]}
    {[121.9967]}     {0×0 double}     {0×0 double}
    {0×0 double}     {0×0 double}     {0×0 double}
stats =
  包含以下字段的 struct:
     source: 'anova2'
    sigmasq: 121.9967
    colmeans: [59.9000 51.6000 56.7333 60.9000]
       coln: 3
    rowmeans: [60.8000 59.8500 51.2000]
       rown: 4
      inter: 0
       pval: NaN
         df: 6
```

运行结果如图 4-4 所示。

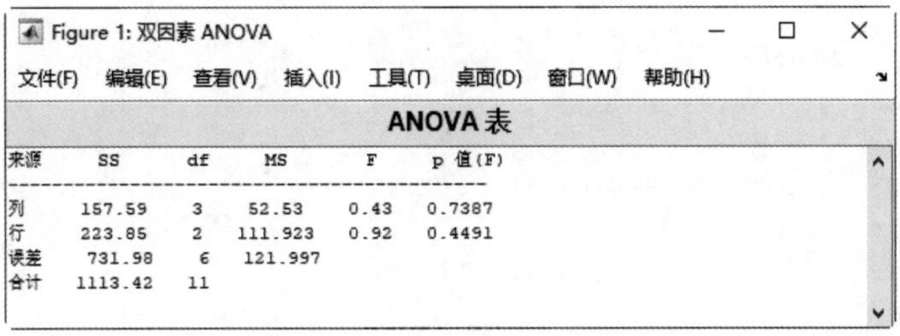

图 4-4　双因素方差分析

可以看到，$F_A = 0.43 < 3.29 = F_{0.9}(3,6)$，$F_B = 0.92 < 3.46 = F_{0.9}(2,6)$，所以会得到一个这样的结果：燃料种类和推进器种类对火箭的影响都不显著。这是不合理的。究其原因，就是没有考虑燃料种类的搭配作用。这时就要进行重复试验。

重复两次试验的测量数据见表 4-13。

表 4-13　重复两次试验的测量数据

燃料	B_1	B_2	B_3
A_1	58.2	56.2	65.3
	52.6	41.2	60.8
A_2	49.1	54.1	51.6
	42.8	50.5	48.4
A_3	60.1	70.9	39.2
	58.3	73.2	40.7
A_4	75.8	58.2	48.7
	71.5	51	41.4

下面是重复两次试验的计算程序。

```
>> X=[58.2  52.6  56.2  41.2  65.3  60.8;
      49.1  42.8  54.1  50.5  51.6  48.4;
      60.1  58.3  70.9  73.2  39.2  40.7;
      75.8  71.5  58.2  51    48.7  41.4];
>> [p,table,stats]=anova2(X',2)
p =
    0.0260    0.0035    0.0001
table =
  6×6 cell 数组
  列 1 至 3
    {'来源'    }    {'SS'        }    {'df'}
    {'列'      }    {[  261.6750]}    {[  3]}
    {'行'      }    {[  370.9808]}    {[  2]}
    {'交互效应'}    {[1.7687e+03]}    {[  6]}
    {'误差'    }    {[  236.9500]}    {[12]}
    {'合计'    }    {[2.6383e+03]}    {[23]}
  列 4 至 6
    {'MS'       }    {'F'         }    {'p 值(F)'    }
    {[  87.2250]}    {[   4.4174]}    {[    0.0260]}
    {[185.4904]}    {[   9.3939]}    {[    0.0035]}
    {[294.7821]}    {[  14.9288]}    {[6.1511e-05]}
    {[  19.7458]}    {0×0 double}    {0×0 double  }
    {0×0 double}    {0×0 double}    {0×0 double  }
stats =
  包含以下字段的 struct:
      source: 'anova2'
     sigmasq: 19.7458
    colmeans: [55.7167 49.4167 57.0667 57.7667]
        coln: 6
    rowmeans: [58.5500 56.9125 49.5125]
        rown: 8
       inter: 1
```

```
    pval:  6.1511e-05
      df:  12
```

计算结果如图 4-5 所示，可以看到，交互作用是非常显著的。

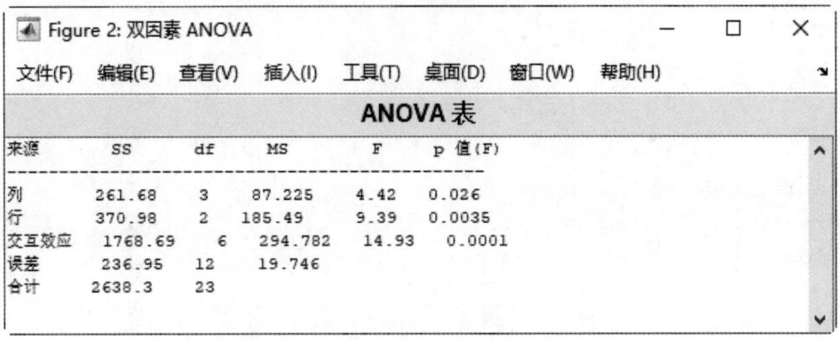

图 4-5 重复两次试验双因素方差分析

4.3 多元数据相关分析

多元数据相关分析主要就是研究随机向量之间的相互依赖关系，比较实用的有主成分分析和典型相关分析。

4.3.1 主成分分析

主成分分析是将多个指标转化为少数指标的一种多元数据处理方法。

设有某个 p 维总体 G，它的每个样品都是一个 p 维随机向量的实现，即每个样品都测得 p 个指标，这 p 个指标之间往往互有影响。能否将这 p 个指标综合成很少的几个综合性指标，而且这几个综合性指标既能充分反映原有指标的信息，它们彼此之间又相互无关？回答是肯定的，这就是主成分分析要完成的工作。

设 $X=(x_1,x_2,\cdots,x_p)'$ 为 p 维随机向量，V 是协方差阵。若 V 是非负定阵，则其特征根皆为非负实数，将它们按大小顺序依次进行排列 $\lambda_1 \geq \lambda_2 \geq \cdots \geq \lambda_p \geq 0$，并设前 m 个为正，且 $\lambda_1,\lambda_2,\cdots,\lambda_m$ 相应的特征向量为 $a_1,a_2,\cdots,a_m$，则 $a_1'X,a_2'X,\cdots,a_m'X$ 分别为第 $1,2,\cdots,m$ 个主成分。

下面的 M 文件是对矩阵 X 进行主成分分析的函数。

```
function [F,rate,maxlamda]=mainfactor(X)
[n,p]=size(X);
meanX=mean(X);
varX=var(X);
for i=1:p
   for j=1:n
   X0(j,i)=(X(j,i)-meanX(i))/((varX(i))^0.5);
   end
end
V=corrcoef(X0);
[VV0,lamda0]=eig(V);
lamda1=sum(lamda0);
lamda=lamda1(find(lamda1>0));
```

```
VV=VV0(:,find(lamda1>0));
k=1;
while(k<=length(lamda))
    [maxlamda(k),I]=max(lamda);
    maxVV(:,k)=VV(:,I);
    lamda(I)=[];
    VV(:,I)=[];
    k=k+1;
end
lamdarate=maxlamda/sum(maxlamda);
rate=(zeros(1,length(maxlamda)));
for l=1:length(maxlamda)
    F(:,l)=maxVV(:,1)'*X';
    for m=1:1
    rate(l)=rate(l)+lamdarate(m);
    end
end
```

扫一扫，看视频

实例——测量数据主成分分析

源文件：yuanwenjian\ch04\mainfactor.m、ep405.m

表 4-14 是对 20 位 25~34 周岁的健康女性的测量数据，试利用这些数据对身体脂肪与大腿围长、三头肌皮褶厚度、中臂围长的关系进行主成分分析。

表 4-14 测量数据

受试验者 i	1	2	3	4	5	6	7	8	9	10
三头肌皮褶厚度 x_1	19.5	24.7	30.7	29.8	19.1	25.6	31.4	27.9	22.1	25.5
大腿围长 x_2	43.1	49.8	51.9	54.3	42.2	53.9	58.6	52.1	49.9	53.5
中臂围长 x_3	29.1	28.2	37	31.1	30.9	23.7	27.6	30.6	23.2	24.8
身体脂肪 y	11.9	22.8	18.7	20.1	12.9	21.7	27.1	25.4	21.3	19.3
受试验者 i	11	12	13	14	15	16	17	18	19	20
三头肌皮褶厚度 x_1	31.1	30.4	18.7	19.7	14.6	29.5	27.7	30.2	22.7	25.2
大腿围长 x_2	56.6	56.7	46.5	44.2	42.7	54.4	55.3	58.6	48.2	51
中臂围长 x_3	30	28.3	23	28.6	21.3	30.1	25.6	24.6	27.1	27.5
身体脂肪 y	25.4	27.2	11.7	17.8	12.8	23.9	22.6	25.4	14.8	21.1

MATLAB 程序如下。

```
>> close all        %关闭打开的文件
>> clear            %清除工作区中的变量
>> X=[ 19.5 24.7 30.7 29.8 19.1 25.6 31.4 27.9 22.1 25.5 31.1 30.4 18.7 19.7 14.6 29.5
    27.7 30.2 22.7 25.2;
    43.1 49.8 51.9 54.3 42.2 53.9 58.6 52.1 49.9 53.5 56.6 56.7 46.5 44.2 42.7 54.4
    55.3 58.6 48.2 51;
    29.1 28.2 37 31.1 30.9 23.7 27.6 30.6 23.2 24.8 30 28.3 23 28.6 21.3 30.1 25.6
    24.6 27.1 27.5];
%20 组三头肌皮褶厚度、大腿围长与中臂围长测量数据
>> [F,rate,maxlamda]=mainfactor(X)      %使用自定义函数对测量数据进行主成分分析
F =
```

```
    113.2766    13.1191      1.1560      6.5183      0.3613
    229.0117    17.3767      2.2080      5.0724      0.4814
    123.3809    -7.1538      0.4702      5.7693      0.2179
rate =
        0.9681     1.0000      1.0000      1.0000      1.0000
maxlamda =
            19.3620      0.6380      0.0000      0.0000      0.0000
```

结果中，F 为对应的主成分，rate 为每个主成分的贡献率，maxlamda 为从大到小排列的协方差阵特征值。可以看到，第 1 个主成分的贡献率就达到了 0.9681。

4.3.2　典型相关分析

主成分分析是在一组数据内部进行成分提取，使所提取的主成分尽可能地携带原数据的信息，能对原数据的变异情况具有最强的解释能力。本小节要介绍的典型相关分析是对两组数据进行分析，分析它们之间是否存在相关关系。分别从两组数据中提取相关性最大的两个成分，通过测定这两个成分之间的相关关系，推测两个数据表之间的相关关系。典型相关分析有着重要的应用背景。例如，在宏观经济分析中，研究国民经济的投入要素与产出要素之间的联系；在市场分析中，研究销售情况与产品性能之间的关系等。

对于两组数据表 $X_{n \times p}$ 和 $Y_{n \times q}$，有

$$V_1 = (X'X)^{-1}X'Y(Y'Y)^{-1}Y'X$$
$$V_2 = (Y'Y)^{-1}Y'X(X'X)^{-1}X'Y$$

V_1、V_2 的特征值是相同的，则对应它们最大特征值的特征向量 a_1 和 b_1 就是 X 和 Y 的第一典型主轴，$F_1 = Xa_1$ 和 $G_1 = Xb_1$ 是第一典型成分，以此类推。

下面的 M 文件是对 X 和 Y 进行典型相关分析的函数。

```
function [maxVV1,maxVV2,F,G]=dxxg(X,Y)
[n,p]=size(X);
[n,q]=size(Y);
meanX=mean(X);
varX=var(X);
meanY=mean(Y);
varY=var(Y);
for i=1:p
   for j=1:n
   X0(j,i)=(X(j,i)-meanX(i))/((varX(i))^0.5);
   end
end
for i=1:q
   for j=1:n
   Y0(j,i)=(Y(j,i)-meanY(i))/((varY(i))^0.5);
   end
end
V1=inv(X0'*X0)*X0'*Y0*inv(Y0'*Y0)*Y0'*X0;
V2=inv(Y0'*Y0)*Y0'*X0*inv(X0'*X0)*X0'*Y0;
[VV1,lamda1]=eig(V1);
[VV2,lamda2]=eig(V2);
```

```
lamda11=sum(lamda1);
lamda21=sum(lamda2);
k=1;
while(k<=(length(lamda1))^0.5)
    [maxlamda1(k),I]=max(lamda11);
    maxVV1(:,k)=VV1(:,I);
    lamda11(I)=[];
    VV1(:,I)=[];
    [maxlamda2(k),I]=max(lamda21);
    maxVV2(:,k)=VV2(:,I);
    lamda21(I)=[];
    VV2(:,I)=[];
    k=k+1;
end
F=X0*maxVV1;
G=Y0*maxVV2;
```

扫一扫，看视频

实例——体能数据典型相关分析

源文件：yuanwenjian\ch04\dxxg.m、ep406.m

Linnerud 曾经对男子的体能数据进行统计分析，他对某健身俱乐部的 20 名中年男子进行体能指标测量。被测数据分为两组，第一组是身体特征指标，包括体重、腰围、脉搏；第二组是训练结果指标，包括单杠、弯曲、跳高，测量数据见表 4-15。试利用部分最小二乘法，对这些数据进行自变量数据典型相关分析。

表 4-15　男子体能数据

编号 i	1	2	3	4	5	6	7	8	9	10
体重 x_1	191	189	193	162	189	132	211	167	176	154
腰围 x_2	36	37	38	35	35	36	38	34	31	33
脉搏 x_3	50	52	58	62	46	56	56	60	74	56
单杠 y_1	5	2	12	12	13	4	8	6	15	17
弯曲 y_2	162	110	101	105	155	101	101	125	200	251
跳高 y_3	60	60	101	37	58	42	38	40	40	250
编号 i	11	12	13	14	15	16	17	18	19	20
体重 x_1	169	166	154	247	193	202	176	157	156	138
腰围 x_2	34	33	34	46	36	37	37	32	33	33
脉搏 x_3	50	52	64	50	46	62	54	52	54	68
单杠 y_1	17	13	14	1	6	12	4	11	15	2
弯曲 y_2	120	210	215	50	70	210	60	230	225	110
跳高 y_3	38	115	105	50	31	120	25	80	73	43

MATLAB 程序如下。

```
>> clear        %清除工作区中的变量
>> X=[191 36 50; 189 37 52; 193 38 58; 162 35 62; 189 35 46; 182 36 56; 211 38 56; 167 34
60; 176 31 74; 154 33 56; 169 34 50; 166 33 52; 154 34 64; 247 46 50; 193 36 46; 202 37 62;
```

```
176 37 54; 157 32 52; 156 33 54; 138 33 68];%身体特征指标X，包括20组体重、腰围、脉搏的测量数据
    Y=[5 162 60; 2 110 60; 12 101 101; 12 105 37; 13 155 58; 4 101 42; 8 101 38; 6 125 40;
15 200 40; 17 251 250; 17 120 38; 13 210 115; 14 215 105; 1 50 50; 6 70 31; 12 210 120;
4 60 25; 11 230 80; 15 225 73; 2 110 43];   %训练结果指标Y，包括20组单杠、弯曲、跳高的测量数据
    >> [maxVV1,maxVV2,F,G]=dxxg(X,Y)           %使用自定义函数对X和Y进行典型相关分析
    maxVV1 =
        0.4405
       -0.8971
        0.0336
    maxVV2 =
       -0.2645
       -0.7976
        0.5421
    F =
        0.0247
       -0.2819
       -0.4627
       -0.1566
        0.2506
       -0.1079
       -0.1510
        0.2035
        1.2698
        0.2331
        0.1926
        0.4286
       -0.0098
       -1.7782
        0.0417
       -0.0034
       -0.5045
        0.5482
        0.2595
        0.0036
    G =
       -0.0960
        0.7170
        0.7649
        0.0373
       -0.4281
        0.5414
        0.2990
        0.1142
       -1.2921
        0.1779
       -0.3935
       -0.5266
       -0.7461
        1.4262
        0.7202
       -0.4237
        0.8843
       -1.0515
       -1.2619
        0.5373
```

结果中，maxVV1 和 maxVV2 为 X 和 Y 的典型主轴，F 和 G 为 X 和 Y 的典型成分。

4.4 统计图表的绘制

统计图表通常用于帮助理解大量数据，以及数据之间的关系，人们透过视觉化的符号，可以更快速地读取原始数据。如今，图表已经被广泛用于各种领域。

4.4.1 条形图

条形图可分为二维和三维两种情况，其中绘制二维条形图的函数为 bar()（竖直条形图）与 barh()（水平条形图）；绘制三维条形图的函数为 bar3()（竖直条形图）与 bar3h()（水平条形图）。它们的调用格式都是一样的，因此本书只介绍 bar() 函数的调用格式，见表 4-16。

表 4-16　bar() 函数调用格式

调 用 格 式	说 明
bar(y)	若 y 为向量，则分别显示每个分量的高度，横坐标为 1～length(y)；若 y 为矩阵，则把 y 分解成行向量，再分别绘制，横坐标为 1～size(y,1)，即矩阵的行数
bar(x,y)	在指定的横坐标 x 上绘制 y，其中 x 为严格单增的向量。若 y 为矩阵，则把 y 分解成行向量，在指定的横坐标处分别绘制
bar(…,width)	设置条形的相对宽度和控制在一组内条形的间距，默认值为 0.8，所以，如果用户没有指定 x，则同一组内的条形有很小的间距；若设置 width 为 1，则同一组内的条形相互接触
bar(…,style)	指定条形的排列类型，类型有 group 和 stack，其中 group 为默认的显示模式，它们的含义如下： group：若 y 为 $n×m$ 矩阵，则 bar 显示 n 组，每组有 m 个垂直条形图； stack：将矩阵 y 的每个行向量显示在一个条形中，条形的高度为该行向量中的分量和，其中同一条形中的每个分量用不同的颜色显示出来，从而可以显示每个分量在向量中的分布
bar(…,Name,Value)	使用一个或多个名称-值对参数指定条形图的属性。仅使用默认 grouped 或 stacked 样式的条形图支持设置条形属性
bar(…,color)	使用指定的颜色 color 显示所有的条形
bar(ax,…)	将图形绘制到 ax 指定的坐标区中
b = bar(…)	返回一个或多个 Bar 对象。如果 y 是向量，则创建一个 Bar 对象；如果 y 是矩阵，则为每个序列返回一个 Bar 对象。显示条形图后，使用 b 设置条形的属性

动手练——绘制平均产品合格率条形图

为了统计工厂操作工人的操作合格率，抽取 5 名工人 4 月、5 月、6 月的产品合格率，见表 4-17，绘制平均产品合格率的条形图。

表 4-17　工人产品合格率 单位：%

编号	姓　名	4 月	5 月	6 月	平均合格率
1	吴用	92.52	93.65	98.12	94.76
2	程绪	92.68	92.33	93.45	92.82
3	赵一冰	94.87	90.61	93.68	93.05
4	张若琳	91.45	95.86	98.99	95.43
5	李会朋	89.66	95.68	96.57	93.97

📖 思路点拨：

源文件：yuanwenjian\ch04\pr401.m
（1）定义 4 月、5 月、6 月的产品合格率数据。
（2）使用 bar()函数绘制条形图。

4.4.2 面积图

面积图在实际应用中可以表现不同部分对整体的影响。在 MATLAB 中，绘制面积图的函数是 area()，它的调用格式见表 4-18。

表 4-18 area()函数调用格式

调用格式	说 明
area(Y)	绘制向量 Y 或将矩阵 Y 中每列作为单独曲线绘制并堆叠显示
area(X,Y)	绘制 Y 对 X 的图，并填充 0 和 Y 之间的区域。如果 Y 是向量，则将 X 指定为由递增值组成的向量，其长度等于 Y；如果 Y 是矩阵，则将 X 指定为由递增值组成的向量，其长度等于 Y 的行数
area(…,basevalue)	指定区域填充的基值 basevalue，默认为 0
area(…,Name,Value)	使用一个或多个名称-值对参数修改区域图
area(ax,…)	将图形绘制到 ax 坐标区中，而不是当前坐标区中
ar=area(…)	返回一个或多个 Area 对象。area()函数将为向量输入参数创建一个 Area 对象；为矩阵输入参数的每列创建一个对象

实例——绘制销售收入与成本统计图

源文件：yuanwenjian\ch04\ep407.m
某商场销售收入与成本统计数据见表 4-19，根据表格数据绘制统计图。

扫一扫，看视频

表 4-19 数据表 　　　　单位：元

名 称	单 位 成 本	销 售 数 量	销 售 单 价	销 售 金 额	成 本 金 额
商品 1	2200.00	50	5000.00	250000.00	110000.00
商品 2	3000.00	40	6500.00	260000.00	120000.00
商品 3	8000.00	15	12000.00	180000.00	120000.00
商品 4	240.00	47	400.00	18800.00	11280.00
商品 5	500.00	25	890.00	22250.00	12500.00
商品 6	4500.00	42	7000.00	294000.00	189000.00
商品 7	4800.00	20	7500.00	150000.00	96000.00
商品 8	11000.00	50	15000.00	750000.00	550000.00
商品 9	2600.00	36	4200.00	151200.00	93600.00
商品 10	2200.00	45	3800.00	171000.00	99000.00

绘制 4 种不同的条形图与面积图。
MATLAB 程序如下。
（1）利用商品销售数量绘制条形图。

```
>> Y=[2200 50 5000 250000 110000;
      3000 40 6500 260000 120000;
```

```
                 8000 15 12000 180000 120000;
                 240 47 400 18800 11280;
                 500 25 890 22250 12500;
                 4500 42 7000 294000 189000;
                 4800 20 7500 150000 96000;
                 11000 50 15000 750000 550000;
                 2600 36 4200 151200 93600;
                 2200 45 3800 171000 99000];
>> subplot(2,2,1)
>> bar(Y(:,2))                         %绘制商品销售数量的二维条形图
>> title('商品销售数量条形图 1')
>> subplot(2,2,2)
>> bar3(Y(:,2))
>> title('商品销售数量条形图 2')          %绘制三维条形图，并添加标题
>> subplot(2,2,3)
>> bar(Y(:,2),0.5)                     %条形的相对宽度为 0.5
>> title('商品销售数量条形图 3')
>> subplot(2,2,4)
>> bar(Y(:,2),'stack'),title('商品销售数量条形图 4')  % 绘制矩阵 Y 的二维堆积条形图，然后添加标题
```

运行结果如图 4-6 所示。

（2）绘制面积图。

```
>> close                %关闭图窗
>> area(Y)              %绘制矩阵 Y 的面积图，每列作为单独曲线绘制并堆叠显示
>> set(gca,'layer','top')   %将坐标区图层上移到所绘图形的顶层
>> title('面积图')       %添加标题
```

运行结果如图 4-7 所示。

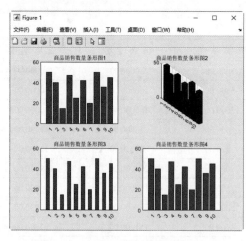

图 4-6 条形图

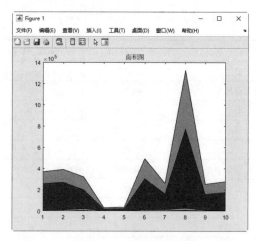

图 4-7 面积图

4.4.3 饼图

饼图用于显示向量或矩阵中各元素所占的比例，它可以用在一些统计数据可视化中。二维情况下创建饼图的函数是 pie()，三维情况下创建饼图的函数是 pie3()，二者的调用格式也非常相似，因此下面只介绍 pie()函数的调用格式，见表 4-20。

表 4-20 pie()函数调用格式

调用格式	说 明
pie(X)	用 X 中的数据绘制一个饼图，X 中的每个元素代表饼图中的一部分，X 中元素 X(i)所代表的扇形大小由 X(i)/sum(X) 的大小决定。若 sum(X)=1，则 X 中的元素就直接指定所在部分的大小；若 sum(X)<1，则绘制出一个不完整的饼图
pie(X,explode)	将扇区从饼图偏移一定的位置。explode 是一个与 X 同维的矩阵，当所有元素都为 0 时，饼图的各部分将连在一起组成一个圆，而其中存在非零元素时，X 中相应的元素在饼图中对应的扇形将向外移出一些加以突出
pie(X,labels)	指定扇区的文本标签。X 必须是数值数据类型；标签数必须等于 X 中的元素数
pie(X,explode,labels)	偏移扇区并指定文本标签。X 可以是数值或分类数据类型，为数值数据类型时，标签数必须等于 X 中的元素数；为分类数据类型时，标签数必须等于分类数
pie(ax,...)	将图形绘制到 ax 指定的坐标区中，而不是当前坐标区中
p = pie(...)	返回一个由补片和文本图形对象组成的向量

实例——绘制某网店销售额统计图

源文件：yuanwenjian\ch04\ep408.m

某网店食品类销售额、玩具类销售额、饰品类销售额分别为 4455 元、4211 元、3077 元，试使用条形图、饼图绘制出各分类所占销售总额的比例。

MATLAB 程序如下。

```
>> X=[4455 4211 3077];              %销售额 X
>> subplot(2,2,1)
>> bar(X)                           %绘制各列元素的二维条形图
>> title('销售总额二维条形图')
>> subplot(2,2,2)
>> bar3(X),title('销售总额三维条形图')   %绘制各列元素的三维条形图
>> subplot(2,2,3)
>> pie(X) %绘制二维饼图，每个扇区代表 X 中的一个元素，大小由对应的元素值占元素值之和的比例决定
>> title('销售总额二维饼图')
>> subplot(2,2,4)
>> explode=[0 0 1];                 %指定第 3 个扇区从饼图中心偏移一定距离
>> pie3(X,explode)                  %绘制向量 X 的三维饼图，并将第 3 个元素值对应的扇区从中心偏移
>> title('销售总额三维分离饼图')
```

运行结果如图 4-8 所示。

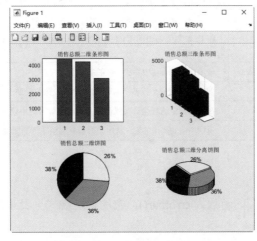

图 4-8 销售总额的比例统计图

79

4.4.4 柱状图

柱状图是数据分析中用得较多的一种图形。例如，在一些预测彩票结果的网站中，把各期中奖数字记录下来，然后绘制成柱状图，可以让彩民清楚地了解到各个数字在中奖号码中出现的概率。在 MATLAB 中，绘制柱状图的函数有两个。

（1）histogram()：用于绘制直角坐标系下的柱状图。

（2）polarhistogram()：用于绘制极坐标系下的柱状图。

histogram()函数的调用格式见表 4-21。

表 4-21　histogram()函数调用格式

调 用 格 式	说 明
histogram(X)	基于 X 创建柱状图，使用均匀宽度的 bin（柱）涵盖 X 中的元素范围并显示分布的基本形状
histogram(X,nbins)	使用标量 nbins 指定 bin 的数量
histogram(X,edges)	将 X 划分到由向量 edges 指定 bin 边界的 bin 内。除了同时包含两个边界的最后一个 bin 外，每个 bin 都包含左边界，但不包含右边界
histogram('BinEdges',edges, 'BinCounts',counts)	指定 bin 边界和关联的 bin 计数
histogram(C)	通过为分类数组 C 中的每个类别绘制一个条形来绘制柱状图
histogram(C,Categories)	仅绘制 Categories 指定的类别的子集
histogram('Categories',Categories, 'BinCounts', counts)	指定类别和关联的 bin 计数
histogram(…,Name,Value)	使用一个或多个名称-值对参数设置柱形图的属性
histogram(ax,…)	将图形绘制到 ax 指定的坐标区中，而不是当前坐标区中
h = histogram(…)	返回 Histogram 对象，常用于检查并调整柱状图的属性

polarhistogram()函数的调用格式与 histogram()函数非常相似，具体见表 4-22。

表 4-22　polarhistogram()函数调用格式

调 用 格 式	说 明
polarhistogram(theta)	显示参数 theta 的数据在 20 个区间或更少的区间内的分布，向量 theta 中的角度单位为 rad，用于确定每个区间与原点的角度，每个区间的长度反映输入向量的元素落入该区间的个数
polarhistogram(theta,nbins)	用正整数参量 nbins 指定 bin 数目
polarhistogram(theta,edges)	将 theta 划分为由向量 edges 指定 bin 边界的 bin。所有 bin 都有左边界，但只有最后一个 bin 有右边界
polarhistogram('BinEdges',edges,'BinCounts',counts)	使用指定的 bin 边界和关联的 bin 计数
polarhistogram(…,Name,Value)	使用指定的一个或多个名称-值对参数设置图形属性
polarhistogram(pax,…)	在 pax 指定的极坐标区（而不是当前坐标区）中绘制图形
h = polarhistogram(…)	返回 Histogram 对象，常用于检查并调整图形的属性

4.4.5 误差棒图

MATLAB 中绘制误差棒图的函数为 errorbar()，它的调用格式见表 4-23。

表 4-23 errorbar()函数调用格式

调用格式	说明
errorbar(y,err)	创建 y 中数据的线图，并在每个数据点处绘制一个垂直误差条。err 中的值确定数据点上方和下方的每个误差条的长度，因此，总误差条长度是 err 值的 2 倍
errorbar(x,y,err)	绘制 y 对 x 的图，并在每个数据点处绘制一个垂直误差条
errorbar(…,ornt)	设置误差条的方向。ornt 的默认值为 vertical，表示绘制垂直误差条；ornt 为 horizontal 表示绘制水平误差条；ornt 为 both 表示绘制水平和垂直误差条
errorbar(x,y,neg,pos)	在每个数据点处绘制一个垂直误差条，其中 neg 确定数据点下方的长度，pos 确定数据点上方的长度
errorbar(x,y,yneg,ypos, xneg,xpos)	绘制 y 对 x 的图，并同时绘制水平和垂直误差条。yneg 和 ypos 分别设置垂直误差条下部和上部的长度；xneg 和 xpos 分别设置水平误差条左侧和右侧的长度
errorbar(…,LineSpec)	绘制用 LineSpec 指定线型、标记符、颜色等的误差棒图
errorbar(…,Name,Value)	使用一个或多个名称-值对参数修改线条和误差条的外观
errorbar(ax,…)	在由 ax 指定的坐标区（而不是当前坐标区）中创建绘图
e = errorbar(…)	如果 y 是向量，返回一个 ErrorBar 对象；如果 y 是矩阵，为 y 中的每列返回一个 ErrorBar 对象

实例——绘制铸件尺寸误差棒图

源文件： yuanwenjian\ch04\ep409.m

甲、乙两个铸造厂生产同种铸件，相同型号的铸件尺寸测量数据如下，试绘制铸件尺寸的误差棒图。

扫一扫，看视频

甲	93.3	92.1	94.7	90.1	95.6	90.0	94.7
乙	95.6	94.9	96.2	95.1	95.8	96.3	94.1

MATLAB 程序如下。

```
>> close all
>> x=[93.3 92.1 94.7 90.1 95.6 90.0 94.7];        %甲厂生产的铸件尺寸
>> y=[95.6 94.9 96.2 95.1 95.8 96.3 94.1];        %乙厂生产的铸件尺寸
>> e=abs(x-y);                                      %数据点上方和下方的误差条长度
>> errorbar(y,e)                                    %创建乙厂铸件尺寸的误差棒图
>> title('铸件误差棒图')
>> axis([0 8 88 106])                               %调整坐标轴的范围
```

运行结果如图 4-9 所示。

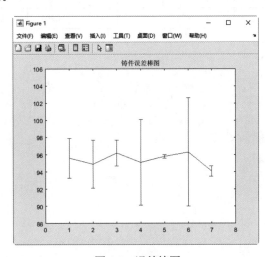

图 4-9 误差棒图

4.4.6 火柴杆图

用线条显示数据点与 x 轴的距离，用一小圆圈（默认标记）或用指定的其他标记符号与线条相连，并在 y 轴上标记数据点的值，这样的图形称为火柴杆图。在二维情况下，实现这种操作的函数是 stem()，它的调用格式见表 4-24。

表 4-24 stem()函数调用格式

调用格式	说明
stem(Y)	按 Y 元素的顺序绘制火柴杆图，在 x 轴上，火柴杆之间的距离相等；若 Y 为矩阵，则把 Y 分成几个行向量，在同一横坐标的位置上绘制一个行向量的火柴杆图
stem(X,Y)	在 X 指定的值的位置绘制列向量 Y 的火柴杆图，其中 X 与 Y 为同型的向量或矩阵，X 可以是行或列向量，Y 必须是包含 length(X)行的矩阵
stem(…,'filled')	对火柴杆末端的圆形"火柴头"填充颜色
stem(…,LineSpec)	使用参数 LineSpec 指定的线型、标记符号和火柴头的颜色绘制火柴杆图
stem(…,Name,Value)	使用一个或多个名称-值对参数修改火柴杆图
stem(ax,…)	在 ax 指定的坐标区中，而不是当前坐标区（gca）中绘制图形
h = stem(…)	返回由 Stem 对象构成的向量

扫一扫，看视频

实例——对某快递员全年业绩进行统计分析

源文件：yuanwenjian\ch04\ep410.m

快递公司的快递员全年销售业绩见表 4-25，对某员工的销售业绩进行分析，绘制员工张 1 的销售业绩火柴杆图。

表 4-25 快递员全年销售业绩

姓名	1月	2月	3月	4月	5月	6月	7月	8月	9月	10月	11月	12月
张1	878	1121	1038	1169	1296	797	784	1225	716	1145	1004	1096
张2	1068	987	1256	1289	1348	1260	1327	952	1008	988	1331	1240
张3	513	463	498	687	859	1047	1097	1218	626	647	786	1005
张4	756	795	856	781	904	984	820	803	680	856	786	785

MATLAB 程序如下。

```
>> close all
>> x=1:12;                    %取值区间和取值点
>> y=[878,1121,1038,1169,1296,797,784,1225,716,1145,1004,1096];
>> stem(x,y,'fill','r')       %绘制火柴杆图，填充为红色
>> title('张 1 销售业绩火柴杆图')
```

运行结果如图 4-10 所示。

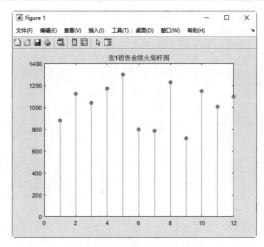

图 4-10　销售业绩火柴杆图

4.4.7　阶梯图

阶梯图在电子信息工程及控制理论中用得非常多,在MATLAB 中,实现这种绘图的函数是stairs(),它的调用格式见表 4-26。

表 4-26　stairs()函数调用格式

调 用 格 式	说　　明
stairs(Y)	用参数 Y 的元素绘制一个阶梯图。若 Y 为向量,则横坐标的范围为 1～m=length(Y);若 Y 为 m×n 矩阵,则对 Y 的每行画一个阶梯图,其中横坐标的范围为 1～n
stairs(X,Y)	结合 X 与 Y 绘制阶梯图,其中要求 X 与 Y 为同型的向量或矩阵。此外,X 可以为行向量或列向量,且 Y 为有 length(X)行的矩阵
stairs(…,LineSpec)	用参数 LineSpec 指定的线型、标记符号和颜色绘制阶梯图
stairs(…,Name, Value)	使用一个或多个名称-值对参数修改阶梯图
stairs(ax,…)	将图形绘制到 ax 指定的坐标区中,而不是当前坐标区中
h = stairs(…)	返回一个或多个 Stair 对象
[xb,yb] = stairs(…)	该命令不绘制图,而是返回大小相等的矩阵 xb 与 yb,可以使用 plot(xb,yb)绘制阶梯图

实例——绘制员工销售业绩阶梯图

源文件：yuanwenjian\ch04\ep411.m

对表 4-25 中员工张 2 的销售业绩进行分析,绘制阶梯图。

MATLAB 程序如下。

```
>> close all
>> x=1:12;                  %取值区间和取值点
>> y=[1068,987,1256,1289,1348,1260,1327,952,1008,988,1331,1240];
>> stairs(x,y)             %绘制数据点的阶梯图
>> hold on                 %保留当前图窗中的绘图
>> plot(x,y,'--*')         %使用带星号标记的虚线绘制二维线图
```

运行结果如图 4-11 所示。

扫一扫,看视频

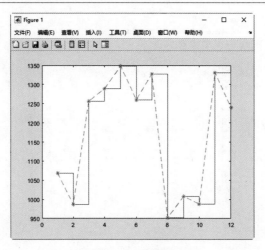

图 4-11　阶梯图

第 5 章　回 归 模 型

内容指南

在数据型数学模型中，最常见的就是利用回归模型对大量数据进行统计分析。线性回归模型是所有数学模型中最浅显、最易懂的，通常用于对数据元素之间的复杂关系建立模型，估计一种处理方法对结果的影响和推断预测，适用于多种问题场景。

内容要点

- ❯ 回归分析
- ❯ 线性回归模型
- ❯ 残差分析
- ❯ 正则化线性回归模型
- ❯ 逐步回归模型

5.1　回 归 分 析

回归分析是回归模型建模和分析数据的重要工具。通常，使用曲线/直线拟合这些数据点，计算某个数据点到曲线/直线的距离偏差最小。

一般来说，回归分析通过规定因变量和自变量确定变量之间的因果关系，建立回归模型，并根据实测数据求解模型的各个参数，然后评价回归模型是否能够很好地拟合实测数据。如果能够很好地拟合，则可以根据自变量进一步预测。

5.1.1　回归分析预测法

回归分析预测法是通过研究分析一个因变量对一个或多个自变量的依赖关系，从而通过自变量的已知或设定值估计和预测因变量均值的一种预测方法。回归分析预测的步骤如下。

1. 根据预测目标，确定自变量和因变量

明确预测的具体目标，也就确定了因变量。例如，预测具体目标是下一年度的销售量，那么销售量就是因变量。通过市场调查和查阅资料，寻找与预测目标的相关影响因素，即自变量，并从中选出主要的影响因素。

2. 进行相关分析

相关关系可以分为确定关系和不确定关系。但是，无论是确定关系还是不确定关系，只要有相关

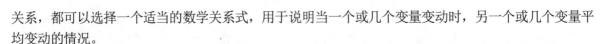

关系，都可以选择一个适当的数学关系式，用于说明当一个或几个变量变动时，另一个或几个变量平均变动的情况。

3. 建立回归模型

根据自变量和因变量的历史统计资料进行计算，在此基础上建立回归方程，即回归模型。建立回归模型的基本步骤如下。

（1）确定研究对象，明确哪个变量是因变量，哪个变量是自变量。

（2）绘制自变量和因变量的散点图，观察它们之间的关系（如是否存在线性关系等）。

（3）由经验确定回归方程的类型（如观察到数据呈线性关系，则选用线性回归方程）。

（4）按一定规则估计回归方程中的参数（如最小二乘法拟合）。

（5）得出结果后，分析残差图是否有异常（个别数据对应残差过大，或残差呈现不随机的规律性等）。若存在异常，则检查数据是否有误或模型是否合适等。

4. 检验回归模型，计算预测误差

回归模型是否可用于实际预测，取决于对回归模型的检验和对预测误差的计算。回归方程只有通过各种检验，且预测误差较小，才能将回归方程作为预测模型进行预测。

5. 计算并确定预测值

利用回归模型计算预测值，并对预测值进行综合分析，确定最后的预测值。

5.1.2 估计的回归方程

回归模型是对统计关系进行定量描述的一种数学模型。回归方程是描述因变量 y 的期望值如何依赖于自变量 x 的方程，也是对变量之间统计关系进行定量描述的一种数学表达式。

线性回归方程的通式为

$$y = \beta_0 + \beta_1 x + \varepsilon$$

其中，ε 为误差项。由于大多数预测-响应变量之间的关系是不确定的，因此对实际关系的所有线性近似都需要增加误差项，所以需要引入由随机变量建模的误差项。有关误差项的假设如下。

（1）零均值假设。误差项 ε 是一个随机变量，其均值（或者说它的期望值）等于 0，用符号表示为 $E(\varepsilon) = 0$。则回归方程为

$$E(y) = E(\beta_0 + \beta_1 x + \varepsilon) = E(\beta_0) + E(\beta_1 x) + E(\varepsilon) = \beta_0 + \beta_1 x$$

（2）常数方差假设。ε 的方差用 σ^2 表示，无论 x 取何值，σ^2 都是一个常数。

（3）独立性假设。假设 ε 的值是独立的。

（4）正态假设。假设误差项 ε 满足正态分布。

β_0、β_1 表示模型参数，分别对应截距和斜率。这些值是常量，其真实值未知，需要从数据集中估计得到。

用样本统计量 $\hat{\beta}_0$、$\hat{\beta}_1$ 代替回归过程中的未知参数 β_0、β_1，就得到了估计的回归方程：

$$\hat{y} = \hat{\beta}_0 + \hat{\beta}_1 x$$

其中，$\hat{y}$ 为因变量的估计值（回归理论值），$\hat{\beta}_0$ 为回归直线的起始值（截距），$\hat{\beta}_1$ 为回归直线的回归系数（直线的斜率）。

5.1.3 回归方程类型

根据回归曲线确定回归方程，首先需要了解回归方程有哪些，对应的回归曲线是什么样的，本小节详细介绍几种回归方程与回归曲线。

1. 直线回归方程

直线回归是最简单的线性回归模型，也是最基本的回归分析方法，将所有测试点拟合为一条直线，其回归方程式为 $y = a + bx$。

2. 二次多项式回归方程

二次多项式曲线呈抛物线状，开口向下或向上，如图 5-1 所示。其回归方程为 $y = a + bx + cx^2$。

3. 三次多项式回归方程

三次多项式曲线像倒状的 S 形，其回归方程为 $y = a + bx + cx^2 + dx^3$，形状如图 5-2 所示。

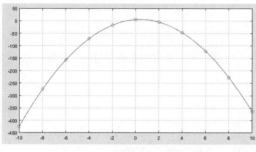

图 5-1　二次多项式回归曲线

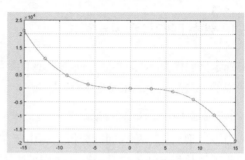

图 5-2　三次多项式回归曲线

4. 半对数估计回归方程

理想状态下，半对数回归曲线在半对数坐标中是一条直线，其回归方程为 $y = a\lg(x) + b$，形状如图 5-3 所示（注意 x 轴是对数坐标）。

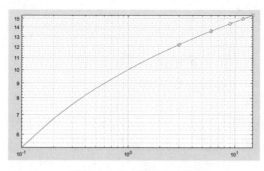

图 5-3　半对数回归曲线

5.2　线性回归模型

在大量的社会、经济、工程问题中，对于因变量 y 的全面解释往往需要多个自变量的共同作用。当有 p 个自变量 $x_1, x_2, \cdots, x_p$ 时，多元线性回归的理论模型为

$$y = \beta_0 + \beta_1 x_1 + \cdots + \beta_p x_p + \varepsilon$$

其中，ε 为随机误差，$E(\varepsilon) = 0$。

一元线性回归是最简单直观的回归模型，在现实生活中很常见，研究的对象只涉及一元变量。

一元线性回归模型可以看作多元线性回归模型的特殊情况，一元线性回归的理论模型为

$$y = \beta_0 + \beta_1 x + \varepsilon$$

其中，ε 为随机误差，$E(\varepsilon) = 0$。

在数学模型中，最常见的就是利用回归模型对大量数据进行统计分析，一般步骤如下。

（1）收集一组包含因变量和自变量的数据。

（2）选定因变量和自变量之间的回归模型，即一个数学表达式，利用数据按照最小二乘法计算回归模型中的回归系数。

（3）利用统计分析方法对不同的模型进行比较，找出与数据拟合得最好的模型。

（4）判断得到的模型是否适用于这组数据。

（5）利用模型对因变量作出预测或解释。

5.2.1 线性回归模型拟合算法

确定回归模型后，需要估计回归模型的参数，线性回归方程中的待定参数是根据样本数据求出的，最基本的方法是最小二乘拟合算法。

1. 普通最小二乘拟合算法

最小二乘法最早称为回归分析法。由著名的英国生物学家、统计学家道尔顿（F.Gallton）所创。回归分析法从其方法的数学原理——误差平方和最小出发，改称为最小二乘法。

最小二乘法是一种优化算法，其目的有两个：一是将误差 r_i 最小化；二是使误差的平方和 S 最小化。

其中，误差的计算公式为

$$\overline{r_i} = y_i - \hat{y}_i$$

其中，y_i 为测量值，$\hat{y}_i$ 为真实值。

误差的平方和的计算公式为

$$S = \sum_{i=1}^{n} r_i^2 = \sum_{i=1}^{n} (y_i - \hat{y}_i)^2$$

2. 加权最小二乘拟合算法

基于最小二乘估计的多元线性回归是将所有样本点赋予一样的权重，并且作为非异常值进行处理，但若其中存在异常值，该方法得到的估计值也将受到不小的影响。为了解决这个问题，引入了加权最小二乘估计。

加权最小二乘（均方）估计的原理是给每个样本点不一样的权重，偏差较大的样本点权重小，偏差较小的样本点权重大，这样即使出现异常点，也不会对最后的估计值产生较大的影响。通过拟合数据和绘制误差确定方差是否为常数。

加权最小二乘估计的步骤如下。

对于观测值 x_i，若不苛求观测系统的精度，在处理数据时要求都达到较高精度，这种建模方法称为不等精度模型，其模型具有如下形式：

$$y_i = \beta_1 x_1 + \beta_2 x_2 + \cdots + \beta_n x_n + \varepsilon_i; (i = 1, \cdots, n)$$

其中，ε_i 是观测误差，互不相关。用向量矩阵表示为

$$Y = X\beta + \varepsilon$$

（1）选取 LS 估计的 $\hat{\beta}^{(0)} = (X^T X)^{-1} X^T Y$ 为迭代初始值，求出初始误差 u。

（2）标准化误差得到 $\varphi(u_i)$，由 $W_i = \dfrac{\varphi(u_i)}{u_i}$ 求出每个样本的初始权重 W_i。

（3）利用 $\hat{\beta} = (X^T W X)^{-1} X^T W Y$ 求得新误差 $\hat{\beta}^{(1)}$ 代替 $\hat{\beta}^{(0)}$。返回步骤（2），依次迭代计算 $\hat{\beta}^{(i)}$，当相邻两步的回归系数的差的绝对值的最大值小于预先设定的标准误差时，迭代结束，即

$$\max |\hat{\beta}^{(i)} - \hat{\beta}^{(i-1)}| < \varepsilon$$

3. 稳健最小二乘拟合算法

普通最小二乘拟合算法的主要缺点是对离群点的敏感性差，离群值对拟合有很大影响，因为误差平方放大了这些极端数据点的影响。稳健最小二乘法（鲁棒最小二乘法）的主要思想是对误差大的样本进行抑制，减小它们对结果的影响，假定响应误差 error 服从正态分布 error $\sim N(0, \sigma^2)$，且极小。

为了最小化异常值的影响，可以使用稳健最小二乘法拟合数据。MATLAB 提供了以下两种稳健最小二乘法。

（1）最小绝对残差（LAR）：LAR 方法计算的拟合曲线，将误差的绝对值降到最小，而不是平方差。因此，极值对拟合的影响较小。

（2）Bisquare 权值：这种方法最小化了一个加权平方和，其中赋予每个数据点的权重取决于该点离拟合曲线有多远。曲线附近的点权重增大，距离曲线更远的点可以减小权重，距离曲线最远的点得到的权重为 0。

5.2.2 拟合线性回归模型统计量参数

创建的回归模型中包含用于模型检验的统计量参数，下面简单介绍这些概念。

1. 回归估计标准误差

回归方程的一个重要作用在于根据自变量的已知值估计因变量的理论值（估计值）。而理论值 $\hat{y}$ 与实际值 y 存在着差距，这就产生了推算结果的准确性问题。如果差距小，说明推算结果的准确性高；反之则准确性低。因此，分析理论值与实际值的差距很有意义。

为了度量实际值和估计值离差的一般水平，可计算估计标准误差。估计标准误差是衡量回归直线代表性大小的统计分析指标，它说明观察值围绕着回归直线的变化程度或分散程度，通常用 S_e 代表估计标准误差，其计算公式为

$$S_e = \sqrt{\frac{\sum (y - \hat{y})^2}{n - 2}}$$

其中，n 表示样本数量。

2. 判定系数

判定系数 R^2 也叫作可决系数或决定系数，是指在线性回归中回归平方和与总离差平方和的比值，其数值等于相关系数的平方。

回归分析表明，因变量 y 的实际值（观察值）有大有小，上下波动。对于每个观察值，波动的大小可用离差 $(y_i - \overline{y})$ 表示。离差产生的原因有两方面：一是受自变量 x 变动的影响；二是受其他因素的影响（包括观察或实验中产生的误差的影响）。

总离差平方和（Total Sum of Squares，SST）：$SST = \sum\limits_{i=1}^{n}(y_i - \overline{y})^2$，表示 n 个观测值总的波动大小。

误差平方和（Sum of Squares due to Error，SSE）：$SSE = \sum\limits_{i=1}^{n}(y_i - \hat{y}_i)^2$，又称为残差平方和，它反映了除自变量 x 对因变量 y 的线性影响外的一切因素（包括 x 对 y 的非线性影响和测量误差等）对因变量 y 的作用。

回归平方和（Sum of Squares of the Regression，SSR）：$SSR = \sum\limits_{i=1}^{n}(\hat{y}_i - \overline{y})^2$，表示在总离差平方和中，由于 x 与 y 的线性关系而引起因变量 y 变化的部分。

可以证明：SST=SSE+SSR（要用到求导得到的两个等式）。

得出判定系数为

$$R^2 = \frac{SSR}{SST} = \frac{SST - SSE}{SST} = 1 - \frac{SSE}{SST}$$

判定系数 R^2 是对估计的回归方程拟合优度的度量值。R^2 取值为 $0 \sim 1$，越接近 1，表明方程中 x 对 y 的解释能力越强。通常将 R^2 乘以 100%，表示回归方程解释 y 变化的百分比。若对所建立的回归方程能否代表实际问题作一个判断，可用 R^2 是否趋近于 1 判断回归方程的效果好坏。

对于多元线性回归模型，假设、求解、显著性检验的推断过程和逻辑是一致的。但对于多元回归模型，拟合优度需要修正，随预测变量的增加，拟合优度至少不会变差，那么真的是变量越多越好吗？

引入调整后的拟合优度 $\overline{R}^2$ 概念，计算公式为

$$\overline{R}^2 = 1 - (1 - R^2)\frac{n-1}{n-k}$$

其中，k 为包括截距项的估计参数的个数，n 为样本个数。

5.2.3 拟合线性回归模型

在 MATLAB 中，fitlm()函数利用最小二乘法拟合一元或多元线性回归模型，回归模型中包括模型公式、估计系数和模型汇总的统计量。fitlm()函数的调用格式见表 5-1。

表 5-1 fitlm()函数调用格式

调 用 格 式	说　　明
mdl = fitlm(tbl)	分析数据集 tbl 中的变量关系，创建线性回归模型 mdl。默认情况下，使用数组 tbl 的最后一个变量作为响应变量（因变量），其余变量为解释变量（自变量）
mdl = fitlm(x,y)	分析预测变量（自变量）x 与响应变量（因变量）y 的关系，创建线性回归模型 mdl
mdl = fitlm(___,modelspec)	modelspec 用于定义回归模型，可选值如下。 ➥ constant：常量模型，只包含一个常量项（截距） ➥ linean（默认值）：线性模型，包含常量项（截距）和线性项（斜率） ➥ interactions：交互模型，包含一个截距、线性项，以及所有不同的预测因子对的乘积（没有平方项） ➥ purequadratic：二次型模型，包含一个截距项和线性和平方项 ➥ quadratic：二次方模型，包含一个截距项、线性项和平方项，以及所有不同预测因子对的乘积

续表

调用格式	说　　明
mdl = fitlm(___,modelspec)	⮞ polyijk：多项式模型（见表 5-2）。模型包含交互项，但每个交互项的程度不超过指定度数的最大值。例如，poly13 具有一个截距和 x1、x2、x22、x23、x1*x2 和 x1*x22 项，其中 x1 和 x2 分别是第 1 个和第 2 个预测项
mdl = fitlm(___,Name,Value)	使用 Name, Value 参数对设置附加选项。 ⮞ CategoricalVars：指定变量分类列表 ⮞ Exclude：要排除的异常项 ⮞ Intercept：控制是否删除常量项 ⮞ PredictorVars：指定预测变量 x ⮞ ResponseVar：指定响应变量 y ⮞ RobustOpts：默认使用普通最小二乘法，设置为 on，使用稳健拟合算法 ⮞ VarNames：指定变量名称，默认为{'x1','x2',…,'xn','y'} ⮞ Weights：指定观测值的权重，n×1 的矩阵

表 5-2　多项式回归模型参数及公式

参　　数	公　　式
poly1	Y = p1*x+p2
poly2	Y = p1*x^2+p2*x+p3
poly3	Y = p1*x^3+p2*x^2+…+p4
poly9	Y = p1*x^9+p2*x^8+…+p10
poly21	Z = p00 + p10*x + p01*y + p20*x^2 + p11*x*y
poly13	Z = p00 + p10*x + p01*y + p11*x*y + p02*y^2 + p12*x*y^2 + p03*y^3
poly55	Z = p00 + p10*x + p01*y +…+ p14*x*y^4 + p05*y^5

使用 LinearModel（线性回归模型）的对象属性研究拟合线性回归模型，对象属性包括关于系数估计值、汇总统计量、拟合方法和输入数据的信息，LinearModel 的对象属性函数见表 5-3。

表 5-3　显示 LinearModel 的对象属性函数

函　　数	调用格式	说　　明	统计量参数
Coefficients	mdl.Coefficients	显示模型系数信息	系数估计值 Estimate 标准误差 SE t 检验的统计量 tStat、p 值 pValue

在 MATLAB 中使用 Wilkinson 表示法时，回归模型中的符号见表 5-4。

表 5-4　回归模型中符号及说明

符　号	说　　明	符　号	说　　明
+	表示包含下一个变量	−	表示不包含下一个变量
:	定义交互效应，即项的乘积	*	定义交互效应和所有低阶项
^	求预测变量的幂，与使用*重复相乘效果一样，因此^也包括低阶项	()	对项进行分组

表 5-5 所示为 Wilkinson 表示法的典型示例。

表 5-5　Wilkinson 表示法的典型示例

符　号	说　明
1	常数（截距）项
A^k，其中 k 是正整数	$A^1, A^2, \cdots, A^k$
A + B	A, B
A*B	A, B, A*B
A:B	仅限 A*B
–B	不包括 B
A*B + C	A, B, C, A*B
A + B + C + A:B	A, B, C, A*B
A*B*C – A:B:C	A, B, C, A*B, A*C, B*C
A*(B + C)	A, B, C, A*B, A*C

扫一扫，看视频

实例——冷饮店盈利问题

源文件：yuanwenjian\ch05\ep501.m

夏天来临，随着气温升高，冷饮店网上接单量倍增，迫于原材料、人工压力，每天不得不限制打开网络接单系统的时间。每天打开网络接单系统的时间与利润数据见表 5-6。试计算网络接单系统开启时间与盈利的关系。

表 5-6　测试数据

时间/h	0.5	1	1.5	2	2.5	3
利润/万元	1.75	2.45	3.81	4.8	8	8.6

操作步骤

（1）根据预测目标，确定自变量和因变量。设打开网络接单系统的时间为预测变量 x（自变量），冷饮店利润为响应变量 y（因变量）。

（2）绘制数据对应的散点图。在命令行窗口中输入以下命令。

```
>> clear                        %清除工作区中的变量
>> x=[0.5 1 1.5 2 2.5 3];       %输入测试数据
>> y=[1.75 2.45 3.81 4.8 8 8.6];
>> plot(x,y,'*')                %以星号标记绘制数据散点图
```

运行结果如图 5-4 所示。

（3）估计回归模型。根据图 5-4 所示的散点图，发现数据接近一元线性关系，假设回归模型为 $y = \beta_0 + \beta_1 x + \varepsilon$，调用 fitlm() 函数计算一元线性回归模型的估计值与统计量。

```
>> mdl = fitlm(x,y)    %计算一元线性回归模型
mdl =
线性回归模型：
    y ~ 1 + x1

估计系数：

                  Estimate      SE         tStat        pValue
                  _____     ____       _____      _____
```

```
(Intercept)   -0.28733    0.65129    -0.44117    0.68189
x1             2.9651     0.33447     8.8651     0.00089422
```

观测值数目：6，误差自由度：4
均方根误差：0.7
R 方：0.952，调整 R 方 0.939
F 统计量(常量模型)：78.6，p 值 = 0.000894

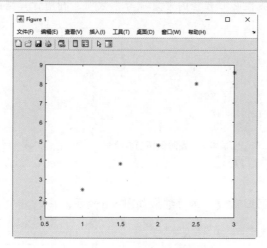

图 5-4　数据散点图

由上面的运行结果可知，回归模型 mdl 中模型公式参数如下。

➥ 线性回归模型：y ~ 1 + x1 对应于 $y = \hat{\beta}_0 + \hat{\beta}_1 x$。

➥ 估计系数 Estimate：模型公式中系数估计值，$\hat{\beta}_0 = -0.28733$，$\hat{\beta}_1 = 2.9651$。

估计系数的统计参数如下。

➥ SE（Standard Error，标准误差）：表示对参数精确性和可靠性的估计。

➥ tStat：每个系数的 t 统计量，tStat ＝回归系数 / 系数标准误差＝$\dfrac{\text{Estimate}}{\text{SE}}$，假设检验时用于与临界值相比，值越大越好。

➥ pValue：假设检验的 t 统计量的 p 值，首先判断该假设检验验证对应系数是否等于 0。x1 的 t 检验 p 值小于 0.05，该项在 5%显著性水平上不显著。

回归模型的统计参数如下。

➥ 观测值数目：观测值中剔除 NaN 值的行数。

➥ 误差自由度：n（观测值数目）$-p$（模型中系数的数目，包括截距）=6-2=4。

➥ 均方根误差：用于估计误差分布的标准差，反映测量的精密度。

➥ R^2（判定系数）：值越接近 1，变量的线性相关性越强。

➥ 调整 R^2：调整判定系数。

➥ F 统计量(常量模型)：F 检验的统计量，为 78.6，用于检验该模型是否具有显著的线性关系。

➥ p 值：F 检验的 p 值，p 值为 0.000894，小于 0.05，表示该回归模型在 5%显著性水平上是显著的。

通过上面的统计量参数得出结论，估计的一元线性回归方程 $y = -0.28733 + 2.9651x$ 具有显著的线性关系。

（4）通过最小二乘法绘制拟合直线验证拟合效果，最小二乘法计算公式为

$$\begin{cases} b_1 = \dfrac{n\sum x_i y_i - \sum x_i - \sum y_i}{n\sum x_i^2 - (\sum x_i)^2} \\ b_0 = \overline{y} - b_1 \overline{x} \end{cases}$$

当求出 b_0、b_1 后，一元线性回归方程 $\hat{y} = b_0 + b_1 x$ 便可确定。

（5）利用公式计算一元线性回归方程的常量项与系数项，利用计算结果绘制回归直线，对比数据原始点，显示拟合效果。

```
%采用最小二乘拟合
Lxx=sum((x-mean(x)).^2);
Lxy=sum((x-mean(x)).*(y-mean(y)));
b1=Lxy/Lxx;                %计算斜率
b0=mean(y)-b1*mean(x);
y1=b1*x+b0;
hold on                    %添加新绘图时保留当前绘图
plot(x,y1,'linewidth',2);
```

运行结果如图 5-5 所示。

（6）根据回归模型绘制回归直线，运行结果如图 5-6 所示。

```
>> plot(mdl)
```

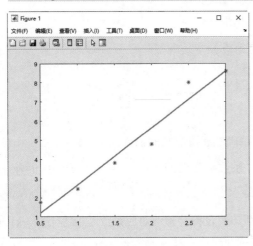

图 5-5　数据拟合直线

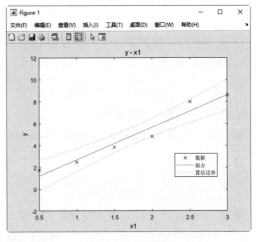

图 5-6　回归直线

可以得出结论，估计的一元线性回归方程 $y = -0.28733 + 2.9651x$ 的拟合效果很好。

扫一扫，看视频

实例——分析企业员工工资

源文件：yuanwenjian\ch05\ep502.m

2021 年某企业基本开销支出数据见表 5-7，试分析员工工资与福利、税费、通信宽带费补贴的关系。

操作步骤

（1）根据预测目标，确定自变量和因变量。

企业员工基本工资与福利、税费、通信宽带费补贴有关，为了研究和分析企业员工的工资，需建立一个以员工工资为因变量，以福利、税费、通信宽带费补贴三类费用为自变量的回归模型。

设福利、税费、通信宽带费分别为预测变量 x_1、x_2、x_3（自变量），员工工资为响应变量 y（因变量）。

表 5-7　企业基本开销支出数据

时 间	员工工资	福利支出	税费	通信宽带费	硬件软件费	房租水电	推广费	原料费	其他费用
一季度	172300	1141	1373	1316	1027	1297	1166	1047	1151
二季度	159700	1819	1272	1452	1795	1729	1210	1811	2000
三季度	113900	1746	1287	1870	1457	1478	1189	1361	1472
四季度	127000	1218	1574	1432	1025	1340	1668	1805	1995

（2）绘制数据对应的散点图。在命令行窗口中输入以下命令。

```
>> clear                           %清除工作区中的变量
% 定义员工工资与福利、税费、通信宽带费
>> data = [172300,159700,113900,127000;
        1141,1819,1746,1218;
        1373,1272,1287,1574;
        1316,1452,1870,1432];
>> X =[ones(4,1),data(2,:)', data(3,:)', data(4,:)'];   %定义多元自变量，添加全1常数列
>> Y = data(1,:)';                                       %定义因变量
>> mdl = fitlm(X,Y)
mdl =
线性回归模型：
    y ~ 1 + x1 + x2 + x3 + x4
估计系数：
                Estimate      SE      tStat     pValue
                ----------    ---    ------    -------

    (Intercept)        0       0      NaN       NaN
    x1          5.5045e+05     0      Inf       NaN
    x2            -20.196      0      -Inf      NaN
    x3            -155.59      0      -Inf      NaN
    x4            -107.51      0      -Inf      NaN

观测值数目：4，误差自由度：0
R 方：1，调整 R 方 NaN
F 统计量(常量模型)：NaN，p 值 = NaN
```

由上面的运行结果可知，回归模型 mdl 中模型公式 y~1+x1+x2+x3+x4 对应于 $y = \hat{\beta}_0 + \hat{\beta}_1 x_1 + \hat{\beta}_2 x_2 + \hat{\beta}_3 x_3 + \hat{\beta}_4 x_4$。模型公式中的系数估计值分别为 $\hat{\beta}_0=0$、$\hat{\beta}_1=550450$、$\hat{\beta}_2 =-20.196$、$\hat{\beta}_3 =-155.59$、$\hat{\beta}_4 =-107.51$。判定系数 $R^2 =1$，变量具有强线性相关性。

通过上面的统计参数得出结论，估计的四元线性回归方程具有高度的线性关系。

（3）根据回归模型绘制回归直线，运行结果如图 5-7 所示。

```
>> plot(mdl)
```

可以得出结论，估计的多元线性回归方程拟合效果很好。

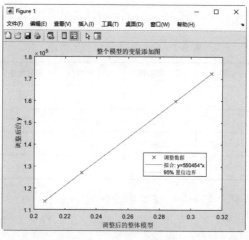

图 5-7　回归直线

5.2.4　最小二乘法求解线性回归模型

5.2.3 小节介绍了创建线性回归模型对象的方法，得到了估计的回归模型系数与统计量参数。本小节介绍使用最小二乘法求解估计的回归模型系数，不创建线性回归模型对象。

若对 y 和 $x_1, x_2, \cdots, x_p$ 分别进行 n 次独立观测，记

$$Y = \begin{bmatrix} y_1 \\ y_2 \\ \vdots \\ y_n \end{bmatrix}, \quad X = \begin{bmatrix} 1 & x_{11} & \cdots & x_{1p} \\ 1 & x_{21} & \cdots & x_{2p} \\ \vdots & \vdots & \vdots & \vdots \\ 1 & x_{n1} & \cdots & x_{np} \end{bmatrix}, \quad \beta = \begin{bmatrix} \beta_0 \\ \beta_1 \\ \vdots \\ \beta_p \end{bmatrix}$$

$\hat{\beta} = (\hat{\beta}_0, \hat{\beta}_1, \cdots, \hat{\beta}_k)^{\mathrm{T}}$ 作为 β 的估计量，则 β 的最小二乘估计量为 $\hat{\beta} = (X^{\mathrm{T}}X)^{-1}X^{\mathrm{T}}Y$，$Y$ 的最小二乘估计量为 $X(X'X)^{-1}X'Y$。

MATLAB 提供了 regress() 函数，用于求解多元线性回归模型系数与统计量，该函数的调用格式见表 5-8。

表 5-8　regress() 函数调用格式

调 用 格 式	说　　明
b = regress(y,x)	对响应变量 y 和预测变量 x 进行多元线性回归，在回归拟合中忽略具有缺失值的观测值。b 是对回归系数的最小二乘估计值
[b,bint] = regress(y,x)	bint 是回归系数 b 的 95% 置信度的置信区间
[b,bint,r] = regress(y,x)	r 为残差
[b,bint,r,rint] = regress(y,x)	rint 为 r 的置信区间
[b,bint,r,rint,stats] = regress(y,x)	stats 为检验统计量，其中第 1 个值为回归方程的置信度，第 2 个值为 F 统计量，第 3 个值为与 F 统计量相应的 p 值。如果 F 统计量很大而 p 很小，说明回归系数不为 0
[···] = regress(y,x,alpha)	alpha 指定置信水平

📢 注意:

计算 F 统计量及其 p 值时会假设回归方程含有常数项，所以在计算 stats 时，X 矩阵应该包含一个全 1 的列。

实例——农作物投入资金问题

源文件：yuanwenjian\ch05\ep503.m

农作物投入资金与农作物播种面积、化肥使用量有着比较密切的关系，现从生产中收集了一批数据，见表 5-9，试利用回归预测模型计算三者之间的关系。

表 5-9　农作物的生产数据

化肥使用量/kg	0.10	0.11	0.12	0.13	0.14	0.15	0.16	0.17	0.18
农作物播种面积/亩	42.0	41.5	45.0	45.5	45.0	47.5	49.0	55.0	50.0
农作物投入资金/万元	3.1	4.0	4.5	4.6	4.0	4.5	4.6	4.7	4.8

操作步骤

（1）根据预测目标，确定自变量和因变量。设化肥使用量和农作物播种面积为多元预测变量 x（自变量），农作物投入资金为响应变量 y（因变量）。

（2）绘制数据对应的散点图。在命令行窗口中输入以下命令。

```
>> clear                                              %清除工作区中的变量
>> x1=[0.10 0.11 0.12 0.13 0.14 0.15 0.16 0.17 0.18]';   %输入化肥使用量（kg）
>> x2=[42.0 41.5 45.0 45.5 45.0 47.5 49.0 55.0 50.0]';   %输入农作物播种面积（亩）
>> y=[3.1 4.0 4.5 4.6 4.0 4.5 4.6 4.7 4.8]';             %输入农作物投入资金（万元）
>> X=[ones(size(x1)),x1,x2];
>> [b,bint,r,rint,stats] = regress(y,X)                 %多元线性回归分析
b =
    1.7765
   12.8246
    0.0158
bint =
   -3.4829    7.0358
  -14.9099   40.5590
   -0.1644    0.1961
r =
   -0.6234
    0.1562
    0.4726
    0.4365
   -0.2839
    0.0483
   -0.0036
   -0.1268
   -0.0760
rint =
   -1.0994   -0.1475
   -0.7525    1.0650
   -0.3470    1.2923
   -0.4697    1.3427
   -1.2115    0.6437
   -0.9791    1.0757
   -1.0051    0.9978
```

```
   -0.5096      0.2560
   -0.8149      0.6630
stats =
    0.5929      4.3698      0.0675      0.1553
```

（3）模型分析。根据上面的运行结果进行分析，b 中包含回归系数的估计值，由此可得估计的回归方程为

$$y = 1.7765 + 12.8246x_1 + 0.0158x_2$$

stats 向量中包含检验回归模型的统计量：判定系数 R^2、F 统计量、p 值，以及误差方差的估计值，见表 5-10。

表 5-10　统计量

R^2	F 统计量	p 值	误差方差的估计值
0.5929	4.3698	0.0675	0.1553

R^2=0.5929，不接近于 1，回归方程的回归效果不好，$p > 0.05$（默认显著性水平），因此响应变量与预测变量之间不存在显著的线性回归关系。

5.2.5　稳健最小二乘拟合算法

在 MATLAB 中，robustfit() 函数使用稳健最小二乘拟合算法拟合线性回归模型，其调用格式见表 5-11。

表 5-11　robustfit() 函数调用格式

调 用 格 式	说　　明
b=robustfit(x,y)	计算稳健回归系数估计向量 b
[b,stats]=robustfit(x,y)	计算参数估计 stats
[b,stats]=robustfit(x,y,'wfun',tune,'const')	'wfun'指定一个加权函数；tune 为调协常数；'const'的值为'on'（默认值）时添加一个常数项，为'off'时忽略常数项

fitlm() 函数默认利用最小二乘法拟合一元或多元线性回归模型，将 RobustOpts 参数设置为'on'，表示使用稳健最小二乘拟合算法求解线性回归模型。

实例——患病率与氟元素含量的关系

源文件：yuanwenjian\ch05\ep504.m

扫一扫，看视频

对某地的 10 个乡镇的饮水氟、钙含量及儿童群体的牙齿变黑患病情况进行调查，数据见表 5-12，试判断不同乡镇的儿童牙齿变黑的患病率高低与本地区饮水的氟、钙含量是否有关。

表 5-12　调查数据

乡镇序号	氟含量/（mg/L）	钙含量/（mg/L）	患病率/%
1	1.20	267	7.5
2	0.35	258	8.2
3	2.50	236	5.6
4	3.18	296	8.6

续表

乡镇序号	氟含量/（mg/L）	钙含量/（mg/L）	患病率/%
5	0.75	256	4.6
6	5.92	243	10.6
7	7.97	203	20.6
8	2.06	204	10.1
9	7.05	259	24.2
10	5.30	267	7.5

操作步骤

（1）根据预测目标，确定自变量和因变量。设氟、钙含量为预测变量 x_1、x_2（自变量），牙齿变黑患病率为 y（因变量）。

（2）绘制数据对应的散点图。在命令行窗口中输入以下命令。

```
>> clear                      %清除工作区中的变量
% 定义数据
>> data = [1.20,267,7.5;
           0.35,258,8.2;
           2.50,236,5.6;
           3.18,296,8.6;
           0.75,256,4.6;
           5.92,243,10.6;
           7.97,203,20.6;
           2.06,204,10.1;
           7.05,259,24.2;
           5.30,267,7.5];
>> x =[data(:,1) data(:,2)];  %定义多元自变量
>> y = data(:,3);             %定义因变量
```

（3）使用 robustfit() 函数稳健拟合线性回归模型。

计算拟合系数。

```
>> [b,stats]=robustfit(x,y)
b =
   11.7563
    1.6953
   -0.0293
stats =
   包含以下字段的 struct:
       ols_s: 4.4694
    robust_s: 4.7379
       mad_s: 5.7420
           s: 4.7379
       resid: [10×1 double]
       rstud: [10×1 double]
          se: [3×1 double]
        covb: [3×3 double]
   coeffcorr: [3×3 double]
           t: [3×1 double]
           p: [3×1 double]
           w: [10×1 double]
          Qy: [3×1 double]
```

```
       R: [3×3 double]
     dfe: 7
       h: [10×1 double]
    Rtol: 1.7581e-12
```

绘制拟合模型。

```
>> x1fit = linspace(min(data(:,1)),max(data(:,1)),20);
>> x2fit = linspace(min(data(:,2)),max(data(:,2)),20);
>> [X1FIT,X2FIT] = meshgrid(x1fit,x2fit);
>> YFIT = b(1) + b(2)*X1FIT + b(3)*X2FIT;
>> mesh(X1FIT,X2FIT,YFIT)
```

绘制原始数据点。

```
>> hold on
>> scatter3(data(:,1),data(:,2),y,'filled')
>> hold off
>> xlabel('氟含量')
>> ylabel('钙含量')
>> zlabel('患病率')
>> legend('Model','Data')
>> view(50,10)
>> axis tight
```

运行结果如图 5-8 所示。

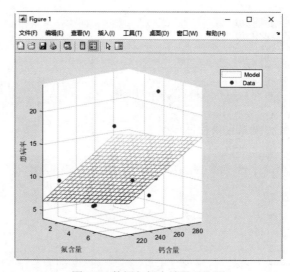

图 5-8　数据与拟合结果对比图

（4）使用 **fitlm()**函数稳健拟合线性回归模型。

```
>> mdl=fitlm(x,y,'RobustOpts','on')
mdl =
线性回归模型 (稳健拟合):
    y ~ 1 + x1 + x2
估计系数:
                 Estimate        SE        tStat        pValue
                 --------      ------      -------      ---------
```

(Intercept)	11.756	14.902	0.78889	0.45606
x1	1.6953	0.59603	2.8443	0.024892
x2	-0.029265	0.056785	-0.51536	0.62217

观测值数目：10，误差自由度：7
均方根误差：4.74
R 方：0.581，调整 R 方 0.462
F 统计量(常量模型)：4.86，p 值 = 0.0475

根据上面两种方法得到的回归模型均为

$$y = 11.756 + 1.6953x_1 - 0.029265x_2$$

判定系数 R^2=0.581，回归模型拟合效果一般。

x2 的 t 检验的 p 值大于 0.05，x2 项估计系数在 5%显著性水平上效果不显著。

5.2.6 回归模型拟合工具

在 MATLAB 中，robustdemo()函数用于交互式地研究一般最小二乘回归和稳健回归，其调用格式见表 5-13。

表 5-13 robustdemo()函数调用格式

调 用 格 式	说 明
robustdemo	打开 Robust Fitting Demonstration 图形窗口，显示示例数据的两条拟合线的散点图。其中，圆圈是示例数据；红线是一般最小二乘回归拟合曲线；绿线是稳健回归拟合曲线
robustdemo(x,y)	显示数据 x、y 的两条拟合线的散点图

执行上述函数后，打开 Robust Fitting Demonstration 图形窗口，如图 5-9 所示。在窗口中显示带有一个离群点的粗略线性数据样本的散点图。在图的底部显示用一般最小二乘法和稳健最小乘拟合算法拟合数据的直线方程，以及对均方误差的估计。右击一个数据点，可以查看其最小二乘杠杆和稳健的权重。

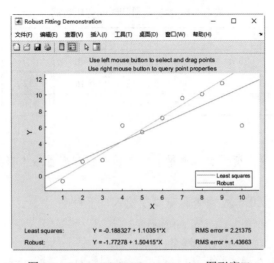

图 5-9 Robust Fitting Demonstration 图形窗口

5.2.7　线性回归模型预测

由回归方法建立起来的数学模型称为回归模型。如果将回归模型用于预测，又可称其为预测回归模型。如果模型建立得当，则可得到比较精确的预测结果。

在 MATLAB 中，predict()函数用于对符合线性回归模型的数据进行预测，该函数的调用格式见表 5-14。

表 5-14　predict()函数调用格式

调 用 格 式	说　明
ypred = predict(mdl,Xnew)	预测值 Xnew 计算线性回归模型 mdl 中的预测响应值
[ypred,yci] = predict(mdl,Xnew)	返回预测值 Xnew 响应值的置信区间 yci
[ypred,yci] = predict(mdl,Xnew,Name,Value)	使用 Name,Value 参数对设置附加选项。 ▶ Alpha：显著水平，范围为[0,1]，默认值为 0.05 ▶ Prediction：预测类型，curve（默认）、observation ▶ Simultaneous：是否计算同时置信界

在 MATLAB 中，feval()函数用于对符合多元线性回归模型的数据进行预测，该函数的调用格式见表 5-15。

表 5-15　feval()函数调用格式

调 用 格 式	说　明
ypred = feval(mdl,Xnew1,Xnew2,...,Xnewn)	利用多个预测值 Xnew 计算线性回归模型 mdl 中的预测响应值

扫一扫，看视频

实例——龙虾养殖问题

源文件：yuanwenjian\ch05\ep505.m

一荒废的池塘中龙虾数量随时间变化数据见表 5-16，若继续养殖，预测还能再养殖 10 年，问每年池塘中有多少只龙虾？

表 5-16　龙虾数量随时间变化数据

养殖年数	1	2	3	4	5	6	7	8	9	10
数量/×10^3	3.81	3.92	3.95	4.02	4.10	4.13	4.16	4.17	4.26	4.39
养殖年数	11	12	13	14	15	16	17	18	19	20
数量/×10^3	4.58	4.83	4.98	5.07	5.17	5.30	5.39	5.46	5.53	5.60

操作步骤

（1）根据预测目标，确定自变量和因变量。设年份为预测变量 x（自变量），龙虾数量为响应变量 y（因变量）。

（2）绘制数据对应的散点图。在命令行窗口中输入以下命令。

```
>> clear              %清除工作区中的变量
>> x=1:20;            %输入预测变量
>> y=[3.81,3.92,3.95,4.02,4.10,4.13,4.16,4.17,4.26,4.39,...
```

```
      4.58,4.83,4.98,5.07,5.17,5.30,5.39,5.46,5.53,5.60];   %输入响应变量
>> plot(x,y,'*')              %以星号标记绘制数据散点图
```

运行结果如图 5-10 所示。

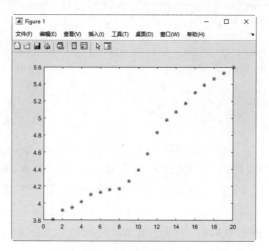

图 5-10　数据散点图

根据上面的散点图，发现数据接近一元线性关系。

（3）计算线性回归模型。调用 fitlm()函数创建一元线性回归模型、一元二次多项式回归模型和一元三次多项式回归模型。

1）一元线性回归模型如下。

```
>> mdl1 = fitlm(x,y)    %计算一元线性回归模型
mdl1 =
线性回归模型：
   y ~ 1 + x1

估计系数：
                 Estimate      SE        tStat      pValue
                 --------    ------     --------    --------

   (Intercept)    3.5616    0.055375    64.319    9.9886e-23
   x1             0.1028    0.0046226   22.238    1.5319e-14
观测值数目：20，误差自由度：18
均方根误差：0.119
R 方：0.965，调整 R 方 0.963
F 统计量(常量模型)：495，p 值 = 1.53e-14
```

由运行结果可知，模型公式中的 y~1+x1 对应于 $y = b_0 + b_1 x + \varepsilon$，其中，$b_0$=3.5616，$b_1$=0.1028，得出估计的一元线性回归方程为 $y = 3.5616 + 0.1028x$。

运行结果中，判定系数 R^2 为 0.965，变量具有高度线性相关性，说明模型有效。

2）一元二次多项式回归模型如下。

```
>> mdl2 = fitlm(x,y,'poly2')          %计算一元二次多项式回归模型
mdl2 =
线性回归模型：
   y ~ 1 + x1 + x1^2
```

估计系数：

	Estimate	SE	tStat	pValue
	--------	----------	-----	-----------
(Intercept)	3.7294	0.074921	49.778	7.3375e-20
x1	0.057031	0.016431	3.4709	0.0029227
x1^2	0.0021793	0.00076002	2.8674	0.010674

观测值数目：20，误差自由度：17
均方根误差：0.101
R 方：0.976，调整 R 方 0.974
F 统计量(常量模型)：351，p 值 = 1.52e-14

由运行结果可知，模型公式中的 $y \sim 1 + x1 + x1^2$ 对应于 $y = b_0 + b_1x + b_2x^2 + \varepsilon$，其中，$b_0 = 3.7294$，$b_1 = 0.057031$，$b_2 = 0.0021793$，得出估计的一元二次多项式回归方程为 $y = 3.7294 + 0.057031x + 0.0021793x^2$。

运行结果中，判定系数 R^2 为 0.976，变量具有高度线性相关性，说明模型有效。

3）一元三次多项式回归模型如下。

```
>> mdl3 = fitlm(x,y,'poly3')            %计算一元三次多项式回归模型
mdl3 =
线性回归模型：
    y ~ 1 + x1 + x1^2 + x1^3
估计系数：
```

	Estimate	SE	tStat	pValue
	---------	-------	---------	----------
(Intercept)	3.9617	0.081034	48.89	7.5282e-19
x1	-0.061491	0.032605	-1.8859	0.077594
x1^2	0.015951	0.003562	4.478	0.00038046
x1^3	-0.00043719	0.00011167	-3.9149	0.0012345

观测值数目：20，误差自由度：16
均方根误差：0.0742
R 方：0.988，调整 R 方 0.986
F 统计量(常量模型)：436，p 值 = 1.52e-15

由运行结果可知，模型公式中的 $y \sim 1 + x1 + x1^2 + x1^3$ 对应于 $y = b_0 + b_1x + b_2x^2 + b_3x^3 + \varepsilon$，其中，$b_0 = 3.9617$，$b_1 = -0.061491$，$b_2 = 0.015951$，$b_3 = -0.00043719$，得出估计的一元三次多项式回归方程为 $y = 3.9617 - 0.061491x + 0.015951x^2 - 0.00043719x^3$。

运行结果中，判定系数 R^2 为 0.988，该模型中的变量高度线性相关，相关性比前两个模型更强，说明模型有效；均方根误差更小，说明拟合的模型更贴合原始数据。

（4）模型分析。根据回归模型绘制回归曲线。

```
>> plot(mdl1)
>> plot(mdl2)
>> plot(mdl3)
```

运行结果如图 5-11 所示。

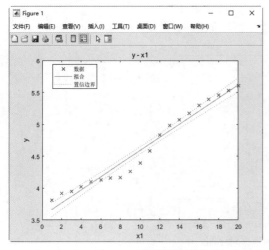
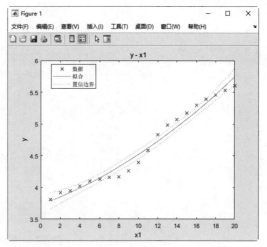

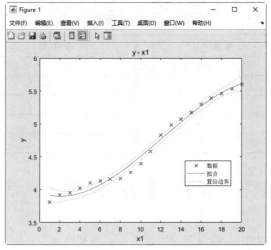

图 5-11　回归曲线

（5）计算并确定预测值。经比较，使用一元三次多项式回归模型预测数据最为合适。

```
>> xpred = (1:30)';              % 定义预测变量、列向量
>> ypred = predict(mdl3,xpred);  % 按照一元三次多项式回归模型进行预测
>> ZHI=ypred(21:30)'             % 计算第21~30年龙虾数量的预测值
ZHI =
  列 1 至 5
    5.6559    5.6739    5.6661    5.6299    5.5626
  列 6 至 10
    5.4616    5.3244    5.1482    4.9305    4.6686
```

绘制原始响应和预测响应曲线。

```
>> figure
>> plot(x,y,'o',xpred,ypred,'b--')
>> legend('Data','Predictions')
```

运行结果如图 5-12 所示。

若继续养殖，预测再养殖 10 年，从第 21~30 年每年池塘中的龙虾数量见表 5-17。

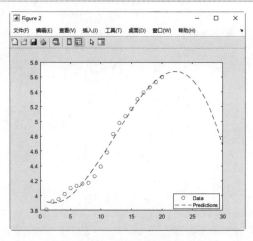

图 5-12　预测数据对比图

表 5-17　龙虾预测值

养 殖 年 数	数量/×10³	养 殖 年 数	数量/×10³
21	5.6559	26	5.4616
22	5.6739	27	5.3244
23	5.6661	28	5.1482
24	5.6299	29	4.9305
25	5.5626	30	4.6686

5.3　残 差 分 析

残差分析（Residual Analysis）通过残差所提供的信息分析出数据的可靠性、周期性或其他干扰，是用于分析模型的假定是否正确的方法。

5.3.1　残差计算

在回归模型分析中，残差是测定值与按回归方程预测的值之差，以 δ 表示。残差 δ 服从正态分布 $N(0,\partial^2)$。

"残差"是指实际观测值与估计值（拟合值）的差，其中蕴含了有关模型基本假设的重要信息。

MATLAB 提供了 Residuals()函数，用于得出线性回归模型中的残差表，该函数的调用格式见表 5-18。

表 5-18　Residuals()函数调用格式

调 用 格 式	说 　 明
mdl.Residuals	计算模型 mdl 的残差表

返回的残差表中包含 4 列数据，为 4 类残差：Raw（普通残差）、Pearson（皮尔逊残差）、Standardized（标准化残差）、Studentized（学生化残差）。下面分别进行介绍。

（1）普通残差。

$$r_i = y_i - \hat{y}_i$$

（2）皮尔逊残差。

$$pr_i = \frac{r_i}{\sqrt{\text{MSE}}}$$

其中，MSE 为均方误差。

（3）标准化残差。

$$st_i = \frac{r_i}{\sqrt{\text{MSE}(1-h_{ii})}}$$

其中，h_{ii} 为高杠杆值。

（4）学生化残差。

$$sr_i = \frac{r_i}{\sqrt{\text{MSE}_{(i)}(1-h_{ii})}}$$

其中，$\text{MSE}_{(i)}$ 为删除观测值后的均方误差。

实例——预测咖啡厅盈利

源文件：yuanwenjian\ch05\ep506.m

扫一扫，看视频

某电影院旁有一家咖啡厅，消费人群大多为等待看电影的人。调查咖啡厅每周盈利与电影院每周排班电影放映场次（每个放映厅都不空闲，每天可放映 50 场）的数据见表 5-19。试预测电影院排满放映时咖啡厅的盈利。

表 5-19　调查数据

放映场次	8	8	10	10	10	10	12	12	12	12
盈利	6410	6410	10000	10010	10010	10010	14400	14410	14420	14410
放映场次	14	14	14	16	16	16	18	18	20	20
盈利	19600	19600	19650	25600	25600	25650	32400	32400	40000	40000
放映场次	20	22	22	24	24	24	26	26	26	28
盈利	40000	48000	48400	57600	57600	57000	67000	67500	67000	78400
放映场次	28	30	30	30	32	32	34	36	36	38
盈利	78000	90000	91000	90000	100000	102400	115600	129600	130000	140000

操作步骤

（1）根据预测目标，确定自变量和因变量。设放映场次为预测变量 x（自变量），咖啡厅的盈利为响应变量 y（因变量）。

（2）定义变量参数。在命令行窗口中输入以下命令。

```
>> clear            %清除工作区中的变量
>> x=[8 8 10 10 10 10 12 12 12 12 14 14 14 ...
    16 16 16 18 18 20 20 20 22 22 24 ...
    24 24 26 26 26 28 28 30 30 30 32 32 ...
    34 36 36 38]';
>> y=[6410 6410 10000 10010 10010 10010 14400 14410 14420 14410 ...
    19600 19600 19650 25600 25600 25650 32400 32400 40000 40000 ...
    40000 48000 48400 57600 57600 57000 67000 67500 67000 78400 ...
    78000 90000 91000 90000 100000 102400 115600 129600 130000 140000]';
```

（3）使用最小二乘法拟合一元线性回归模型。

```
>> robustdemo(x,y)    %计算一元线性回归模型
```

执行上述操作，弹出如图 5-13 所示的 Robust Fitting Demonstration 图形窗口，显示拟合的一元线性回归模型。

由图 5-13 可知，使用最小二乘法拟合的一元线性回归模型为 $y = -40285.6 + 4364.57x$。

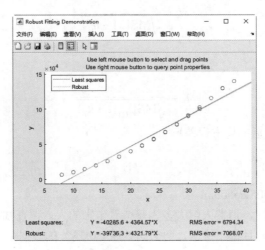

图 5-13　Robust Fitting Demonstration 图形窗口

（4）使用 fitlm() 函数拟合一元线性回归模型。

```
>> mdl = fitlm(x,y)    %计算一元线性回归模型
mdl =
线性回归模型：
    y ~ 1 + x1

估计系数：
                   Estimate       SE        tStat        pValue
                   --------     ------     ------      ---------
    (Intercept)     -40286      2818.5     -14.293     7.2066e-17
    x1              4364.6      124.38      35.09      1.457e-30


观测值数目：40，误差自由度：38
均方根误差：6.79e+03
R 方：0.97，调整 R 方 0.969
F 统计量(常量模型)：1.23e+03，p 值 = 1.46e-30
```

由上面得出结论，使用 fitlm() 函数拟合的一元线性回归模型为 $y = -40286 + 4364.6x$。

可以看出，使用两种方法拟合的线性回归模型结果相同。

（5）计算残差。

```
>> mdl.Residuals        %计算模型 mdl 残差表
ans =
  40×4 table
    Raw      Pearson    Studentized    Standardized
    -----    --------   ------------   ------------
    11779    1.7336       1.8668          1.8086
```

```
    11779        1.7336        1.8668        1.8086
    6639.8       0.97726       1.0111        1.0108
    6649.8       0.97873       1.0126        1.0123
    6649.8       0.97873       1.0126        1.0123

      ⋮            ⋮             ⋮             ⋮

    3019.2       0.44437       0.45496       0.45978
    7490         1.1024        1.1557        1.1506
    12761        1.8782        2.064         1.9808
    13161        1.937         2.1365        2.0428
    14432        2.1241        2.406         2.2674

    Display all 40 rows.
>> plotResiduals(mdl,'probability')        %绘制残差图
```

运行结果如图 5-14 所示。

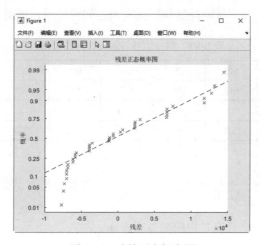

图 5-14　残差正态概率图

（6）计算并确定预测值。使用一元线性回归模型预测数据。

```
>> ypred = predict(mdl,50)   %按照一元线性回归模型预测场次为 50 的盈利
ypred =
    1.7794e+05
```

可以得出，电影院放映场次为 50 时，咖啡厅盈利预测值为 17.794 万元。

5.3.2　残差图

残差分析的基本方法是由回归方程作出残差图，通过观测残差图，分析和发现观测数据中可能出现的错误，以及所选用的回归模型是否恰当。

残差图是指纵坐标为残差、横坐标为样本编号或有关数据的图形。在残差图中，残差点比较均匀地落在水平区域中，说明选用的模型比较合适，这样的带状区域的宽度越窄，说明模型的拟合精度越高，回归方程的预测精度也越高。

在 MATLAB 中，plotResiduals()函数可以根据线性回归模型中的残差表信息绘制残差图，该函数的调用格式见表 5-20。

表 5-20 plotResiduals()函数调用格式

调 用 格 式	说 明
plotResiduals(mdl)	创建线性回归模型（mdl）残差的直方图
plotResiduals(mdl,plottype)	plottype 指定绘制图的类型：caseorder（残差图）、fitted（残差与拟合值图）、histogram（直方图，默认值）、lagged（残差与滞后残差图）、probability（残差的正常概率图）、symmetry（中位残差的对称图）
plotResiduals(mdl,plottype,Name,Value)	使用 Name,Value 参数对设置附加选项，包括：ResidualType（残差类型）、Color（线条颜色）、LineWidth（线宽）、Marker（标记点样式）、MarkerEdgeColor（标记点边颜色）、MarkerFaceColor（标记点填充颜色）、MarkerSize（标记点大小）
plotResiduals(ax,___)	在指定的坐标系中绘制残差图
h = plotResiduals(___)	返回残差图句柄 h，可以通过句柄设置图形的属性，如线宽、颜色等

扫一扫，看视频

实例——分析钢材消耗量与国民收入关系

源文件：yuanwenjian\ch05\ep507.m

表 5-21 所示为中国 16 年间钢材消耗量与国民收入之间的关系，试对它们进行线性回归分析。

表 5-21 钢材消耗与国民收入的关系

钢材消耗量/万吨	549	429	538	698	872	988	807	738
国民收入/亿元	910	851	942	1097	1284	1502	1394	1303
钢材消耗量/万吨	1025	1316	1539	1561	1785	1762	1960	1902
国民收入/亿元	1555	1917	2051	2111	2286	2311	2003	2435

操作步骤

（1）根据预测目标，确定自变量和因变量。设钢材消耗量为预测变量 x（自变量），国民收入为响应变量 y（因变量）。

（2）定义变量参数。在命令行窗口中输入以下命令。

```
>> clear
>> x=[549,429,538,698,872,988,807,738,1025,1316,...
      1539,1561,1785,1762,1960,1902];
>> y = [910,851,942,1097,1284,1502,1394,1303,1555,1917,...
      2051,2111,2286,2311,2003,2435];
>> plot(x,y,"*")
```

弹出如图 5-15 所示的结果。

（3）估计回归模型。根据上面的散点图，发现数据接近一元线性关系，假设回归模型为 $y = \beta_0 + \beta_1 x + \varepsilon$，调用 fitlm()函数计算一元线性回归模型的估计值与统计量。

```
>> mdl = fitlm(x,y)    %计算一元线性回归模型
mdl =
线性回归模型：
    y ~ 1 + x1
估计系数：
                 Estimate      SE        tStat      pValue
                 --------    -------    ------     ---------
    (Intercept)    485.36     85.931     5.6483    6.0099e-05
    x1             0.98469    0.068024   14.476    8.1426e-10
```

观测值数目：16，误差自由度：14
均方根误差：140
R 方：0.937，调整 R 方 0.933
F 统计量(常量模型)：210，p 值 = 8.14e-10

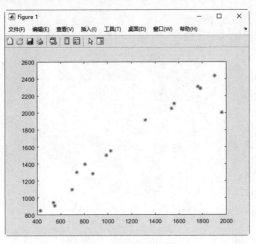

图 5-15 绘制图形

由运行结果可知，回归模型 mdl 中线性回归模型 y ~ 1 + x1 对应于 $y = \hat{\beta}_0 + \hat{\beta}_1 x$，公式中系数估计值 $\hat{\beta}_0 = 485.36$，$\hat{\beta}_1 = 0.98469$。

判定系数 $R^2 = 0.937$，接近 1，变量具有高度线性相关性。F 检验的 p 值为 8.14e-10，小于 0.05，表示该回归模型在 5% 显著性水平上是显著的。

通过上面的统计量参数得出结论，估计的一元线性回归方程 $y = 485.36 + 0.98469x$，具有显著的线性关系。

（4）检验模型。根据回归模型绘制回归曲线。

```
>> plot(mdl)
```

运行结果如图 5-16 所示。

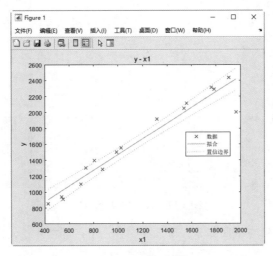

图 5-16 回归曲线

计算模型 mdl 残差表。

```
>> mdl.Residuals
ans =

  16×4 table

    Raw        Pearson      Studentized    Standardized

    -115.96    -0.83046     -0.89399       -0.90047
    -56.793    -0.40674     -0.43798       -0.4512
    -73.124    -0.5237      -0.55468       -0.56892
    -75.674    -0.54197     -0.56085       -0.5751
    -60.01     -0.42978     -0.43525       -0.44842
    43.766      0.31345      0.31423        0.32486
    113.99      0.81641      0.84771        0.85636
    90.938      0.65128      0.67438        0.6879
    60.333      0.43209      0.43405        0.44721
    135.79      0.97249      1.0083         1.0077
    50.203      0.35954      0.3666         0.37849
    88.539      0.6341       0.65528        0.66906
    42.969      0.30774      0.32427        0.33515
    90.617      0.64898      0.69071        0.70398
    -412.35    -2.9532      -7.1038        -3.3365
    76.761      0.54975      0.59859        0.61279
```

绘制残差-拟合值图。

```
>> plotResiduals(mdl,'fitted')
```

运行结果如图 5-17 所示。

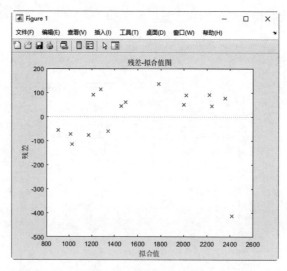

图 5-17　残差与拟合值图

可以看出，大部分点都落在中间部分，而只有少数几个点落在外边，说明这些点对应的样本可能存在异常值。

5.4 正则化线性回归模型

正则化是指拟合线性回归模型时，由于特征维度过高，采用机器学习算法（如梯度下降算法）防止数据过拟合的"惩罚"措施。

5.4.1 数学原理

拟合正则化线性回归模型机器学习算法包括最小二乘法和支持向量机算法。

支持向量机（SVM）是 20 世纪 90 年代中期发展起来的基于统计学习理论的一种机器学习算法，是一种二分类模型。通过寻求结构化风险最小的结果提高学习机的泛化能力，实现经验风险和置信范围的最小化，从而达到在统计样本量较少的情况下，也能获得良好统计规律的目的。

正则化采取的"惩罚"措施包括岭回归和 LASSO 回归。

- 岭回归（Ridge Regression）是一种专用于共线性数据分析的有偏估计回归方法，实质上是一种改良的最小二乘法，通过放弃最小二乘法的无偏性，以损失部分信息、降低精度为代价获得回归系数更符合实际、更可靠的回归方法，对病态数据的拟合要强于最小二乘法。
- LASSO（Least Absolute Shrinkage and Selection Operator，最小绝对缩减和选择算子），是以缩小变量集（降阶）为思想的压缩估计方法。它通过构造一个惩罚函数，可以将变量的系数进行压缩并使某些回归系数变为 0，进而达到变量选择的目的。LASSO 模型也称为稀疏模型。

5.4.2 拟合正则化线性回归模型

在 MATLAB 中，fitrlinear()函数用于拟合正则化线性回归模型，该函数的调用格式见表 5-22。

表 5-22 fitrlinear()函数调用格式

调 用 格 式	说　明
mdl = fitrlinear(x,y)	使用预测变量（自变量）x 与响应变量（因变量）y 创建训练的回归模型 mdl
mdl = fitrlinear(tbl,responsevarname)	使用表 tbl 中的预测变量和 responsevarmame 中的响应变量创建训练的回归模型 mdl
mdl = fitrlinear(tbl,formula)	使用表 tbl 中的数据创建训练的回归模型 mdl，formula 是响应变量的解释模型
mdl = fitrlinear(tbl,y)	使用表 tbl 中的预测变量和向量 y 中的响应变量创建训练的回归模型 mdl
mdl = fitrlinear(x,y,name,value)	使用 Name,Value 参数对设置附加选项。下面介绍几种常用参数。 - Epsilon：通带半宽度，默认为响应变量 y 的四分位数区间估计的标准差 - Lambda：正则化项强度，指定为由 Lambda 和 auto、非负标量或非负值向量组成的逗号分隔对 - Learner：线性回归模型类型，包括 leastsquares（普通最小二乘线性回归模型）、svm（默认，支持向量机的回归模型） - Regularization：复杂性惩罚类型，包括 lasso（LASSO 回归）、ridge（岭回归） - Solver：目标函数最小化算法，包括 sgd（随机梯度下降算法）、asgd（平均随机梯度下降算法）、dual（支持向量机的 SGD 算法）、bfgs（拟牛顿算法）、lbfgs（LBFGS 算法）、sparsa（基于可分逼近的稀疏重构算法）等 - Beta：初始线性系数估计 - Bias：初始截距估计 - FitBias：线性模型偏差标志 - PostFitBias：优化后拟合线性模型截距的标志

续表

调用格式	说 明
mdl = fitrlinear(x,y,name,value)	➥ Verbose: 详细级别，指定为由'Verbose'和一个非负整数组成的逗号分隔对。控制命令行中适合线性显示的诊断信息量。其中，0 表示不显示诊断信息
[mdl,fitinfo] = fitrlinear(___)	返回优化过程详细信息 FitInfo
[mdl,fitinfo,hyperparameteroptimizationresults] = fitrlinear(___)	返回超参数优化详细信息 OptimizeHyperproperties

扫一扫，看视频

实例——材料进口量及金额预测问题

源文件：yuanwenjian\ch05\ep508.m

2021 年上半年材料技术进口量及金额见表 5-23，试根据下半年材料技术进口量预测下半年材料技术进口金额。

表 5-23　2021 年材料技术进口量及金额

月　份	进口量/吨	进口金额/百万元	数量增长率/%	金额增长率/%
1 月	2533	340.4	19.5	24.9
2 月	3300	454.2	30.3	33.4
3 月	3724	487.2	29.9	8
4 月	3261	468.9	12.3	2.2
5 月	3758	488.4	47.2	22.3
6 月	3845	533.1	−25.5	25
7 月	3933			
8 月	3866			
9 月	4218			
10 月	3631			
11 月	4311			
12 月	4311			

操作步骤

（1）根据预测目标，确定自变量和因变量。设月份、进口量为预测变量 x_1、x_2（自变量），进口金额为响应变量 y（因变量）。

（2）定义变量参数。在命令行窗口中输入以下命令。

```
>> clear                                        %清除工作区中的变量
>> x1=[1,2,3,4,5,6]';                           %输入月份
>> x2=[2533,3300,3724,3261,3758,3845]';         %输入上半年进口量
>> X=[x1,x2];                                    %定义多元线性回归的多个预测变量
>> y=[340.4,454.2,487.2,468.9,488.4,533.1]';    %输入上半年进口金额
```

（3）估计回归模型。线性回归模型是最简单的回归模型，本例选择多元线性回归模型，假设多元线性回归模型为 $y = \beta_0 + \beta_1 x_1 + \beta_2 x_2 + \varepsilon$，下面利用两种方法拟合多元线性回归模型。

➥ 最小二乘法拟合回归模型。

调用 fitlm() 函数计算多元线性回归模型估计值与统计量。

```
>> mdl = fitlm(X,y)    %计算多元线性回归模型
```

```
mdl =
线性回归模型:
    y ~ 1 + x1 + x2
估计系数:
                Estimate        SE      tStat       pValue
                --------    --------    ------    ---------

    (Intercept)   83.931      84.835   0.98934      0.39543
    x1            7.9741      8.1986   0.97261      0.40248
    x2            0.10289    0.031152   3.3029      0.045635

观测值数目: 6, 误差自由度: 3
均方根误差: 20.1
R 方: 0.943, 调整 R 方 0.905
F 统计量(常量模型): 24.9, p 值 = 0.0135
```

根据运行结果可知,回归模型为 $y = 83.931 + 7.9741x_1 + 0.10289x_2$;判定系数 $R^2=0.943$,接近 1,回归模型拟合效果很好;F 统计量(常量模型)为 24.9,p 为 0.0135,小于 0.05,F 检验具有统计显著性。

绘制原始响应和预测响应,比较预测金额与原始金额的差别。

```
>> figure
>> ypred = predict(mdl,X);          %按照多元线性回归模型计算上半年预测金额
>> plot(x1,y,'o',x1,ypred)          %绘制上半年年份-预测金额图
>> legend('Data','Predictions')
```

运行结果如图 5-18 所示。

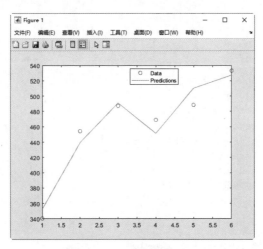

图 5-18　预测数据对比图

由图 5-18 可知,多元线性回归模型的拟合效果不错。

按照多元线性回归模型进行预测,计算下半年的预测金额。

```
>> x12 = (7:12)';                        %下半年月份
>> x22 = [3933,3866,4218,3631,4311,4311]';  %下半年进口量
>> xpred = [x12,x22];                    %定义多个预测值
>> ypred = predict(mdl,xpred)            %按照多元线性回归模型进行预测,计算下半年的预测金额
ypred =
  544.4240
  545.5043
```

```
    589.6964
    537.2728
    615.2135
    623.1876
>> ypred = feval(mdl,x12,x22)
ypred =
    544.4240
    545.5043
    589.6964
    537.2728
    615.2135
    623.1876
```

❑ SVM 算法（支持向量机）拟合回归模型。

调用 fitrlinear()函数计算多元线性回归模型估计值与统计量。

```
>> [Mdl,FitInfo] = fitrlinear (X,y)      % 使用 SVM 算法计算多元线性回归模型
Mdl =
  RegressionLinear
          ResponseName: 'Y'
     ResponseTransform: 'none'
                  Beta: [2×1 double]
                  Bias: 478.0500
                Lambda: 0.1667
               Learner: 'svm'
  Properties, Methods
FitInfo =
    包含以下字段的 struct:
                    Lambda: 0.1667
                 Objective: 37.7895
            IterationLimit: 1000
             NumIterations: 1
               GradientNorm: 874.8337
          GradientTolerance: 1.0000e-06
       RelativeChangeInBeta: 4.4547e-06
              BetaTolerance: 1.0000e-04
              DeltaGradient: []
     DeltaGradientTolerance: []
            TerminationCode: 1
          TerminationStatus: {'满足系数容差。'}
                    History: []
                    FitTime: 9.1020e-04
                     Solver: {'bfgs'}
```

绘制多元线性回归模型 Mdl 的预测值和响应值的对比图。

```
>> hold on
>> Ypred = predict(Mdl,X);        %按照多元线性回归模型 Mdl 计算下半年预测金额
>> plot(x1,Ypred)                 %绘制下半年年份-预测金额图
>> legend('Data','fitlm Predictions','fitrlinear Predictions')
```

运行结果如图 5-19 所示。

可以看出，使用最小二乘法计算得到的多元回归模型拟合效果更好。根据最小二乘法计算得到的多元回归模型，填写表 5-24 中的数据。

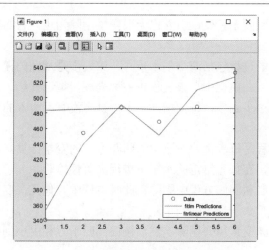

图 5-19　预测数据与原始数据对比图

表 5-24　2021 年材料技术进口量及预测金额

月　份	进口量/吨	进口金额/百万元	数量增长率/%	金额增长率/%
1 月	2533	340.4	19.5	24.9
2 月	3300	454.2	30.3	33.4
3 月	3724	487.2	29.9	8
4 月	3261	468.9	12.3	2.2
5 月	3758	488.4	47.2	22.3
6 月	3845	533.1	−25.5	25
7 月	3933	544.4240		
8 月	3866	545.5043		
9 月	4218	589.6964		
10 月	3631	537.2728		
11 月	4311	615.2135		
12 月	4311	623.1876		

5.5　逐步回归模型

逐步回归（Stepwise Regression）是自动从大量可供选择的变量中选取最重要的变量，建立回归分析的预测或解释模型。

逐步回归分析是多元回归分析方法中的一种。回归分析用于研究多个变量之间相互依赖的关系，而逐步回归分析往往用于建立最优或合适的回归模型，从而更加深入地研究变量之间的依赖关系。目前，逐步回归分析被广泛应用于各个学科领域，如医学、气象学、人文科学、经济学等。

5.5.1　逐步回归分析原理

逐步回归分析的基本思想是将自变量逐个引入，引入的条件是其偏回归平方和经检验后是显著的。同时，每引入一个新的自变量后，要对旧的自变量进行逐个检验，剔除偏回归平方和不显著的自变量。

这样一直边引入边剔除，直到既无新变量引入也无旧变量剔除为止。它的实质是建立最优的多元线性回归方程。

逐步回归分析选择变量的过程包括两个基本步骤，第一步是从回归模型中剔除经检验不显著的变量；第二步是引入新变量到回归模型中，该过程也被称为逐步型选元法。常用的逐步型选元法有向前法和向后法：向前法是变量由少到多，每次增加一个，直至没有可引入的变量为止。向后法与向前法相反。

逐步回归分析的实施过程是每步都要对已引入回归方程的变量计算其偏回归平方和，然后选择一个偏回归平方和最小的变量，在预先给定的水平下进行显著性检验。

如果显著，则该变量不必从回归方程中剔除，此时方程中其他几个变量也都不需要剔除，因为其他几个变量的偏回归平方和都大于最小的一个。

相反，如果不显著，则该变量需要剔除，然后按偏回归平方和由小到大的顺序依次对方程中的其他变量进行检验。

将影响不显著的变量全部剔除，保留的则都是显著的。然后对未引入回归方程中的变量分别计算其偏回归平方和，并选择其中偏回归平方和最大的一个变量，同样在给定水平下作显著性检验。如果显著，则将该变量引入回归方程，这一过程将一直持续下去，直到回归方程中的变量都不能剔除而又无新变量可以引入为止，此时逐步回归过程结束。

5.5.2 逐步回归拟合线性模型

在 MATLAB 中，stepwiselm()函数使用逐步回归分析创建线性回归模型，逐步回归分析采用向前、向后逐步回归的方法确定最终模型。该函数的调用格式见表 5-25。

表 5-25 stepwiselm()函数调用格式

调用格式	说明
mdl = stepwiselm (tbl)	使用逐步回归分析为数据集 tbl 中的变量创建线性回归模型 mdl。默认情况下，使用数组 tbl 的最后一个变量作为响应变量（因变量），其余变量为预测变量（自变量）
mdl =stepwiselm (x,y)	分析预测变量（自变量）x 与响应变量（因变量）y 的关系，创建线性回归模型 mdl
mdl = stepwiselm (___,modelspec)	modelspec 用于定义回归模型规范，可选值包括 constant（常量模型）、linear（默认值，线性模型）、interactions（交互模型）、purequadratic（二次型模型）、quadratic（二次方模型）、polyijk（多项式模型）
mdl = stepwiselm (___,Name,Value)	使用 Name,Value 参数对设置附加选项。 ➢ CategoricalVars：指定变量分类列表 ➢ Criterion：添加或删除项导致变化的统计量，包括 sse（默认，p 值和 F 统计量）、aic（AIC）、bic（BIC）、rsquared（R^2）、adjrsquared（调整 R^2） ➢ Exclude：要排除的异常项 ➢ Intercept：控制是否删除常量项 ➢ Lower：不能从模型中删除的统计量 ➢ NSteps：要采取的最大步骤数 ➢ PEnter：定义添加项的标准值，如果统计量的值比标准值小，则将该统计量项添加到模型中 ➢ PredictorVars：指定预测变量 x ➢ PRemove：定义添加项的标准值，如果统计量的值比标准值大，则将该统计量项从模型中删除 ➢ ResponseVar：指定响应变量 y ➢ Upper：模型规范描述了 FIT 中最大的一组统计量术语 ➢ VarNames：指定变量名称，默认为{'x1','x2',…,'xn','y'} ➢ Verbose：控制评估过程和每一步所采取的行动的显示，可选值包括 0（全部禁止显示）、1（显示每一步所采取的行动）、2（全部显示） ➢ Weights：指定观测值的权重为 $n\times1$ 的矩阵

实例——分析硅酸盐水泥成分与水泥硬度的关系

源文件：yuanwenjian\ch05\ep509.m

硅酸盐水泥的组成非常复杂，根据实际工作的需要，将对于其中部分主要成分进行分析，具体到 Al、Fe、Ca、Mg 这 4 种粒子的测定，但其均以氧化物的形式存在，呈碱性。数据见表 5-26，试分析这 4 种粒子的含量与水泥硬度的关系。

表 5-26　粒子的含量与水泥硬度测定数据

Al 含量	5.276	6.202	5.304	5.304	4.726	5.263	5.381	5.963
Fe 含量	3.071	3.040	3.072	3.040	3.271	3.635	3.834	3.942
Ca 含量	49.34	59.58	57.47	59.58	49.86	45.58	61.47	43.58
Mg 含量	4.159	4.160	4.120	4.176	5.1	4.63	4.34	5.83
水泥硬度/MPa	32.5	32.6	32.8	33	31.5	33	32.8	34.5

操作步骤

（1）根据预测目标，确定自变量和因变量。设 Al、Fe、Ca、Mg 这 4 种粒子的含量为预测变量 x_1、x_2、x_3、x_4（自变量），水泥硬度为响应变量 y（因变量）。

（2）绘制数据对应的散点图。在命令行窗口中输入以下命令。

```
>> clear                                    %清除工作区中的变量
%4 种粒子的测定量
>> data = [5.276,6.202,5.304,5.304,4.726,5.263,5.381,5.963;
          3.071,3.040,3.072,3.040,3.271,3.635,3.834,3.942;
          49.34,59.58,57.47,59.58,49.86,45.58,61.47,43.58;
          4.159,4.160,4.120,4.176,5.1,4.63,4.34,5.83];
>> X =data';                                %定义多元自变量
>> Y = [32.5,32.6,32.8,33,31.5,33,32.8,34.5]'; %定义因变量
```

使用逐步回归分析回归模型进行回归分析。

```
%使用二次型模型显示拟合过程中的评估过程和每一步所采取的行动
>> mdl = stepwiselm (X,Y,'purequadratic','Verbose',2)
    用于删除 x1^2 的 pValue 是 NaN
1.正在删除 x1^2, FStat = NaN, pValue = NaN
    用于删除 x1 的 pValue 是 NaN
2.正在删除 x1, FStat = 0, pValue = NaN
    用于添加 x2:x3 的 pValue 是 NaN
    用于添加 x2:x4 的 pValue 是 NaN
    用于添加 x3:x4 的 pValue 是 NaN
    用于删除 x2^2 的 pValue 是 0.52775
    用于删除 x3^2 的 pValue 是 0.27757
    用于删除 x4^2 的 pValue 是 0.38805
3.正在删除 x2^2, FStat = 0.83981, pValue = 0.52775
    用于添加 x1 的 pValue 是 0.50654
    用于添加 x2:x3 的 pValue 是 0.45955
    用于添加 x2:x4 的 pValue 是 0.40156
    用于添加 x3:x4 的 pValue 是 0.48122
    用于删除 x2 的 pValue 是 0.87349
    用于删除 x3^2 的 pValue 是 0.18022
    用于删除 x4^2 的 pValue 是 0.13785
```

```
4. 正在删除 x2, FStat = 0.032531, pValue = 0.87349
   用于添加 x1 的 pValue 是 0.4574
   用于添加 x3:x4 的 pValue 是 0.36537
   用于删除 x3^2 的 pValue 是 0.021224
   用于删除 x4^2 的 pValue 是 0.031206
mdl =
线性回归模型:
   y ~ 1 + x3 + x4 + x3^2 + x4^2
估计系数:

                 Estimate        SE        tStat        pValue
                 --------     ---------    ------      ---------

   (Intercept)    129.89       15.078      8.6149      0.0032889
   x3             -2.244       0.50242    -4.4663      0.020908
   x4            -15.178       3.8916     -3.9002      0.029917
   x3^2          0.020713      0.0046637   4.4414      0.021224
   x4^2           1.5165       0.39521     3.8373      0.031206
观测值数目: 8, 误差自由度: 3
均方根误差: 0.277
R 方: 0.952, 调整 R 方 0.888
F 统计量(常量模型): 14.8, p 值 = 0.0257
```

根据运行结果可知，回归模型为 $y = 129.89 - 2.244x_1 - 15.178x_2 + 0.020713x_3 + 1.5165x_4$；判定系数 $R^2 = 0.952$，接近 1，回归模型拟合效果很好；F 检验的 p 值为 0.0257，小于 0.05，所有估计系数在 5% 显著性水平上是显著的。

（3）根据回归模型绘制回归曲线。

```
>> plot(mdl)
```

运行结果如图 5-20 所示。

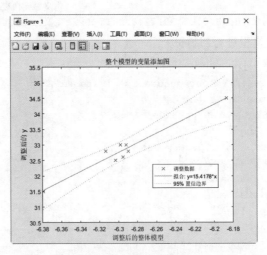

图 5-20　回归曲线

可以看出，估计的线性回归方程拟合效果很好。

5.5.3　交互式逐步回归拟合

在 MATLAB 中，stepwise()函数用于交互式地研究一般逐步回归，其调用格式见表 5-27。

表 5-27　stepwise()函数调用格式

调 用 格 式	说　　明
stepwise	使用 Hald.mat 中的样本数据，对成分中的预测项进行热响应值的逐步回归分析
stepwise (x,y)	使用数据 x、y 表示样本数据
stepwise(x,y,inmodel,penter,premove)	指定 F 检验的 p 值的初始模型（inmodel）、入口（penter）和出口（premove）公差

执行上述函数后，打开"逐步回归"对话框，如图 5-21 所示。对话框左上角显示了所有潜在项的系数估计：水平条表示 90%和 95%置信区间；右侧数值表示不存在模型中的统计量参数；中间部分表中显示的值是将参数添加到模型中将产生的值。

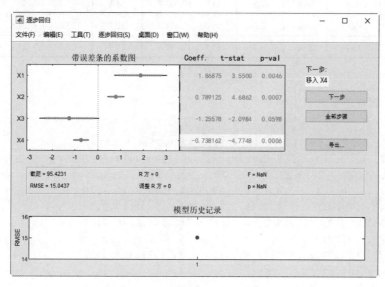

图 5-21　"逐步回归"对话框（1）

对话框中间部分显示了整个模型的汇总统计信息，每个步骤都会更新这些统计信息。"模型历史记录"部分显示了模型的 RMSE（均方根误差），通过一步一步地跟踪 RMSE 可以比较不同模型的最优性。

单击"模型历史记录"中的圆点，打开该步骤中使用的模型中的参数初始化的界面的副本。使用额外的输入参数逐步指定初始模型及 F 检验的 p 值的入口公差和出口公差。默认值是一个初始模型，没有任何额外参数时，入口公差为 0.05，出口公差为 0.10。

单击绘图或表中的一行，以切换相应统计量参数的状态，单击与当前不在模型中的统计量参数相对应的红线，将该统计量参数添加到模型中，并将该行颜色更改为蓝色。单击与模型中当前统计量参数对应的蓝线，将该统计量参数从模型中移除并将该行颜色更改为红色。

实例——健康女性体检数据的关系

源文件： yuanwenjian\ch05\ep510.m

表 5-28 所示为对 20 位 25~34 周岁的健康女性的测量数据，试利用这些数据对身体脂肪与大腿围长、三头肌皮褶厚度、中臂围长的关系进行线性回归。

扫一扫，看视频

表 5-28 测量数据

受试验者 i	1	2	3	4	5	6	7	8	9	10
三头肌皮褶厚度 x_1	19.5	24.7	30.7	29.8	19.1	25.6	31.4	27.9	22.1	25.5
大腿围长 x_2	43.1	49.8	51.9	54.3	42.2	53.9	58.6	52.1	49.9	53.5
中臂围长 x_3	29.1	28.2	37	31.1	30.9	23.7	27.6	30.6	23.2	24.8
身体脂肪 y	11.9	22.8	18.7	20.1	12.9	21.7	27.1	25.4	21.3	19.3
受试验者 i	11	12	13	14	15	16	17	18	19	20
三头肌皮褶厚度 x_1	31.1	30.4	18.7	19.7	14.6	29.5	27.7	30.2	22.7	25.2
大腿围长 x_2	56.6	56.7	46.5	44.2	42.7	54.4	55.3	58.6	48.2	51
中臂围长 x_3	30	28.3	23	28.6	21.3	30.1	25.6	24.6	27.1	27.5
身体脂肪 y	25.4	27.2	11.7	17.8	12.8	23.9	22.6	25.4	14.8	21.1

操作步骤

（1）在命令行窗口中输入以下命令。

```
>> clear
>> y = [11.9,22.8,18.7,20.1,12.9,21.7,27.1,25.4,21.3,19.3,...
        25.4,27.2,11.7,17.8,12.8,23.9,22.6,25.4,14.8,21.1];
>> x = [19.5,24.7,30.7,29.8,19.1,25.6,31.4,27.9,22.1,25.5,...
        31.1,30.4,18.7,19.7,14.6,29.5,27.7,30.2,22.7,25.2;
        43.1,49.8,51.9,54.3,42.2,53.9,58.6,52.1,49.9,53.5,...
        56.6,56.7,46.5,44.2,42.7,54.4,55.3,58.6,48.2,51;
        29.1,28.2,37,31.1,30.9,23.7,27.6,30.6,23.2,24.8,...
        30,28.3,23,28.6,21.3,30.1,25.6,24.6,27.1,27.5];
>> stepwise (x',y')
```

（2）打开"逐步回归"对话框，如图 5-22 所示。

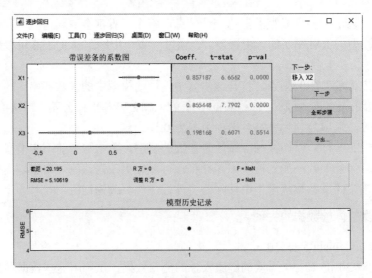

图 5-22 "逐步回归"对话框（2）

（3）单击"下一步"按钮，移入 X2，添加最重要的项 X2，回归达到 RMSE 的局部最小值，推荐的下一步是"不移动任何项"，如图 5-23 所示。

当存在多个步骤时，还可以通过单击"全部步骤"按钮，一次性执行所有建议的步骤。

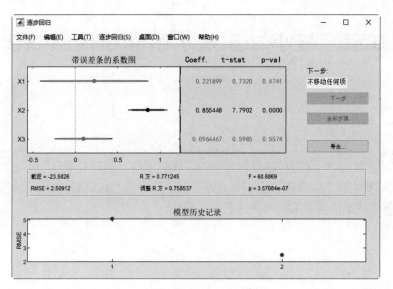

图 5-23 "逐步回归"对话框（3）

第 6 章　最小二乘法求解非线性回归模型

内容指南

在许多实际问题中，回归函数往往是较复杂的非线性函数，回归规律在图形上表现为形态各异的各种曲线。对于实际科学研究中常遇到的不可线性处理的非线性回归问题，使用非线性回归模型分析，而非线性回归模型中使用的最基本的方法是最小二乘法。

内容要点

- 非线性回归模型分类
- 求解非线性回归模型
- 非线性回归模型预测

6.1　非线性回归模型分类

非线性函数的求解一般可分为非线性可变换成线性和不能变换成线性两大类。

处理可线性化的非线性回归的基本方法是，通过变量变换，将非线性回归转换为线性回归，然后使用线性回归方法处理。假定根据理论或经验，已获得输出变量与输入变量之间的非线性表达式，但表达式的系数是未知的，要根据输入和输出的 n 次观察结果确定系数的值。可以使用最小二乘法原理求出系数值。

对于实际科学研究中常遇到的不可线性处理的非线性回归问题，提出了一种新的解决方法。该方法是基于回归问题的最小二乘法，在求误差平方和最小的极值问题上，应用了最优化方法中对无约束极值问题的一种数学解法——单纯形法。

非线性回归模型中不能经过变量变换转化为线性回归模型的，称为本质的非线性回归模型，如

$$Y = (\theta_1 + \theta_2 x + \theta_3 x^2)^{-1} + \varepsilon \quad （\text{Holliday模型}）$$

$$Y = \frac{\theta_1}{1 + \exp(\theta_2 - \theta_3^x)} + \varepsilon \quad （\text{Logistic模型}）$$

都是本质的非线性回归模型。

非线性回归模型没有统一的表达形式，常见的非线性回归模型有以下几种。

- 双曲线模型。
- 二次曲线模型。
- 对数模型。

- ⤷ 三角函数模型。
- ⤷ 指数模型。
- ⤷ 幂函数模型。
- ⤷ 罗吉斯（Logistic）曲线模型。
- ⤷ 修正指数增长模型。

6.2 求解非线性回归模型

对于非线性回归模型，若进行非稳健估计，则使用 Levenberg-Marquardt（L-M）非线性最小二乘法进行回归分析；若进行稳健估计，则使用 Iteratively Reweighted Least Squares（IRLS）迭代重复最小二乘法进行回归分析。

6.2.1 最小二乘法

在 MATLAB 中，nlinfit()函数使用最小二乘法进行非线性回归分析，其调用格式见表 6-1。

表 6-1 nlinfit()函数调用格式

调 用 格 式	说 明
beta = nlinfit(x,y,modelfun,beta0)	使用 modelfun 指定的模型进行非线性回归分析，使用加权最小二乘法计算 y 中的响应变量对 x 中的预测变量的非线性回归的估计系数 beta。beta0 为最小二乘估计算法的初始系数值
beta = nlinfit(x,y,modelfun,beta0,options)	使用 options 中的算法控制参数拟合非线性回归
beta = nlinfit(___,Name,Value)	使用 Name,Value 参数对指定附加选项。 ⤷ ErrorModel：误差项的形式，包括 constant（默认）、proportional、combined ⤷ ErrorParameters：误差模型参数的初始估计值，包括 1 或[1,1]（默认）、标量值、二元素向量 ⤷ Weights：观测值权重，包括向量、函数句柄
[beta,R,J,CovB,MSE,ErrorModelInfo] = nlinfit(___)	计算残差 R、Jacobian 矩阵 J、估计方差 CovB、均方误差 MSE、误差模型拟合的信息结构体 ErrorModelInfo

实例——预测房地产公司业务员下半年的奖金

源文件：yuanwenjian\ch06\ep601.m

根据某房地产公司 6 月份 10 个业务员的请假天数、看房次数（平均每周）、接待人数（平均每周）、销售业绩、奖金，预测业务员下半年的奖金，其具体数据见表 6-2。

扫一扫，看视频

表 6-2 某房地产公司 6 月份业务员工作数据

业务员编号	请假天数	看房次数	接待人数	销售业绩/万元	奖金/元
1	1	20	50	200	78700
2	2	13	65	60	3490
3	0	15	35	80	12250
4	3	18	45	120	27760
5	1	19	56	160	49150
6	2	17	52	190	70370

业务员编号	请假天数	看房次数	接待人数	销售业绩/万元	奖金/元
7	3	10	58	210	85150
8	2	19	49	230	104490
9	0	21	81	150	39760
10	0	20	30	160	51500

操作步骤

（1）根据预测目标，确定自变量和因变量。设业务员的请假天数、看房次数、接待人数、销售业绩为预测变量 x_1、x_2、x_3、x_4（自变量），奖金为响应变量 y（因变量）。

（2）绘制数据对应的散点图。在命令行窗口中输入以下命令。

```
>> clear                          %清除工作区中的变量
>> x1=[1 2 0 3 1 2 3 2 0 0]';     %定义多元自变量
>> x2=[20 13 15 18 19 17 10 19 21 20]';
>> x3=[50 65 35 45 56 52 58 49 81 30]';
>> x4=[200 60 80 120 160 190 210 230 150 160]';
>> Y = [78700 3490 12250 27760 49150 70370 85150 104490 39760 51500]';%定义因变量
```

（3）拟合非线性回归模型。

```
>> modelfun = @(b,x) b(1)*x1 + b(2)*x2.^b(3) + ...
   b(4)*x3.^b(5)+ b(6)*x4.^b(7);        %定义拟合函数
>> beta0 = [5 3 2 -1 2 2 2];            %定义拟合初始值
>> X=[x1 x2 x3 x4];                     %定义预测变量
%集合模型系数，计算统计量
>> [beta,R,J,CovB,MSE,ErrorModelInfo] = nlinfit(X,Y,modelfun,beta0)
beta =
  列 1 至 5
    5.0519    3.2115    1.9781   -1.0260    1.9944
  列 6 至 7
    2.0007    1.9999
R =
  -1.3169
   0.1022
  -0.1343
  -0.0219
   1.1833
  -1.5182
   0.5000
   0.7657
  -0.1039
   0.6945
J =
  1.0e+05 *
  列 1 至 5
    0.0000    0.0037    0.0360    0.0245   -0.0982
    0.0000    0.0016    0.0132    0.0413   -0.1767
         0    0.0021    0.0184    0.0120   -0.0438
    0.0000    0.0030    0.0282    0.0198   -0.0774
```

```
      0.0000      0.0034      0.0320      0.0307     -0.1266
      0.0000      0.0027      0.0247      0.0264     -0.1072
      0.0000      0.0010      0.0070      0.0329     -0.1370
      0.0000      0.0034      0.0320      0.0235     -0.0938
           0      0.0041      0.0403      0.0640     -0.2886
           0      0.0037      0.0360      0.0088     -0.0308
   列 6 至 7
      0.3999      4.2389
      0.0360      0.2948
      0.0640      0.5610
      0.1440      1.3789
      0.2559      2.5987
      0.3609      3.7886
      0.4409      4.7164
      0.5288      5.7538
      0.2249      2.2550
      0.2559      2.5987
CovB =
   列 1 至 5
      0.5091      0.0313     -0.0028     -0.0069     -0.0015
      0.0313      0.0219     -0.0021     -0.0023     -0.0005
     -0.0028     -0.0021      0.0002      0.0002      0.0000
     -0.0069     -0.0023      0.0002      0.0003      0.0001
     -0.0015     -0.0005      0.0000      0.0001      0.0000
     -0.0000     -0.0000      0.0000     -0.0000     -0.0000
      0.0000      0.0000     -0.0000      0.0000      0.0000
   列 6 至 7
     -0.0000      0.0000
     -0.0000      0.0000
      0.0000     -0.0000
     -0.0000      0.0000
     -0.0000      0.0000
      0.0000     -0.0000
     -0.0000      0.0000
MSE =
      2.2659
ErrorModelInfo =
   包含以下字段的 struct:
              ErrorModel: 'constant'
         ErrorParameters: 1.5053
           ErrorVariance: @(x)mse*ones(size(x,1),1)
                     MSE: 2.2659
           ScheffeSimPred: 8
           WeightFunction: 0
            FixedWeights: 0
      RobustWeightFunction: 0
>> sqrt(diag(CovB))                  %计算系数标准误差
ans =
      0.7135
      0.1480
      0.0144
```

```
    0.0175
    0.0038
    0.0012
    0.0001
```

根据运行结果（系数 beta）可知，估计的非线性回归方程为 $y = 5x_1 + 3.2x_2^2 - x_3^2 + 2x_4^2$。

6.2.2 拟合非线性回归模型

在 MATLAB 中，fitnlm()函数使用最小二乘法创建非线性回归模型，其调用格式见表 6-3。

表 6-3 fitnlm()函数调用格式

调用格式	说明
mdl = fitnlm(tbl,modelfun,beta0)	使用 modelfun 指定的模型进行非线性回归分析，beta0 为最小二乘法的初始系数值。返回非线性模型 mdl
mdl = fitnlm(x,y,modelfun,beta0)	使用数据 x、y 拟合非线性回归模型
mdl = fitnlm(___,modelfun,beta0,Name,Value)	使用 Name,Value 参数对指定附加选项

扫一扫，看视频

实例——预测细胞个数

源文件：yuanwenjian\ch06\ep602.m

某实验室分析了在一组培养皿中加入不同量的海藻提取物后，24h 后细胞分裂个数的相关数据，数据见表 6-4。试分析添加海藻提取物与细胞分裂个数的关系，并预测不添加海藻提取物时，24h 后细胞分裂个数。

表 6-4 细胞分裂个数相关数据

添加海藻提取物/g	细胞分裂个数	添加海藻提取物/g	细胞分裂个数
2.6	5000	3.2	30000
3.4	55000	3.5	70000
3.6	100000	2.9	20000

操作步骤

（1）根据预测目标，确定自变量和因变量。设海藻提取物为预测变量 x（自变量），24h 后细胞分裂个数为响应变量 y（因变量）。

（2）定义变量参数。在命令行窗口中输入以下命令。

```
>> clear
>> x=[2.6 3.4 3.6 3.2 3.5 2.9];
>> y=[5000 55000 100000 30000 70000 20000];
```

（3）拟合一元线性回归模型。

```
>> mdl1 = fitlm(x,y)    %计算线性回归模型
mdl1 =
线性回归模型：
    y ~ 1 + x1
估计系数：
                    Estimate      SE      tStat     pValue
                    --------    ------   ------    -------
```

```
   (Intercept)  -2.2577e+05   53575   -4.214   0.013543
   x1              85135       16642   5.1156  0.0069073
```
观测值数目：6，误差自由度：4
均方根误差：1.43e+04
R 方：0.867，调整 R 方 0.834
F 统计量(常量模型)：26.2，p 值 = 0.00691

由运行结果可知，判定系数 R^2 为 0.867，变量具有显著线性相关性。

（4）拟合多元非线性拟合回归模型。

```
>> modelfun = @(b,x)(b(1)+b(2)*exp(b(3)*x));
>> beta0 = [200;2;3]; %定义初始系数
>> mdl2=fitnlm(x,y,modelfun,beta0)
mdl2 =
```
非线性回归模型：
　　y ~ (b1 + b2*exp(b3*x))
估计系数：

```
         Estimate    SE        tStat     pValue
         --------   -------   -------   --------
   b1      4772     5145.5    0.92742   0.42212
   b2      0.973    1.8507    0.52575   0.63545
   b3      3.1874   0.52142   6.113     0.0087979
```
观测值数目：6，误差自由度：3
均方根误差：4.17e+03
R 方：0.992，调整 R 方 0.986
F 统计量(零模型)：369，p 值 = 0.000238

由运行结果可知，判定系数 R^2 为 0.992，变量具有高度线性相关性。非线性回归方程为 $y = 4772 + 0.973e^{3.1874x}$。

（5）绘制残差图。

```
>> plotResiduals(mdl2,'probability')    %绘制残差图
```
运行结果如图 6-1 所示。

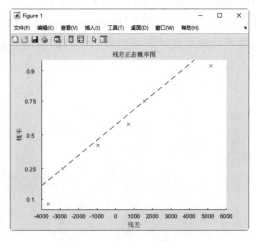

图 6-1　残差正态概率图

（6）计算并确定预测值。经比较，使用非线性拟合回归模型预测数据的结果更好。

```
>> ypred = predict(mdl2,0)              %按照回归模型进行预测
```

```
ypred =
    4.7730e+03
```

可以得出结论，不添加海藻提取物时，24h 后细胞分裂个数为 4773 个。

扫一扫，看视频

实例——Hougen-Watson 模型预测化学实验反应速率

源文件：yuanwenjian\ch06\ep603.m

某学校学生准备化学实验考试，将 3 种带颜色的试剂混合到一起，试管颜色变为红色表示实验结束。根据实验过程中记录的试剂配比量与反应速率（测试数据见表 6-5），试分析试剂与反应速率的关系，并预测 3 种试剂使用量为 100:100:100 时的反应速率。

表 6-5　试剂配比量与反应速率测试数据

试剂 1/mL	试剂 2/mL	试剂 3/mL	反应速率/%
470	300	10	8.55
285	80	10	3.79
470	300	120	4.82
470	80	120	0.02
470	80	10	2.75
100	190	10	14.39
100	80	65	2.54
470	190	65	4.35
100	300	54	13
100	300	120	8.5

操作步骤

（1）根据预测目标，确定自变量和因变量。设 3 种试剂的用量为预测变量 x_1、x_2、x_3（自变量），反应速率为响应变量 y（因变量）。

西里尔·欣谢尔伍德（Cyril Norman Hinshelwood）在研究气固相催化反应动力学时，根据欧文·朗缪尔（Irving Langmuir）的均匀表面吸附理论导出了 Hougen-Watson 模型（双曲线型反应动力学方程），其后 Hougen 和 Watson 用此模型成功地处理了许多气固相催化反应，使它成为一种被广泛应用的方法，多用于描述模拟化学反应数据时的反应速率。

Hougen-Watson 模型回归方程如下。

$$\hat{y} = \frac{\beta_1 x_2 - x_3 / \beta_5}{1 + \beta_2 x_1 + \beta_3 x_2 + \beta_4 x_3}$$

（2）定义变量参数。在命令行窗口中输入以下命令。

```
>> clear
>> X=[470 300 10;
     285 80 10;
     470 300 120
     470 80 120;
     470 80 10;
     100 190 10;
     100 80 65;
     470 190 65;
```

```
          100 300 54;
          100 300 120];
>> y=[ 8.5500 3.7900 4.8200 0.0200 2.7500 ...
       14.3900 2.5400 4.3500 13.0000 8.5000];
```

（3）拟合非线性回归模型 Hougen-Watson。

```
>> beta0 =[1,0.05,0.02,0.1,2];        %定义系数初始值
>> mdl = fitnlm(X,y,@hougen,beta0)    %拟合 Hougen-Watson 模型系数
mdl =
非线性回归模型:
    y ~ hougen(b,X)
估计系数:
          Estimate        SE       tStat      pValue
          --------      -------    ------     --------
    b1     0.93308      0.55354    1.6857     0.15267
    b2    0.045725     0.027298    1.6751     0.15477
    b3    0.028984     0.020223    1.4332     0.21124
    b4    0.085041     0.045437    1.8716     0.12016
    b5       1.623       1.0175    1.5951     0.17158
观测值数目: 10, 误差自由度: 5
均方根误差: 0.173
R 方: 0.999, 调整 R 方 0.999
F 统计量(零模型): 3.94e+03, p 值 = 5.56e-09
```

由运行结果可知，判定系数 R^2 为 0.999，变量具有高度相关性。

（4）绘制残差图。

```
>> plotResiduals(mdl,'probability')   %绘制残差图
```

运行结果如图 6-2 所示。

（5）计算并确定预测值。经比较，使用非线性拟合回归模型预测数据的结果更好。

```
>> ypred = predict(mdl,[100 100 100])   %按照回归模型进行预测
ypred =
    1.8671
```

可以得出结论，3 种试剂使用量为 100:100:100 时的反应速率为 1.8671%。

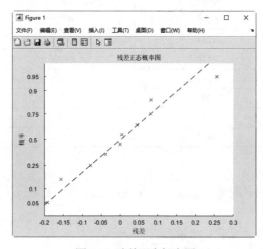

图 6-2 残差正态概率图

6.3 非线性回归模型预测

非线性回归模型分析的基本思路与线性回归模型是相似的，分析是手段，预测是目的，根据预测值得到响应值是建立回归模型、解决问题的最后一步。

6.3.1 计算非线性回归模型预测值

在 MATLAB 中，random()函数用于预测非线性回归模型的响应值，其调用格式见表6-6。

表6-6 random()函数调用格式

调 用 格 式	说 明
ysim = random(mdl)	在模型原始数据点根据拟合的非线性模型 mdl 预测响应值 ysim
ysim = random(mdl,Xnew)	根据 Xnew 预测响应值 ysim
ysim = random(mdl,Xnew,'Weights',W)	利用权值 W 预测响应值 ysim

扫一扫，看视频

实例——线膨胀系数

源文件：yuanwenjian\ch06\ep604.m

固体物质的温度每改变 1℃时，其长度的变化与它在 0℃时的长度之比叫作线膨胀系数。不同温度下的线膨胀系数实验数据见表6-7。试预测 100℃时的降温线膨胀系数。

表6-7 线膨胀系数实验数据

温度/℃	L_i / mm（升温）	L_i / mm（降温）	平均值/mm
20.0	0.006	0.006	0.006
25.0	0.019	0.119	0.069
30.0	0.037	0.173	0.105
35.0	0.059	0.235	0.147
40.0	0.081	0.291	0.186
45.0	0.108	0.341	0.225
50.0	0.134	0.387	0.261
55.0	0.176	0.431	0.304
60.0	0.216	0.468	0.342
65.0	0.277	0.492	0.385
70.0	0.353	0.505	0.429
75.0	0.453	0.508	0.481

操作步骤

（1）根据预测目标，确定自变量和因变量。设温度值为预测变量 x（自变量），降温线膨胀系数为响应变量 y（因变量）。

（2）定义变量参数。在命令行窗口中输入以下命令。

```
>> clear
```

```
>> X=[ 20.0    0.006    0.006    0.006;
      25.0    0.019    0.119    0.069;
      30.0    0.037    0.173    0.105;
      35.0    0.059    0.235    0.147;
      40.0    0.081    0.291    0.186;
      45.0    0.108    0.341    0.225;
      50.0    0.134    0.387    0.261;
      55.0    0.176    0.431    0.304;
      60.0    0.216    0.468    0.342;
      65.0    0.277    0.492    0.385;
      70.0    0.353    0.505    0.429;
      75.0    0.453    0.508    0.481];
>> x=X(:,1);
>> y=X(:,3);
>> plot(x,y,'*')          %绘制散点图
```

运行结果如图 6-3 所示。

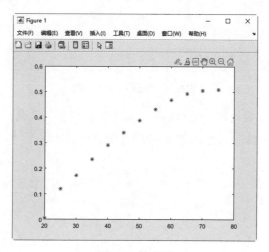

图 6-3　散点图

（3）拟合非线性回归模型。

```
>> beta0 =[0.5 68 67];                      %定义系数初始值
>> modelfun = @(b,x) b(1)*exp(-((x-b(2))./b(3)).^2);
>> mdl = fitnlm(x,y,modelfun,beta0)         %拟合模型系数
mdl =
非线性回归模型：
    y ~ F(b,x)
估计系数：
```

	Estimate	SE	tStat	pValue
b1	0.50813	0.014437	35.195	5.966e-11
b2	68.424	2.4817	27.572	5.269e-10
b3	35.746	2.9246	12.223	6.5832e-07

观测值数目：12，误差自由度：9
均方根误差：0.029
R 方：0.975，调整 R 方 0.97
F 统计量（零模型）：634，p 值 = 8.72e-11

由运行结果可知, 判定系数 R^2 为 0.975, 变量具有高度相关性。

(4) 绘制残差图。

```
>> plotResiduals(mdl,'probability')   %绘制残差图
```

运行结果如图 6-4 所示。

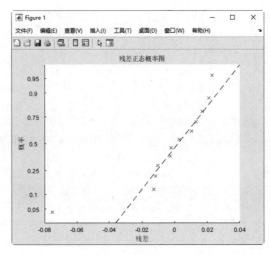

图 6-4　残差正态概率图

(5) 计算并确定预测值。经比较, 使用非线性拟合回归模型预测数据的结果更好。

```
>> ysim = random(mdl)   %计算原始数据点根据拟合模型的预测值
ysim =
    0.0781
    0.1092
    0.1693
    0.2210
    0.2449
    0.3299
    0.3848
    0.4595
    0.5124
    0.5357
    0.4821
    0.4935
```

绘制原始响应和预测响应对比图。

```
>> figure
>> plot(x,y,'o',x,ysim,'b--')
>> legend('Data','Predictions')
```

运行结果如图 6-5 所示。

计算并确定预测值。

```
>> ysim = random(mdl,100)   %计算响应值
ysim =
    0.1976
```

可以得出结论, 100℃时的降温线膨胀系数为 0.1976。

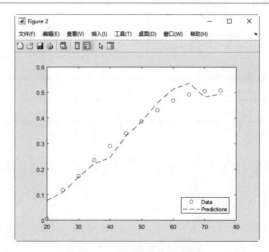

图 6-5　预测数据对比图

6.3.2　回归预测模型交互

模型预测图形界面使用交互的方式进行回归分析，该界面有 4 种方法可供选择：Linear（线性）、Pure Quadratic（纯二次）、Interactions（交互效应）、Full Quadratic（完全二次）。

在 MATLAB 中，rstool()函数可以打开模型预测图形界面，用于交互式拟合回归模型，其调用格式见表 6-8。

表 6-8　rstool()函数调用格式

调 用 格 式	说　　明
rstool	在图形界面中显示模型预测交互图形界面
rstool(x,y,model)	在图形界面中对预测变量 x 和响应变量 y 按照 model 指定的方法进行拟合
rstool(x,y,model,alpha)	alpha 表示置信度区间，默认置信区间为(1, alpha)
rstool(x,y,model,alpha,xname,yname)	xname 和 yname 标记 x 轴和 y 轴的标签

该图形界面不但可以显示数据拟合结果的交互图，还可以使用该界面接口探索更改拟合参数的效果，并将拟合结果导出到工作区，从而实现图形界面的交互。

实例——预测脉搏指标

源文件：yuanwenjian\ch06\ep605.m

Linnerud 曾经对男子的体能数据进行统计分析，他对某健身俱乐部的 20 名中年男子进行体能指标测量。身体特征指标包括体重、腰围、脉搏，测量数据见表 6-9。试预测体重为 200 斤、腰围为 40cm 的运动员的脉搏指标。

表 6-9　男子体能数据

编号 i	1	2	3	4	5	6	7	8	9	10
体重 x_1/斤	191	189	193	162	189	182	211	167	176	154
腰围 x_2/cm	36	37	38	35	35	36	38	34	31	33
脉搏 x_3/(次/分)	50	52	58	62	46	56	56	60	74	56

续表

编号 i	11	12	13	14	15	16	17	18	19	20
体重 x_1/斤	169	166	154	247	193	202	176	157	156	138
腰围 x_2/cm	34	33	34	46	36	37	37	32	33	33
脉搏 x_3/(次/分)	50	52	64	50	46	54	54	52	54	68

操作步骤

（1）根据预测目标，确定自变量和因变量。设体重、腰围为预测变量 x_1、x_2（自变量），脉搏为响应变量 y（因变量）。

（2）定义变量参数。在命令行窗口中输入以下命令。

```
>> clear
%定义测试数据
>> X=[191 36 50;
      189 37 52;
      193 38 58;
      162 35 62;
      189 35 46;
      182 36 56;
      211 38 56;
      167 34 60;
      176 31 74;
      154 33 56;
      169 34 50;
      166 33 52;
      154 34 64;
      247 46 50;
      193 36 46;
      202 37 62;
      176 37 54;
      157 32 52;
      156 33 54;
      138 33 68];
>> rstool([X(:,1) X(:,2)],X(:,3),'quadratic')  %根据拟合回归模型计算预测响应值
```

运行结果如图 6-6 所示。

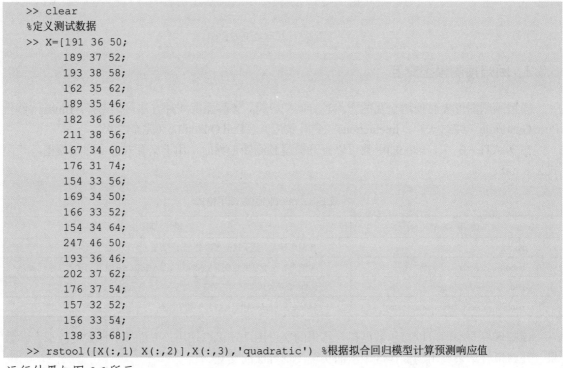

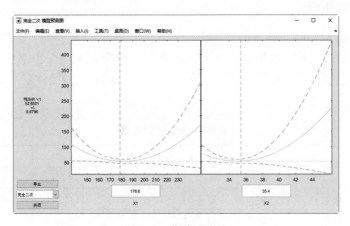

图 6-6 模型预测图

在左下角下拉菜单中选择"完全二次"，图中上下两条虚线为置信区间。

（3）预测值设置。在水平轴的文本框中显示预测值，并在图中用垂直虚线标出，通过编辑文本框或拖动虚线更改预测值。当更改预测图的值时，所有绘图都会实时更新显示。

在 X1 文本框中输入 200，在 X2 文本框中输入 40，在图形左侧显示预测的响应值 56.9321±17.2278，如图 6-7 所示。

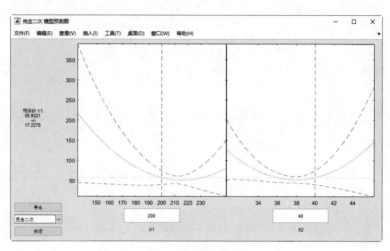

图 6-7　更改预测值

（4）数据转换。单击"导出"按钮，弹出"导出到工作区"对话框，显示需要导出的数据，如图 6-8 所示。单击"确定"按钮，在工作区显示图形界面导出的数据变量，如图 6-9 所示。

图 6-8　"导出到工作区"对话框

图 6-9　显示数据变量

```
>> beta              %显示估计的回归模型系数
beta =
   187.3769
     4.0828
   -28.3318
    -0.3797
     0.0257
     1.3714
>> residuals         %显示残差
residuals =
```

```
     -2.8281
     -0.4434
      4.8497
      2.2364
     -9.1685
      3.3209
      1.8542
      6.7975
      2.6884
      0.5509
     -2.8492
     -0.9419
      3.4793
     -0.7465
     -7.4277
      8.2527
     -5.8428
     -0.9376
     -0.5163
     -2.3280
>> rmse          %均方根误差（标准误差），衡量观测值与真实值之间的偏差
    5.1729
```

运行结果中，"完全二次"回归模型要求回归模型中包含所有交叉项、平方项、一次项、常数项，估计的回归模型为 $y \sim \beta_0 + \beta_1 x_1 + \beta_2 x_2 + \beta_3 x_1^2 + \beta_4 x_1 x_2 + \beta_5 x_2^2$。beta 显示回归模型系数，其中，beta=$[\beta_0; \beta_1; \beta_2; \beta_3; \beta_4; \beta_5]$。

6.3.3 数据响应拟合工具

在 MATLAB 中，rsmdemo() 函数用于进行交互研究响应面方法（RSM）、非线性拟合和实验设计。该函数作为响应拟合工具仅用于收集化学反应的数据，使用响应面拟合工具可以进行 Hougen-Watson 模型数据拟合。

执行 rsmdemo() 函数后，会打开一组图形用户界面（3 种），如图 6-10 所示。

1."反应模拟器"界面

（1）在"反应模拟器"界面中通过在 Hydrogen（氢）、n-Pentane（正戊烷）、Isopentane（异戊烷）文本框中输入或调整关联的滑块设定这 3 种反应物的浓度。

（2）单击 Run（运行）按钮，记录浓度和模拟反应速率。

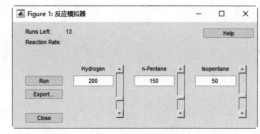

（a）反应模拟器

（b）试错数据

图 6-10　响应拟合工具图形用户界面

（c）实验数据

图 6-10（续）

（3）单击 Export（输出）按钮，弹出 Export to Workspace（输出到工作区）对话框，如图 6-11 所示，显示需要导出到工作区的变量及变量名称。

2. "试错数据" 界面

在该界面中显示是实验运行记录，包含 Hydrogen 浓度、n-Pentane 浓度、Isopentane 浓度、Reaction Rate（试错数据），如图 6-12 所示，在该数据收集列表中可以进行 13 次独立的实验。

图 6-11　Export to Workspace 对话框

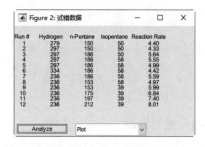

图 6-12　显示试错数据

收集到足够的实验数据后，对记录的单个或多个元素进行分析。默认情况下，对试错数据进行线性加性模型拟合，可在响应面工具中调整回归模型。

（1）多个元素：在下拉列表中选择 Plot，单击 Analyze（分析）按钮，将数据加载到多维响应面可视化工具中，显示 Hydrogen 浓度、n-Pentane 浓度、Isopentane 浓度的模型线性预测图，如图 6-13 所示。

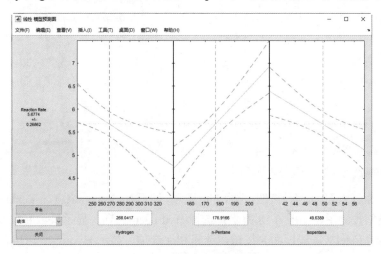

图 6-13　模型线性预测图

（2）单个元素分析。

1）在下拉列表中选择 Hydrogen vs. Rate，自动弹出图形窗口，显示 Hydrogen 浓度原始数据与回归曲线，如图 6-14 所示。

2）在下拉列表中选择 n-Pentane vs. Rate，自动弹出图形窗口，显示 n-Pentane 浓度原始数据与回归曲线，如图 6-15 所示。

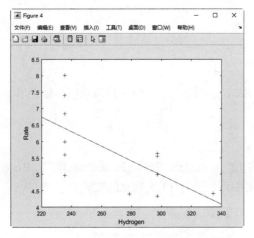
图 6-14　Hydrogen 浓度原始数据与回归曲线

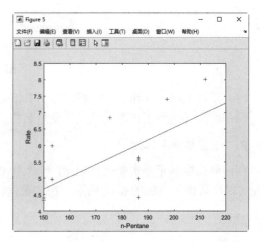
图 6-15　n-Pentane 浓度原始数据与回归曲线

3）在下拉列表中选择 Isopentane vs. Rate，自动弹出图形窗口，显示 Isopentane 浓度原始数据与回归曲线，如图 6-16 所示。

3."实验数据"界面

单击 Do Experiment（开始实验）按钮，将实验数据进行完全二次模型拟合，记录浓度和模拟反应速率，如图 6-17 所示。

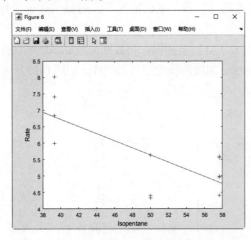
图 6-16　Isopentane 浓度原始数据与回归曲线

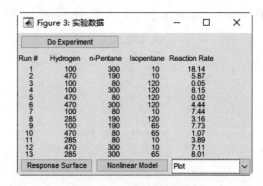
图 6-17　"实验数据"界面

单击 Response Surface（响应面）按钮，选择 Plot 选项，显示 Hydrogen 浓度、n-Pentane 浓度、Isopentane 浓度的完全二次模型预测图，如图 6-18 所示；选择 Hydrogen 选项，显示氢浓度拟合曲线。

单击 Nonlinear Model（非线性面）按钮，选择 Plot 选项，显示 Hydrogen 浓度、n-Pentane 浓度、Isopentane 浓度的 Hougen 模型的非线性拟合图，如图 6-19 所示。

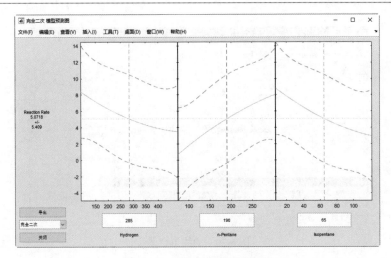

图 6-18 完全二次模型预测图

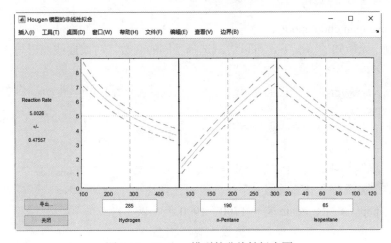

图 6-19 Hougen 模型的非线性拟合图

6.3.4 曲线拟合工具

在 MATLAB 中，cftool()函数通过绘制残差和拟合曲线预测数据，该函数的调用格式见表 6-10。曲线拟合器如图 6-20 所示。

表 6-10 cftool()函数调用格式

调 用 格 式	说 明
cftool	打开曲线拟合器
cftool(x, y)	在曲线拟合器中创建数据 x、y 的拟合曲线
cftool(x, y, z)	在曲线拟合器中创建数据 x、y、z 的拟合曲面
cftool(x, y, [], w) cftool(x, y, z, w)	w 表示权重
cftool(filename)	加载 filename 指定的文件，拟合文件中的数据

在曲线拟合器中使用功能区实现回归模型的系数拟合，替代了程序，通过手动选择参数，显示拟合回归曲线。

图 6-20　曲线拟合器

扫一扫，看视频

实例——人口普查数据预测

源文件：yuanwenjian\ch06\ep606.m

在对拟合函数一无所知的情况下，可以尝试选择不同的函数，对比曲线图形与参数，得到最佳的拟合曲线。

```
%加载和绘制人口普查数据，census.mat 文件中包含 1790—1990 年的美国人口数据，以 10 年为间隔
>> load census
>> cftool        %打开曲线拟合应用程序
```

操作步骤

单击"选择数据"按钮，弹出"选择拟合数据"对话框，如图 6-21 所示，在"X 数据""Y 数据"下拉列表中选择要拟合的原始数据 cdate、pop。其中，cdate 包含 1790—1990 年（以 10 为增量）的年份列向量；pop 包含每年的美国人口列向量。

默认选择多项式中最简单的模型拟合（线性拟合），此时，拟合模型为多项式，默认次数为 1；在"稳健"下拉列表中选择 Off，即不使用稳健最小二乘法，结果如图 6-22 所示。

图 6-21　"选择拟合数据"对话框

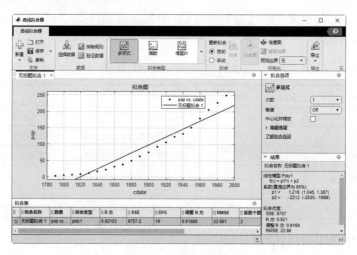

图 6-22　原始点拟合

通过观察图形可以发现，拟合结果不理想。因此在"拟合类型"列表框中选择其他拟合方法。

（1）修改"次数"为 2，"稳健"为 Off，即不使用稳健最小二乘法，此时 SSE=159.03，R^2=0.99871，结果如图 6-23 所示。

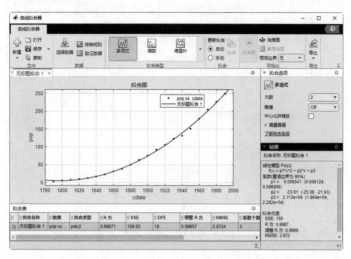

图 6-23 二次多项式拟合（1）

（2）修改"稳健"为 Bisquare（最小化加权平方和），即使用稳健最小二乘法，此时 SSE=75.437，R^2=0.99932，结果如图 6-24 所示。

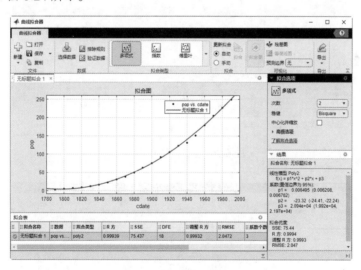

图 6-24 二次多项式拟合（2）

（3）修改"稳健"为 LAR（最小绝对残差），即使用稳健最小二乘法，勾选"中心化并缩放"复选框，开启数据中心和缩放功能，此时 SSE=47.209，R^2=0.99961，结果如图 6-25 所示。

（4）修改"次数"为 3，"稳健"为 LAR，即使用稳健最小二乘法，此时 SSE=64.765，R^2=0.99948，勾选"中心化并缩放"复选框，开启数据中心和缩放功能，结果如图 6-26 所示。

（5）评价拟合函数。选择多项式函数时，SSE 越小越好。拟合曲线时，二次多项式模型使用稳健最小二乘法中的 LAR 算法，并开启数据中心和缩放功能时，SSE 最小，拟合的回归曲线效果最佳。

单击"残差图"按钮，在绘图区显示拟合图的同时显示残差图，如图 6-27 所示。

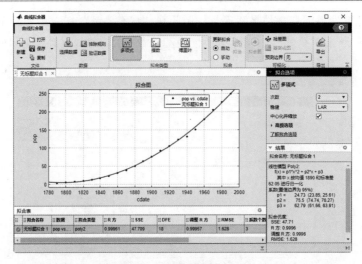

图 6-25　二次多项式拟合（3）

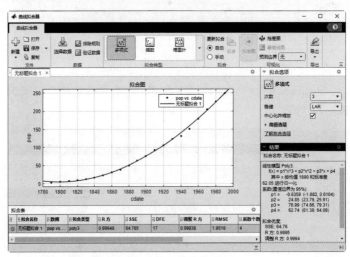

图 6-26　三次多项式拟合

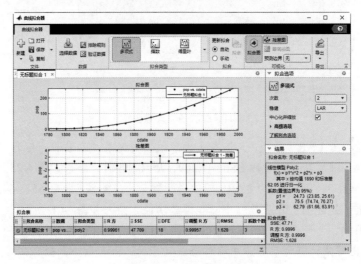

图 6-27　显示残差图

执行功能区的"导出"→"导出为图窗"命令，弹出图形窗口，显示最佳拟合曲线和残差图，如图 6-28 所示。

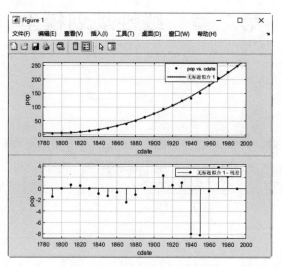

图 6-28　最佳拟合曲线和残差图

第 7 章　线性规划模型

内容指南

线性规划模型是一种特殊形式的数学规划模型，即目标函数和约束条件是待求变量的线性函数、线性等式或线性不等式的数学规划模型。它可用于解决各种领域内的极值问题。它所描述的典型问题是怎样以最优的方式在各项活动中分配有限的资源。可以把整数规划理解为特殊的线性规划。

内容要点

➦ 线性规划问题的数学模型
➦ 线性规划模型的一般解法
➦ 线性规划模型的应用

7.1　线性规划问题的数学模型

线性规划问题（简称 LP 问题）是现实生活中一类重要的应用问题，它研究的主要问题有两类：一是一项任务确定后，如何统筹安排，尽量做到用最少的人力、物力和资源完成这一任务；二是已有一定数量的人力、物力和资源，如何安排使用它们，使完成的任务最多。

7.1.1　线性规划模型的标准形式

线性规划的数学模型由 3 个要素构成：决策变量、目标函数、约束条件。
线性规划数学模型的一般形式如下。
目标函数：

$$\max(\min)z = c_1x_1 + c_2x_2 + \cdots + c_nx_n$$

约束条件：

$$\begin{cases} a_{11}x_1 + a_{12}x_2 + \cdots + a_{1n}x_n \leqslant (=,\geqslant)b_1 \\ \vdots \qquad \vdots \qquad \vdots \qquad \vdots \qquad\qquad \vdots \\ a_{m1}x_1 + a_{m2}x_2 + \cdots + a_{mn}x_n \leqslant (=,\geqslant)b_m \\ x_1 \geqslant 0, \cdots, x_n \geqslant 0 \end{cases}$$

简写为

$$\max(\min)z = \sum_{j=1}^{n} c_j x_j$$

$$\sum_{j=1}^{n} a_{ij}x_j \leqslant (=,\geqslant)b_i, \qquad i=1,2,\cdots,m$$

$$x_j \geqslant 0, \qquad\qquad j=1,2,\cdots,n$$

向量形式：

$$\max(\min)z = \boldsymbol{CX}$$

$$\begin{cases} \sum \boldsymbol{p}_j x_j \leqslant (=,\geqslant)\boldsymbol{B} \\ \boldsymbol{X} \geqslant 0 \end{cases}$$

其中，$\boldsymbol{C}=(c_1,c_2,\cdots,c_n)$, $\boldsymbol{X}=\begin{bmatrix} x_1 \\ \vdots \\ x_n \end{bmatrix}$, $\boldsymbol{p}_j=\begin{bmatrix} a_{1j} \\ \vdots \\ a_{mj} \end{bmatrix}$, $\boldsymbol{B}=\begin{bmatrix} b_1 \\ \vdots \\ b_m \end{bmatrix}$。

矩阵形式：

$$\max(\min)z = \boldsymbol{CX}$$

$$\begin{cases} \boldsymbol{AX} \leqslant (=,\geqslant)\boldsymbol{B} \\ \boldsymbol{X} \geqslant 0 \end{cases}$$

其中，$\boldsymbol{C}=(c_1,c_2,\cdots,c_n)$, $\boldsymbol{A}=\begin{bmatrix} a_{11} & \cdots & a_{1n} \\ \vdots & \vdots & \vdots \\ a_{m1} & \cdots & a_{mn} \end{bmatrix}$, $\boldsymbol{X}=\begin{bmatrix} x_1 \\ \vdots \\ x_n \end{bmatrix}$, $\boldsymbol{B}=\begin{bmatrix} b_1 \\ \vdots \\ b_m \end{bmatrix}$。

在 MATLAB 中，线性规划问题的数学模型的标准型如下。

$$\min \boldsymbol{c}^{\mathrm{T}}\boldsymbol{x}$$

向量的内积表示：$\boldsymbol{c}=(c_1,c_2,\cdots,c_n)^{\mathrm{T}}$，$\boldsymbol{x}=(x_1,x_2,\cdots,x_n)^{\mathrm{T}}$，$n$ 是决策变量。

$$\text{s.t.}\begin{cases} \boldsymbol{Ax} \leqslant \boldsymbol{b}, & \text{不等式约束} \\ \boldsymbol{A}_{\mathrm{eq}}\boldsymbol{x} = \boldsymbol{b}_{\mathrm{eq}}, & \text{等式约束} \\ \boldsymbol{l}_{\mathrm{b}} \leqslant \boldsymbol{x} \leqslant \boldsymbol{u}_{\mathrm{b}}, & \text{上下界约束（也可以当作不等式约束）} \end{cases}$$

其中，$\boldsymbol{c}$、$\boldsymbol{x}$、$\boldsymbol{b}$、$\boldsymbol{b}_{\mathrm{eq}}$、$\boldsymbol{l}_{\mathrm{b}}$ 和 $\boldsymbol{u}_{\mathrm{b}}$ 为向量；$\boldsymbol{A}$ 和 $\boldsymbol{A}_{\mathrm{eq}}$ 为矩阵。若不存在不等式约束，可用"[]"替代 $\boldsymbol{A}$ 和 $\boldsymbol{b}$；若不存在等式约束，可用"[]"替代 $\boldsymbol{A}_{\mathrm{eq}}$ 和 $\boldsymbol{b}_{\mathrm{eq}}$；s.t.为 Subject to 的缩写，表示变量要满足的约束条件。

7.1.2 模型的优化参数

优化参数就是求一组设计参数 $\boldsymbol{x}=(x_1,x_2,\cdots,x_n)$，以满足在某种条件下最优。一个简单的情况就是对某依赖于 x 的问题求极大值或极小值。复杂一点的情况是，要进行优化的目标函数 $f(x)$ 受到以下限定条件。

等式约束条件：

$$c_i(x)=0, \ i=1,2,\cdots,m_{\mathrm{e}}$$

不等式约束条件：

$$c_i(x)\leqslant 0, \ i=m_{\mathrm{e}}+1, m_{\mathrm{e}}+2,\cdots,m$$

参数有界约束：

线性规划问题的一般数学模型为

$$\min_{x\in R^n} f(x)$$

约束条件为

$$
\begin{cases}
c_i(x) = 0, \ i = 1, 2, \cdots, m_e \\
c_i(x) \leq 0, \ i = m_e + 1, m_e + 2, \cdots, m \\
l_b \leq x \leq u_b
\end{cases}
$$

其中，x 是变量，$f(x)$ 是目标函数，$c(x)$ 是约束条件向量，l_b 和 u_b 分别是变量 x 的上界和下界。

7.1.3 线性规划问题的建模过程

某化肥厂生产 A、B 两种化肥。按照工厂的生产能力，每小时可生产 14t 化肥 A 或 7t 化肥 B。从运输距离来讲，每小时能运输 7t 化肥 A 或 12t 化肥 B。按工厂的运输能力，无论何种化肥，每小时只能运出 8t。已知生产化肥 A 所创造的经济价值为 5 元/t，化肥 B 为 10 元/t。试问该厂每小时能创造的最大经济价值为多少？此时每小时生产的化肥 A、B 各为多少？

设 x_1、x_2 分别为每小时生产的化肥 A、B 的数量，故设计变量为

$$
\boldsymbol{X} = (x_1, x_2)^{\mathrm{T}}
$$

目标函数是每小时能创造的经济价值，即

$$
f(\boldsymbol{X}) = 5x_1 + 10x_2
$$

根据工厂的生产能力、运输距离和运输能力等所建立起来的约束条件为

$$
\begin{cases}
\dfrac{x_1}{14} + \dfrac{x_2}{7} \leq 1 \\[2mm]
\dfrac{x_1}{7} + \dfrac{x_2}{12} \leq 1 \\[2mm]
x_1 + x_2 \leq 8 \\
x_1, x_2 \geq 0
\end{cases}
$$

显然，由于目标函数和约束条件都是线性函数，所以这是一个线性规划问题。

为了得到线性规划的数学模型，可以对上述例子的数学描述进行改写。

求

$$
\boldsymbol{X} = (x_1, x_2)^{\mathrm{T}}
$$

使

$$
f(\boldsymbol{X}) = -5x_1 - 10x_2 \to \min
$$

并满足

$$
\begin{cases}
\dfrac{x_1}{14} + \dfrac{x_2}{7} + x_3 = 1 \\[2mm]
\dfrac{x_1}{7} + \dfrac{x_2}{12} + x_4 = 1 \\[2mm]
x_1 + x_2 + x_5 = 8 \\
x_1, x_2, \cdots, x_5 \geq 0
\end{cases}
$$

经过这样的改写，我们把约束条件由不等式变为等式。这里需要着重指出的是，x_3、x_4、x_5 并不是我们所需要的设计变量，而纯粹是为了把不等式约束变为等式约束所增加的变量，称为松弛变量。若不等式约束为 $\geq$，则在改写等式约束时，所增加的变量前面的符号应该为负号，此时所增加的变量称为剩余变量。

改写后的数学表达式就是上述例子中线性规划问题的数学模型。由此可以写出线性规划数学模型的一般形式，即

$$\min f(x) = C_1 x_1 + C_2 x_2 + \cdots + C_n x_n$$

并满足

$$\begin{cases} a_{11} x_1 + a_{12} x_2 + \cdots + a_{1n} x_n = b_1 \\ a_{21} x_1 + a_{22} x_2 + \cdots + a_{2n} x_n = b_2 \\ a_{m1} x_1 + a_{m2} x_2 + \cdots + a_{mn} x_n = b_m \\ x_i \geqslant 0, \ i = 1, 2, \cdots, n \end{cases}$$

其中，m 和 n 为正整数，m 为独立的约束方程的个数，n 为变量个数。

线性规划的数学模型也可以用矩阵的形式简单记为

$$\min f(x) = \boldsymbol{c}^{\mathrm{T}} \boldsymbol{x}$$

满足

$$\begin{cases} \boldsymbol{A}\boldsymbol{x} = \boldsymbol{b} \\ \boldsymbol{x} \geqslant 0 \end{cases}$$

其中，$\boldsymbol{c}$ 为目标函数中相应的系数组成的列向量，$\boldsymbol{c} = (c_1, c_2, \cdots, c_n)^{\mathrm{T}}$；$\boldsymbol{A}$ 为约束方程组的系数矩阵；$\boldsymbol{b}$ 为常数列向量；$\boldsymbol{x}$ 中的所有元素大于或等于 0。

7.1.4　线性规划的问题转化

很多看起来不是线性规划的问题也可以转化为线性规划的问题来解决。非标准型线性规划问题过渡到标准型线性规划问题的处理方法如下。

（1）将极大化目标函数转化为极小化负的目标函数值。

（2）把不等式约束转化为等式约束，可在约束条件中添置松弛变量。

（3）若决策变量无非负要求，可用两个非负的新变量之差代替。

规划问题为

$$\min |x_1| + |x_2| + \cdots + |x_n|$$
$$\text{s.t. } \boldsymbol{A}\boldsymbol{x} \leqslant \boldsymbol{b}$$

其中，$\boldsymbol{x} = [x_1 \cdots x_n]^{\mathrm{T}}$；$\boldsymbol{A}$ 和 $\boldsymbol{b}$ 为相应维数的矩阵和向量。

要把上面的问题转化为线性规划问题，只要注意到事实：对于任意的 x_i，存在 $u_i, v_i > 0$，满足

$$x_i = u_i - v_i, \ |x_i| = u_i + v_i$$

事实上，只要取 $u_i = \dfrac{x_i + |x_i|}{2}$、$v_i = \dfrac{|x_i| - x_i}{2}$ 即可满足上面的条件。

于是，记 $\boldsymbol{u} = [u_1 \cdots u_n]^{\mathrm{T}}$，$\boldsymbol{v} = [v_1 \cdots v_n]^{\mathrm{T}}$，从而把上面的问题变为

$$\min \sum_{i=1}^{n} (u_i + v_i)$$
$$\text{s.t.} \begin{cases} \boldsymbol{A}(\boldsymbol{u} - \boldsymbol{v}) \leqslant \boldsymbol{b} \\ \boldsymbol{u}, \boldsymbol{v} \geqslant 0 \end{cases}$$

对于 $\min\limits_{x_i}\{\max\limits_{y_i} |\varepsilon_i|\}$ 问题，其中 $\varepsilon_i = x_i - y_i$，如果取 $x_0 = \max\limits_{y_i} |\varepsilon_i|$，上面的问题就变为

$$\min x_0$$
$$\text{s.t. } x_1 - y_1 \leqslant x_0, \cdots, x_n - y_n \leqslant x_0$$

这就是通常的线性规划问题。

7.1.5 线性规划问题的解

线性规划问题可以有无数个可行解，而有限个顶点对应的解都是基可行解，最优解只可能在顶点（基可行解）上达到，故只要在有限个基可行解中寻求最优解即可。

方法是从一个顶点出发找到一个可行基，得到一组基可行解，用目标函数做尺度衡量，看是否最优。如若不是，则向邻近的顶点转移，换一个可行基再行求解、检验，如此迭代循环目标值逐步改善，直至求得最优解。

线性规划问题可以表示为

$$\max Z = \sum_{j=1}^{n} c_j x_j \tag{7-1}$$

$$\text{s.t.} \begin{cases} \sum_{j=1}^{n} a_{ij} x_j = b_i, \ i = 1, 2, \cdots, m & (7\text{-}2) \\ x_j \geqslant 0, \ j = 1, 2, \cdots, n & (7\text{-}3) \end{cases}$$

求解线性规划问题，就是从满足约束条件式（7-2）和式（7-3）的方程组中找出一个解，使目标函数式（7-1）达到最大/小值。

线性规划的解包括以下几种。

➼ 可行解：满足约束条件的解为可行解，所有可行解的集合为可行域。

➼ 最优解：使目标函数达到最小值的可行解，使用图解法求解时，结果如图 7-1 所示。

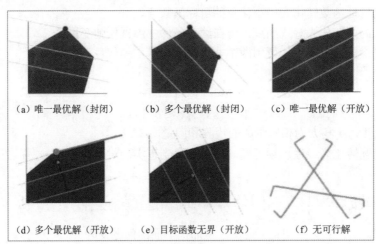

（a）唯一最优解（封闭）　　（b）多个最优解（封闭）　　（c）唯一最优解（开放）

（d）多个最优解（开放）　　（e）目标函数无界（开放）　　（f）无可行解

图 7-1　图解法求解最优解的结果

➼ 基：设 A 为约束条件式（7-2）中的 $m \times n$ 阶系数矩阵（$m < n$），其秩为 m，B 是矩阵 A 中 m 阶满秩子矩阵（$|B| \neq 0$），称 B 是规划问题的一个基。设

$$B = \begin{bmatrix} a_{11} & \cdots & a_{1m} \\ \vdots & \vdots & \vdots \\ a_{m1} & \cdots & a_{mm} \end{bmatrix} = (p_1 \cdots p_m)$$

称 **B** 中每个列向量 $p_j(j=1,2,\cdots,m)$ 为基向量，与基向量 p_j 对应的变量 x_j 为基变量，除基变量以外的变量为非基变量，如图 7-2 所示。

- ➡ 基解：某一确定的基 **B**，令非基变量等于 0，由约束条件式（7-2）解出基变量，称这组解为基解。在基解中变量取非 0 值的个数不大于方程数 m，基解的总数不超过 C_n^m。
- ➡ 基可行解：满足变量非负约束条件的基本解，简称为基可行解。
- ➡ 可行基：对应于基可行解的基称为可行基。

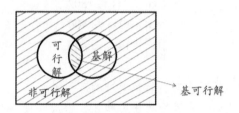

图 7-2　不同解的范围

7.2　线性规划模型的一般解法

线性规划模型的求解一般有两种方法：图解法和单纯形法（Simplex Method）。图解法适用于两个变量（直角坐标）和三个变量（立体坐标）；单纯形法适用于任意变量，但必须将一般形式转换为标准形式。

7.2.1　图解法求解线性规划模型

图解法就是用几何作图的方法求出最优解的过程。求解的思路是：先将约束条件加以图解，求得满足约束条件的解的集合（即可行域），然后结合目标函数的要求从可行域中找出最优解。图解法简单直观，有助于了解线性规划问题求解的基本原理。

图解法的一般步骤如下。

（1）建立数学模型。

（2）绘制约束条件不等式图，作出可行解集对应的可行域。

（3）绘制目标函数图像。

（4）判断解的形式，得出结论。

通过图解法了解线性规划有几种解的形式：唯一最优解、无穷多最优解、无界解、无可行解。

实例——生产决策问题 1

源文件：yuanwenjian\ch07\ep701.m

扫一扫，看视频

某水泥厂生产甲、乙两种水泥，已知生产 1t 甲需要资源 A 6t，资源 B 8t；生产 1t 乙需要资源 A 4t，资源 B 12t，资源 C 14t。如果 1t 水泥甲和乙的经济价值分别为 14 万元和 10 万元，3 种资源的限制量分别为 180t、400t 和 420t，试问应生产这两种水泥各多少吨才能创造最高的经济效益？

操作步骤

（1）建立数学模型。

为了建立水泥生产决策问题的数学模型，可做如下假设。

假设一：计算经济效益时不计算其他成本。

假设二：水泥生产过程中不计出现不合格产品。

假设生产甲和乙两种水泥的数量分别为 x_1 和 x_2，可以建立如下模型。

目标函数：
$$\max 14x_1 + 10x_2$$

根据 3 种资源的限制量（180t、400t 和 420t），定义约束条件不等式如下。

$$\begin{cases} 6x_1 + 4x_2 \leqslant 180 \\ 8x_1 + 12x_2 \leqslant 400 \\ 0x_1 + 14x_2 \leqslant 420 \\ x_1 \geqslant 0, \ x_2 \geqslant 0 \end{cases}$$

（2）绘制约束条件不等式图，得出可行解集对应的可行域。

使用 x 和 y 定义生产甲和乙两种水泥的数量 x_1 和 x_2，修改约束条件不等式如下。

$$\begin{cases} 6x + 4y - 180 \leqslant 0 \\ 8x + 12y - 400 \leqslant 0 \\ 14y - 420 \leqslant 0 \\ x \geqslant 0, y \geqslant 0 \end{cases}$$

根据约束条件不等式定义二元一次隐函数，在坐标系中绘制函数直线。

```
>> f1=@(x,y) 6*x+4*y-180;
>> f2=@(x,y) 8*x+12*y-400;
>> f3=@(x,y) 0*x+14*y-420;
%绘制隐函数图像
>> fimplicit(f1,[0,100])
>> hold on    %保留当前坐标区中的绘图
>> fimplicit(f2,[0,100])
>> fimplicit(f3,[0,100])
>> legend('f1=6x+4y-180','f2=8x+12y-400','f3=14y-420')    %添加图例
```

运行结果如图 7-3 所示，显示可行域。

```
>> axis([0 50 0 50])    %设置坐标轴范围
```

运行结果如图 7-4 所示，直线 f1、f2、f3 与坐标轴组成的区域 OABCD 为可行域。

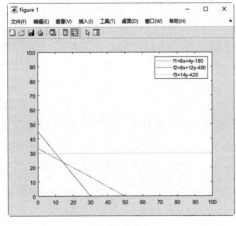

图 7-3　绘制可行域

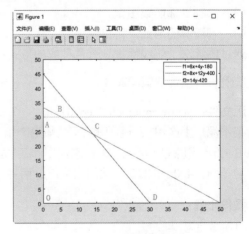

图 7-4　设置显示范围

（3）绘制目标函数图像。

如果可行解域在第一象限，且目标函数等值线斜率为负，则令目标函数值为 0，可得到斜率，根据斜率作一条过原点的直线，平移该直线得到一系列等值线。

若问题是求最大值，则把目标函数等值线平移到与可行域最后相交的点，这个点即为问题的最优解；若问题是求最小值，则把目标函数等值线平移到与可行域最先相交的点，这个点即为问题的最优解。

```
>> f=@(x,y) 14*x+10*y;
>> fp=fcontour(f);  %绘制等值线
%修改目标函数等值线属性，更改颜色和线宽
>> fp.LineColor = 'r';
>> fp.LineWidth =2;
```

运行结果如图 7-5 所示。

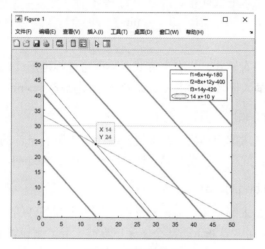

图 7-5　绘制等值线

从图 7-5 可以看出，可行域的顶点 (14, 24) 即为线性规划的最优解，它也是两个线性约束 $6x+4y-180 \leqslant 0$ 和 $8x+12y-400 \leqslant 0$ 的交点。

（4）判断解的形式，得出结论。

本题有唯一的最优解。最优解是由两条直线 f1、f2 所确定的最后的交点(14, 24)；解由这两条直线对应的方程所组成的方程组，可得到问题的精确最优解。

将最优解代入目标函数，得到最优值 $\max F = 14x+10y = 436$ 。

由计算结果可知，生产水泥甲 14t、水泥乙 24t 可以创造最高的经济效益，最高经济效益为 436 万元。

7.2.2　单纯形法求解线性规划模型

单纯形法是美国数学家 G.B.丹捷格（G.B. Dantzig）于 1947 年创建的，这种方法简洁、规范，是公认的解决线性规划问题行之有效的方法。线性规划单纯形法的解题流程如图 7-6 所示。

在 MATLAB 中，linprog()函数一般通过单纯形法解决线性规划问题，根据具体模型形式的不同或要求的不同调用函数的不同形式。

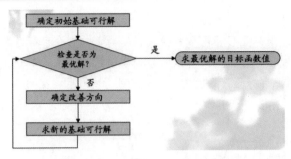

图 7-6 线性规划单纯形法解题过程

1. x=linprog(f,A,b)

该函数调用格式的功能是求解最简单、最常用的模型，即

$$\min_{x} f^{\mathrm{T}} x$$

$$\text{s.t.} \ Ax \leq b$$

标准形式约束条件中，没有等式，只有不等式。下面考虑标准形式的线性规划问题的求解。若计算的是最大值，则将求 z 的最大值转换为求 $-z$ 的最小值，即 $\max z \Leftrightarrow \min -z$。

2. x=linprog(f,A,b,Aeq,beq)

该函数调用格式的功能是求解上述模型在对 x 没有上下界限制条件的情况下的解。若没有不等式约束存在，则令 A=[]，b=[]；同理，若没有等式约束存在，则令 Aeq=[]，beq=[]。

3. x=linprog(f,A,b,Aeq,beq,lb,ub)

该函数调用格式的功能是求解上述模型在对 x 有上下界限制条件的情况下的解，调用此函数之前，首先要定义变量 x 的上界 ub 和下界 lb。若某个 x 无下界或上界，则设置 lb(i)=-inf, ub(i)=+inf。

4. x=linprog(f,A,b,Aeq,beq,lb,ub,options)

该函数调用格式的功能是求解上述模型并用 options 指定优化参数进行最小化。optimoptions()函数用于创建优化选项的参数结构 options，基本调用格式如下。

```
options = optimoptions('linprog',Name,Value)
```

optimset()函数用于创建或编辑优化选项的参数结构 options，基本调用格式如下。

```
options = optimset(Name,Value)
```

其中，Name,Value 表示优化选项中的优化参数，常用优化参数如下。

（1）Algorithm：用于选择优化算法。在 MATLAB 中，linprog()函数使用对偶单纯形算法（'dual-simplex'）、内点算法（'interior-point'）、内点传统算法（'interior-point-legacy'）求解线性规划问题。'interior-point-legacy'算法使用较少，多使用'dual-simplex'算法或'interior-point'算法，这两种算法的计算速度快且占用的内存最少。

- ☛ 'dual-simplex'（默认值）：对偶单纯形算法。一般求解线性规划的常用方法是单纯形法，默认使用对偶单纯形算法。这类算法的基本思路是先求得一个可行解，检验是否为最优解；若不是，可用迭代的方法找到另一个更优的可行解，经过有限次迭代后，可以找到可行解中的最优解或判定无最优解。
- ☛ 'interior-point'：内点算法。用于求解大型问题，内点算法包括'interior-point'和'interior-point-legacy'。
- ☛ 'interior-point-legacy'：内点传统算法。基于 Lipsol（线性内点求解器），它是 Mehrotra 预测-

校正算法的变体，类似于'interior-point'，但'interior-point-legacy'在算法开始迭代之前，需要采取许多预处理步骤，速度较慢，稳健性较差，占用内存较多。

（2）Diagnostics：显示关于要最小化或求解的函数的诊断信息，取值为'off（默认值）或 'on'.

（3）Display：显示迭代输出模式，取值如下。

↘ 'final'（默认值）：仅显示最终输出。

↘ 'off '或 'none' ：不显示输出。

↘ 'iter' ：在每次迭代时显示输出。

（4）MaxIterations：允许迭代的最大次数，为正整数。取值如下。

↘ 85（'interior-point-legacy' 算法）。

↘ 200（'interior-point' 算法）。

↘ 10*(numberOfEqualities + numberOfInequalities + numberOfVariables)（'dual-simplex'算法）。

对于 optimset()函数，参数名称为 MaxIter。

5. x = linprog (problem)

该函数调用格式的功能是用结构体 problem 定义参数，对这些参数指定的优化参数进行最小化。其中，problem 包含的参数有：线性目标函数的向量 f、线性不等式约束的矩阵 Aineq、线性不等式约束的向量 bineq、线性等式约束的矩阵 Aeq、线性等式约束的向量 beq、由下界组成的向量 lb、由上界组成的向量 ub、求解器 solver（'linprog'）、优化参数 options。

6. [x,fval]=linprog(…)

该函数调用格式的功能是返回解 x 处的目标函数值 fval。输出的结果中，x 表示最优解向量；fval 表示最优值，通常，fval = f'*x。如果求的是最大值，则在最后给 fval 加一个负号，即 fval=-fval。

线性规划的可行解是满足约束条件的解，线性规划的最优解是使目标函数达到最优的可行解。线性规划关于解的情况可以是：

（1）无可行解，即不存在满足约束条件的解。

（2）有唯一最优解，即在可行解中有唯一的最优解。

（3）有无穷最优解，即在可行解中有无穷个解都可使目标函数达到最优。

（4）有可行解，但由于目标函数值无界而无最优解。

7. [x,fval,exitflag,output]=linprog(…)

该函数调用格式的功能是返回 exitflag 值，描述函数计算的退出条件。返回包含优化信息的输出变量 output。其中，output 参数值及含义见表 7-1，exitflag 值及含义见表 7-2。

表 7-1 output 参数值及含义

参 数 值	含 义
iterations	迭代次数
algorithm	使用的优化算法
cgiterations	0（仅内点算法，支持向后兼容性）
message	退出消息
constrviolation	约束函数的最大值
firstorderopt	一阶最优性度量

表 7-2　exitflag 值及含义

值	含　义
0	超过最大迭代次数或超过求解时间
1	函数收敛到目标函数最优解处
3	残差的变化小于规定的允许范围
-2	找不到可行点
-3	问题无界
-4	执行算法过程中遇到 NaN 值
-5	原始问题和对偶问题均不可行
-7	搜索方向的模变得太小，无法取得进一步进展
-9	求解器失去可行性

8. [x,fval,exitflag,output,lambda] =linprog(f,A,b)

该函数调用格式的功能是解 x 处的拉格朗日乘数并返回参数 lambda 中。线性约束的拉格朗日乘数满足以下具有 length(f) 个分量的方程。

$$f + A^{\mathrm{T}}\lambda_{\mathrm{ineqlin}} + A_{\mathrm{eq}}^{\mathrm{T}}\lambda_{\mathrm{eqlin}} + \lambda_{\mathrm{upper}} - \lambda_{\mathrm{lower}} = 0$$

lambda 取值及含义见表 7-3。

表 7-3　lambda 取值及含义

参　数　值	含　义
lower	对应于 lb 的下界
upper	对应于 ub 的上界
ineqlin	对应于 A 和 b 的线性不等式
eqlin	对应于 Aeq 和 beq 的线性等式

📢 注意：

拉格朗日乘数法是一种寻找变量受一个或多个条件所限制的多元函数的极值的方法。这种方法将一个有 n 个变量与 k 个约束条件的最优化问题转换为一个有 $n+k$ 个变量的方程组的极值问题，其变量不受任何约束。

7.3　线性规划模型的应用

一般而言，一个经济、管理问题只有满足以下条件，才能建立线性规划模型。

（1）要求解问题的目标函数能用数值指标来反映，且为线性函数。

（2）存在多种方案。

（3）要求达到的目标是在一定条件下实现的，这些约束可用线性等式或不等式描述。

实例——生产决策问题 2

源文件：yuanwenjian\ch07\ep702.m

扫一扫，看视频

某水泥厂生产甲、乙两种水泥，已知生产 1 吨甲需要资源 A 6t、资源 B 8t；生产 1t 乙需要资源 A 4t、资源 B 12t、资源 C 14t。如果 1t 水泥甲和乙的经济价值分别为 14 万元和 10 万元，3 种资源的限制量分别为 180t、400t 和 420t，试问应生产这两种水泥各多少吨才能创造最高的经济效益？

操作步骤

（1）建立数学模型。

假设生产甲和乙两种水泥的数量分别为 x_1、x_2，可以建立如下数学模型。

$$\max 14x_1 + 10x_2$$

根据题意添加约束条件

$$\begin{cases} 6x_1 + 4x_2 \leqslant 180 \\ 8x_1 + 12x_2 \leqslant 400 \\ 14x_2 \leqslant 420 \\ x_1 \geqslant 0, \ x_2 \geqslant 0 \end{cases}$$

将目标函数改写为

$$\min -14x_1 - 10x_2$$

将上面的数学模型转化为线性规划标准型，即

$$\min -14x_1 - 10x_2$$

$$\text{s.t.} \begin{cases} 6x_1 + 4x_2 \leqslant 180 \\ 8x_1 + 12x_2 \leqslant 400 \\ 14x_2 \leqslant 420 \\ x_1, x_2 \geqslant 0 \end{cases}$$

（2）使用 MATLAB 求解模型。

首先，输入初始数据。

```
>> f=[-14;-10]    %定义目标函数系数
f =
   -14
   -10
%定义不等式约束系数 A、b
>> A=[6 4;8 12;0 14]
A =
    6     4
    8    12
    0    14
>> b=[180;400;420]
b =
   180
   400
   420
%定义下界 lb
>> lb=zeros(2,1)
lb =
    0
    0
```

然后，根据设置的初始数据，调用 linprog() 函数求解线性规划问题。

```
>> [x,fval,exitflag,output,lambda]=linprog(f,A,b,[ ],[ ],lb)
Optional solution faind.
x =
   14.0000
```

```
      24.0000
 fval =
  -436
 exitflag =
     1
 output =
   包含以下字段的 struct:
        iterations: 3
     constrviolation: 0
             message: 'Optimal solution found.'
           algorithm: 'dual-simplex'
      firstorderopt: 1.7764e-15
 lambda =
   包含以下字段的 struct:
      lower: [2×1 double]
      upper: [2×1 double]
      eqlin: []
     ineqlin: [3×1 double]
```

由计算结果可知，生产水泥甲 14t、水泥乙 24t 可以创造最高的经济效益，最高经济效益为 436 万元。注意，MATLAB 所解的模型是负的最小值，而实际模型是正的最大值，所以，fval=-436，实际值则是 436。

扫一扫，看视频

实例——原料采购问题

源文件：yuanwenjian\ch07\ep703.m

某种品牌的酒由 3 种等级的酒（A、B、C）兑制而成，已知有关数据见表 7-4。采购 3 种酒时，采购人员有 10 万元的限额，求获利最大的采购方案（获利最大为 20 万元）。

表 7-4 3 种等级的酒数据

项　目	A	B	C
成本/元	6	4.5	3
供应量/kg	1500	2000	1000
单价/元	8.5	5.0	4.8
利润/元	8	10	9

操作步骤

（1）建立数学模型。

设 x_1、x_2、x_3 分别表示 A、B、C 3 种酒的计划采购量，用线性规划模型表示为

$$\max \ 8x_1+10x_2+9x_3$$

约束条件如下。

$$\begin{cases} 6x_1+4.5x_2+3x_3 \leqslant 100000 \\ 8.5x_1+5x_2+4.8x_3 = 200000 \\ 0 \leqslant x_1 \leqslant 1500 \\ 0 \leqslant x_2 \leqslant 2000 \\ 0 \leqslant x_3 \leqslant 1000 \end{cases}$$

将上面的数学模型转化为线性规划标准型。

$$\min \quad -8x_1 - 10x_2 - 9x_3$$

$$\text{s.t.} \begin{cases} 6x_1 + 4.5x_2 + 3x_3 \leqslant 100000 \\ 8.5x_1 + 5x_2 + 4.8x_3 = 200000 \\ 0 \leqslant x_1 \leqslant 1500 \\ 0 \leqslant x_2 \leqslant 2000 \\ 0 \leqslant x_3 \leqslant 1000 \end{cases}$$

（2）使用线性规划方法求解模型。

首先，输入初始数据。

```
>> f=[-8;-10;-9];        %定义目标函数系数
>> A=[6,4.5,3];          %定义线性不等式系数
>> b=[100000];
>> Aeq=[8.5,5,4.8];      %定义线性等式系数
>> beq=[20000];
>> lb=[0;0;0];           %定义上下界
>> ub=[1500;2000;1000];
```

然后，根据设置的初始数据，调用 linprog() 函数求解线性规划问题。

```
>> [x,fval,exitflag,output,lambda]=linprog(f,A,b,Aeq,beq,lb,ub)
Optimal solution found.
x =
   1.0e+03 *
   0.6118
   2.0000
   1.0000
fval =
  -3.3894e+04
exitflag =
    1
output =
  包含以下字段的 struct:
        iterations: 1
   constrviolation: 1.1369e-13
           message: 'Optimal solution found.'
         algorithm: 'dual-simplex'
     firstorderopt: 1.2037e-12
lambda =
  包含以下字段的 struct:
     lower: [3×1 double]
     upper: [3×1 double]
     eqlin: 0.9412
   ineqlin: 0
```

由计算结果可知，采购产品 A 种酒 611.8kg、B 种酒 2000kg、C 种酒 1000kg，可以创造最高的经济效益，最高经济效益为 33894 元。

实例——煤炭资源配置问题

源文件：yuanwenjian\ch07\ep704.m

甲、乙、丙 3 个城市每年需要煤炭分别为 320 万吨、250 万吨、350 万吨，由 A、B 两处煤矿负责

供应。已知煤矿年供应量为 850 万吨。由煤矿至各城市的单位运价见表 7-5。由于需大于供，经研究平衡决定，甲城市供应量可减少 0～30 万吨，乙城市需求量应全部满足，丙城市供应量不少于 270 万吨。试求将供应量分配完又使总运费最低的调运方案。

表 7-5　煤矿至各城市的单位运价　　　　　　　　　单位：万元/万吨

煤矿	甲	乙	丙
A	15	18	22
B	21	25	16

操作步骤

（1）建立数学模型。

设从煤矿运往甲、乙、丙 3 个城市的量为 x_1、x_2、x_3，这是一个线性规划问题，可以建立如下模型。

根据总运费为最低，得出目标函数为

$$\min\ 15x_1+18x_2+22x_3$$

得出等式约束为

$$x_1+x_2+x_3=850$$

定义约束条件：

$$\begin{cases} 290 \leqslant x_1 \leqslant 320 \\ x_2 \geqslant 250 \\ x_3 \geqslant 270 \end{cases}$$

转化为标准型：

$$\min\ 15x_1+18x_2+22x_3$$

$$\text{s.t.}\begin{cases} x_1+x_2+x_3=850 \\ x_1 \geqslant 290 \\ x_2 \geqslant 250 \\ x_3 \geqslant 270 \end{cases}$$

（2）使用线性规划方法求解模型。

首先，输入初始数据。

```
>> f=[15,18,22];        %定义目标函数系数
>> A=[];                %定义线性不等式系数
>> b=[];
>> Aeq=[1,1,1];         %定义线性等式系数
>> beq=[850];
>> lb=[290;250;270];    %定义上下界
>> ub=[];
```

然后，根据设置的初始数据，调用 linprog() 函数求解线性规划问题。

```
>> [x,fval,exitflag,output]= linprog(f,A,b,Aeq,beq,lb,ub)
```

结果如下。

```
Optimal solution found.
x =
   330
   250
```

```
     270
fval =
       15390
exitflag =
     1
output =
  包含以下字段的 struct:
          iterations: 0
    constrviolation: 0
            message: 'Optimal solution found.'
          algorithm: 'dual-simplex'
       firstorderopt: 0
```

由运行结果可知，exitflag = 1，表示目标函数得到收敛解 x。

（3）模型分析。

由运行结果可知，最佳调运方案如下：从煤矿运往甲城市煤炭 330 万吨、乙城市煤炭 250 万吨、丙城市煤炭 270 万吨，此时，运费最低，为 15390 万元。

实例——原材料的合理利用问题

源文件：yuanwenjian\ch07\ep705.m

某工厂为洗衣机厂配套生产洗衣机的微型电机轴、皮带轮轴和水轮轴，这 3 种轴均采用某厂下脚料圆钢制成，这种下脚料圆钢每根长 0.6m。鉴于这 3 种轴库存量不同，需要下脚料的根数见表 7-6。问最少需要多少根下脚料圆钢才能制造这些轴？

表 7-6 需要下脚料的根数

名称	代号	规格/m	所需根数
微型电机轴	A	0.32	15000
皮带轮轴	B	0.22	20000
水轮轴	C	0.13	40000

现有下脚料方案见表 7-7。

表 7-7 现有下脚料方案

方案	A 轴	B 轴	C 轴	余料
1	1	1	0	0.06
2	1	0	2	0.02
3	0	2	1	0.03
4	0	1	2	0.12
5	0	0	4	0.08

操作步骤

（1）建立数学模型。

根据表 7-6 和表 7-7，可以建立如下线性规划模型。

设表 7-7 所示的 5 种方案所需要的下脚料圆钢的根数分别为 x_1、x_2、x_3、x_4、x_5，原材料合理利用，因此，每种方案下脚料圆钢余料应最少，得出 5 种方案余料总量的线性规划模型为

$$\min f(x) = 0.06x_1 + 0.02x_2 + 0.03x_3 + 0.12x_4 + 0.08x_5$$

根据需要下脚料圆钢的根数，得出约束条件：

$$\begin{cases} x_1 + x_2 = 15000 \\ x_1 + 2x_3 + x_4 = 20000 \\ 2x_2 + x_3 + 2x_4 + 4x_5 = 40000 \\ x_i \geqslant 0, \quad i = 1, 2, 3, 4, 5 \end{cases}$$

（2）求解模型。

下面使用 MATLAB 对问题进行求解。首先输入目标函数的系数、约束矩阵、右端项和下界，为了保证输入的正确性，便于检查，这里要求所有输入都有输出。

```
>> f=[0.06;0.02;0.03;0.12;0.08]      %定义目标函数系数
f =
    0.0600
    0.0200
    0.0300
    0.1200
    0.0800
>> Aeq=[1 1 0 0 0;1 0 2 1 0;0 2 1 2 4]
Aeq =
    1    1    0    0    0
    1    0    2    1    0
    0    2    1    2    4
>> beq=[15000;20000;40000]
beq =
       15000
       20000
       40000
>> lb=zeros(5,1)
lb =
     0
     0
     0
     0
     0
```

调用 linprog() 函数求解上述问题。

```
>> [x,fval,exitflag,output,lambda]=linprog(f,[ ],[ ],Aeq,beq,lb)
Optimization terminated.
x =
  1.0e+004 *
         0
    1.5000
    1.0000
         0
         0
fval =
  600
exitflag =
```

```
            1
output =
    包含以下字段的 struct:
        iterations: 2
     constrviolation: 1.8190e-12
            message: 'Optimal solution found.'
          algorithm: 'dual-simplex'
      firstorderopt: 1.3878e-17
lambda =
    包含以下字段的 struct:
        lower: [5×1 double]
        upper: [5×1 double]
        eqlin: [3×1 double]
      ineqlin: []
```

（3）模型分析。

由上述输出可知，选择方案 2 下脚料圆钢，根数为 15000；选择方案 3 下脚料圆钢，根数为 10000，所有方案所需要的下脚料圆钢的根数为 $x_1+x_2+x_3+x_4+x_5=25000$。由计算结果可知，至少需要 25000 根下脚料圆钢才能制造这些轴。

实例——生产计划问题

源文件：yuanwenjian\ch07\ep706.m

某厂生产甲、乙两种产品，这两种产品一季度预测的需要量见表 7-8。

表 7-8　一季度预测的需要量

产品	1 月	2 月	3 月
甲	1500	3000	4000
乙	1000	500	4000

财务部门对产品的生产费用和库存费用的估算见表 7-9。

表 7-9　生产费用和库存费用的估算　　　　　　　　　　单位：元

费　用	甲	乙
生产费用	0.3	0.15
库存费用	0.2	0.10

为了简化计算，假设上年年底和 3 月底产品无库存，同时估计生产费用每月要增长 10%。产品加工由一、二车间来完成，每个产品的加工时间见表 7-10。

表 7-10　每个产品的加工时间　　　　　　　　　　单位：h

车　间	产品甲	产品乙	可利用时间
一车间	0.1	0.05	400
二车间	0.09	0.075	600

可利用时间每月将下降 5%，工厂的总库存量为 3500m³，每个产品需要的库存空间为 1.5m³。现要求拟定一个使总成本最小的生产计划。

操作步骤

（1）建立数学模型。

设 x_{ij} 为在 j 月内生产产品 i 的数量，y_{ij} 为在 j 月末产品 i 的库存数量。

产品的生产费用和库存费用为目标函数，其线性规划模型为

$$\min f(x) = 0.3x_{11} + 0.15x_{21} + 0.3 \times (1+0.1)x_{12} + 0.15 \times (1+0.1)x_{22} + 0.3 \times (1+0.1)^2 x_{13} +$$
$$0.15 \times (1+0.1)^2 x_{23} + 0.2y_{11} + 0.1y_{21} + 0.2y_{12} + 0.1y_{22}$$

根据需要量、产品加工时间得出约束条件。

$$x_{11} - y_{11} = 1500$$
$$x_{21} - y_{21} = 1000$$
$$y_{11} + x_{12} - y_{12} = 3000$$
$$y_{21} + x_{22} - y_{22} = 500$$
$$y_{12} + x_{31} = 4000$$
$$y_{22} + x_{23} = 4000$$
$$0.1x_{11} + 0.05x_{21} \leqslant 400$$
$$0.1x_{12} + 0.05x_{22} \leqslant 400 \times (1-0.05)$$
$$0.1x_{13} + 0.05x_{23} \leqslant 400 \times (1-0.05)^2$$
$$0.09x_{11} + 0.075x_{21} \leqslant 600$$
$$0.09x_{12} + 0.075x_{22} \leqslant 600 \times (1-0.05)$$
$$0.09x_{13} + 0.075x_{23} \leqslant 600 \times (1-0.05)^2$$
$$1.5(y_{11} + y_{21}) \leqslant 3500$$
$$1.5(y_{12} + y_{22}) \leqslant 3500$$
$$x_{ij} \geqslant 0, \ i=1,2; j=1,2,3$$
$$y_{ij} \geqslant 0, \ i=1,2; j=1,2,3$$

（2）求解模型。

下面使用 MATLAB 对问题进行求解。首先输入目标函数的系数、约束矩阵、右端项和下界。

```
>> f=[0.3;0.15;0.3*(1+0.1);0.15*(1+0.1);0.3*(1+0.1)^2;0.15*(1+0.1)^2;0.2;0.1;0.2;0.1];
>> A=[0.1 0.01 0 0 0 0 0 0 0 0
      0 0 0.1 0.05 0 0 0 0 0 0
      0 0 0 0 0.1 0.05 0 0 0 0
      0.09 0.075 0 0 0 0 0 0 0 0
      0 0 0.09 0.075 0 0 0 0 0 0
      0 0 0 0 0.09 0.075 0 0 0 0
      0 0 0 0 0 0 1.5 1.5 0 0
      0 0 0 0 0 0 0 0 1.5 1.5];
>> Aeq=[1 0 0 0 0 0 -1 0 0 0
        0 1 0 0 0 0 0 -1 0 0
        0 0 1 0 0 0 0 1 0 -1
        0 0 0 1 0 0 0 1 0 -1
        0 0 0 0 1 0 0 0 1 0
        0 0 0 0 0 1 0 0 0 1];
>> b=[400;400*(1-0.05);400*(1-0.05)^2;600;600*(1-0.05);600*(1-0.05)^2;3500;3500];
>> beq=[1500;1000;3000;500;4000;4000];
>> lb=zeros(10,1);
```

调用 linprog() 函数求解上述问题。

```
>> [x,fval,exitflag,output,lambda]=linprog(f,A,b,Aeq,beq,lb)
No feasible solution found.
Linprog stopped because no point satisfies the constraints.
x =
    []
fval =
    []
exitflag =
    -2
output =
  包含以下字段的 struct:
        iterations: 6
           message: 'No feasible solution found.↵Linprog stopped because no point
satisfies the constraints.'
         algorithm: 'dual-simplex'
    constrviolation: []
     firstorderopt: []
lambda =
    []
```

（3）模型分析。

由计算结果可知，本模型没有可行解。

在使用数学模型描述所要研究的系统时，由于真实系统往往非常复杂，因此很难做到完全等价地用数学模型加以描述。而我们又希望模型描述系统有一定的精度，所以在构造模型时，既要对实际情况进行相应的抽象和简化，又要对影响系统的主要因素和问题在数学上给予尽量确切和详细的描述。

实例——洗衣液生产计划问题

扫一扫，看视频

源文件： yuanwenjian\ch07\ep707.m

某厂生产 A 和 B 两种型号的洗衣液，每千克洗衣液的平均生产时间和利润分别为：A 种，3h 100 元；B 种，2h 80 元。该厂每周生产时间为 120h，但可加班 48h，加班时生产的每千克洗衣液的利润分别为 90 元（A 种）、70 元（B 种）。某公司每周需要 A、B 两种洗衣液 20kg 和 30kg 以上，问应如何安排每周的生产计划，在尽量满足该公司需求的条件下使利润最大。

操作步骤

（1）建立数学模型。

设工厂每周生产产品 A、B 的常规生产时长为 x_1、x_2，加班生产时长为 x_3、x_4。

为了使利润最大，加班时间最少，设每周的利润函数为 $z(x)$，其目标函数为

$$\max z(x) = \frac{x_1}{3} \times 100 + \frac{x_2}{2} \times 80 + \frac{x_3}{3} \times 90 + \frac{x_4}{2} \times 70$$

根据每周生产时间得出约束条件：

$$\begin{cases} x_1 + x_2 = 120 \\ x_3 + x_4 \leqslant 48 \\ \dfrac{x_1}{3} \geqslant 20 \\ \dfrac{x_2}{2} \geqslant 30 \\ x_1, x_2, x_3, x_4 \geqslant 0 \end{cases}$$

转化为 MATLAB 中的标准形式：

$$\min \quad -\frac{x_1}{3} \times 100 - \frac{x_2}{2} \times 80 - \frac{x_3}{3} \times 90 - \frac{x_4}{2} \times 70$$

$$\text{s.t.} \begin{cases} x_3 + x_4 \leqslant 48 \\ -\dfrac{x_1}{3} \leqslant -20 \\ -\dfrac{x_2}{2} \leqslant -30 \\ x_1 + x_2 = 120 \\ x_1, x_2, x_3, x_4 \geqslant 0 \end{cases}$$

（2）求解模型。

首先，给出约束条件，输入目标函数的系数和约束矩阵。

```
>> f=[-100/3;-80/2;-90/3;-70/2];          %输入目标函数的系数
>> A=[0,0,1,1;-1/3,0,0,0;0,-1/2,0,0];     %定义不等式系数
>> b =[48;-20;-30];
>> Aeq=[1,1,0,0];                          %定义等式系数
>> beq=[120];
>> lb = zeros(4,1);                        %定义上下界
>> ub = [];
```

然后，根据设置的初始数据，调用 linprog() 函数求解线性规划问题。

```
>> [x,fval,exitflag,output,lambda]=linprog(f,A,b,Aeq,beq,lb,ub)
```

运行结果如下。

```
Optimal solution found.
x =
   60.0000
   60.0000
        0
   48.0000
fval =
      -6080
exitflag =
     1
output =
  包含以下字段的 struct:
        iterations: 2
    constrviolation: 0
            message: 'Optimal solution found.'
          algorithm: 'dual-simplex'
      firstorderopt: 5.3291e-15
lambda =
  包含以下字段的 struct:
      lower: [4×1 double]
      upper: [4×1 double]
      eqlin: 40
    ineqlin: [3×1 double]
```

（3）模型分析。

由上述输出结果可知，生产产品 A、B 的常规生产时长均为 60h，产品 B 加班生产时长为 48h，产品 A 不加班生产，最大利润为 6080 元。

实例——投资问题

扫一扫，看视频

源文件：yuanwenjian\ch07\ep708.m

某集团有一批资金用于集团内 4 个工程项目的投资，各工程项目所得净收益见表 7-11。

表 7-11　各工程项目所得净收益

项目	甲	乙	丙	丁
收益/%	27	19	22	18

由于集团领导的偏好和项目本身的特点，决定用于项目甲的投资不大于其他各项投资之和；用于项目乙和项目丙的投资之和要大于项目丁的投资。要求确定使该集团受益最大的投资方案。

操作步骤

（1）建立数学模型。

设项目甲、乙、丙、丁所占总投资的百分比分别为 x_1、x_2、x_3、x_4。

为了充分利用资金，有

$$x_1 + x_2 + x_3 + x_4 = 1$$

因此，其线性规划模型为

$$\max \quad 0.27x_1 + 0.19x_2 + 0.22x_3 + 0.18x_4$$

约束条件为

$$\begin{cases} x_1 - x_2 - x_3 - x_4 \leqslant 0 \\ x_2 + x_3 - x_4 \geqslant 0 \\ x_1 + x_2 + x_3 + x_4 = 1 \\ x_i \geqslant 0, \ i = 1,2,3,4 \end{cases}$$

转化为 MATLAB 中的标准形式：

$$\min \quad -0.27x_1 - 0.19x_2 - 0.22x_3 - 0.18x_4$$

$$\text{s.t.} \begin{cases} x_1 - x_2 - x_3 - x_4 \leqslant 0 \\ -x_2 - x_3 + x_4 \leqslant 0 \\ x_1 + x_2 + x_3 + x_4 = 1 \\ x_i \geqslant 0, \ i = 1,2,3,4 \end{cases}$$

（2）求解模型。

首先，输入目标函数的系数、约束矩阵、右端项和下界。

```
>> f=[-0.27;-0.19;-0.22;-0.18]
f =
  -0.2700
  -0.1900
  -0.2200
  -0.1800
>> A=[1 -1 -1 -1;0 -1 -1 1]
```

```
A =
    1   -1   -1   -1
    0   -1   -1    1
>> b=[0;0]
b =
    0
    0
>> Aeq=[1 1 1 1]
Aeq =
    1    1    1    1
>> beq=[1]
beq =
    1
>> lb=zeros(4,1)
lb =
    0
    0
    0
    0
```

然后，根据设置的初始数据，调用 linprog() 函数求解线性规划问题。

```
>> [x,fval,exitflag,output,lambda]=linprog(f,A,b,Aeq,beq,lb)
Optimization terminated.
x =
    0.5000
         0
    0.5000
         0
fval =
   -0.2450
exitflag =
    1
output =
  包含以下字段的 struct:
         iterations: 2
      constrviolation: 0
            message: 'Optimal solution found.'
          algorithm: 'dual-simplex'
       firstorderopt: 2.7756e-17
lambda =
  包含以下字段的 struct:
        lower: [4×1 double]
        upper: [4×1 double]
        eqlin: 0.2450
       ineqlin: [2×1 double]
```

（3）模型分析。

由上述输出结果可知，项目甲和项目丙分别投资 50% 将获得最大收益，最大收益为 24.5%。

第 8 章　整数规划模型

内容指南

线性规划模型的决策变量在非负条件下，大多数情况的最优解表现为分数或小数，但是对于某些具体问题，常有要求解答必须是非负整数，如所求的解是机器的台数、生产散装料的袋数、完成工作的人数、选点建厂的个数、装货的车数、下料的毛坯个数等，都只能是非负整数，含有分数或小数的解就不合要求。为了满足整数解的要求，初看起来，似乎只要把已得到的带有分数或小数的解经过"舍入化整"就可以了，但这常常是不行的。因为，化整后得到的解不一定是可行解；或者虽然是可行解，但不一定是最优解。这就引出了一个专门解决此类问题的模型——整数规划模型。

内容要点

- ➥ 整数规划的分类
- ➥ 整数规划的解法
- ➥ 混合整数规划
- ➥ 纯整数规划
- ➥ 0-1 整数规划

8.1　整数规划的分类

对于在线性规划最优解的基础上将其进一步处理为求非负整数解的问题，产生了规划论的一个新的分支——整数规划。

📢 注意：

> 不加特别说明的情况下，一般所说的整数规划实际上是整数线性规划，简称为整数规划，整数非线性规划用法很少。

整数规划是指将规划中的全部或部分变量限制为整数，整数规划与线性规划的不同之处是只增加了整数约束。因此，整数规划问题相较于对应的线性规划问题缩小了搜索范围。

整数规划最优解与其对应的线性规划最优解之间的关系如下。

- ➥ 如果线性规划无可行解，那么整数规划同样无可行解。
- ➥ 如果线性规划最优解变量取值满足整数规划要求，整数规划的最优解同线性规划。
- ➥ 如果线性规划最优解变量取值不满足整数规划要求，整数规划可能无可行解，也可能有可行解，但最优解变差。

根据整数规划变量取值范围的进一步限定，可以将整数规划划分为以下几类。

- ➡ 纯整数规划：所有决策变量均要求为整数的整数规划。
- ➡ 混合整数规划：部分决策变量要求为整数的整数规划。
- ➡ 纯 0-1 整数规划：所有决策变量均要求为 0-1 整数规划。
- ➡ 混合 0-1 整数规划：部分决策变量要求为 0-1 整数规划。

如果部分决策变量只能取整数，则这种变量称为混合变量，其他 3 种整数规划可以看作混合整数规划的特例。混合整数规划（Mixed Integer Programming，MIP）不仅广泛应用于科学技术问题，而且在经济管理问题中也有十分重要的应用。

8.2　整数规划的解法

当变量个数较少时，可使用穷举法求解混合型整数规划。可先列出变量取值的所有可能的组合，再逐一检验它们是否满足全部约束条件，即是否为可行解；最后通过计算各可行解的目标函数值，比较出最优解。

不同类型的整数规划问题所适用的算法不同，常用求解算法包括分支定界法、割平面法、隐枚举法、匈牙利法、蒙特卡洛法。

穷举法是最简单的求解方法，但当变量个数较多时，使用穷举法就不现实了，这种情况下适合使用分支定界法求解。该方法目前已成功地应用于求解生产进度问题、旅行推销员问题、工厂选址问题、背包问题及分配问题等。

8.2.1　分支定界法

分支定界法适用于求解纯整数规划与混合整数规划，混合整数规划更加简单，只需要针对非限定为整数的变量不分支即可。

首先，需要了解一下分支定界法中 3 个基本操作的含义。

（1）分支：将全部可行解空间分割为越来越小的子集。

（2）定界：对于分支后的每个子集计算目标函数值的上界与下界。

（3）剪支：根据上下界忽略超出界限的部分可行解。

用分支定界法求解整数规划（最大化）问题的步骤如下。

（1）将要求解的整数规划问题称为 A，将与它相应的线性规划问题称为问题 B。

（2）求解问题 B 可能得到以下情况之一：

- ➡ B 没有可行解，这时 A 也没有可行解，则停止。
- ➡ B 有可行解，并符合问题 A 的整数条件，B 的最优解即为 A 的最优解，则停止。
- ➡ B 有可行解，但不符合问题 A 的整数条件，记它的目标函数值为 $\bar{z}$。

（3）用观察法找问题 A 的一个整数可行解。

一般可取 $x_j = 0, j = 1, 2, \cdots, n$，求得其目标函数值，并记作 $\underline{z}$。以 z^* 表示问题 A 的最优目标函数值，这时有 $\underline{z} \leqslant z^* \leqslant \bar{z}$ 进行迭代。

➢ 分支：在问题 B 的最优解中任选一个不符合整数条件的变量 x_j，其值为 b_j，以 $\lfloor b_j \rfloor$ 表示小于 b_j 的最大整数。构造两个约束条件：

$$x_j \leqslant \lfloor b_j \rfloor \text{ 和 } x_j \geqslant \lfloor b_j \rfloor + 1$$

将这两个约束条件分别加入问题 B，求两个后继规划问题 B_1 和 B_2。不考虑整数条件求解这两个后继问题。

➢ 定界：以每个后继问题为一分支标明求解的结果，在与其他问题的解的结果中找出最优目标函数值最大者作为新的上界 $\bar{z}$。从已符合整数条件的各分支中找出目标函数值最大者作为新的下界 $\underline{z}$，若无作用，则 $\underline{z}$ 不变。

➢ 比较与剪支：各分支的最优目标函数中若有小于 $\underline{z}$ 者，则剪掉，即以后不再考虑；若大于 $\underline{z}$，且不符合整数条件，则重复分支步骤。一直到最后得到 $z^* = \underline{z}$ 为止，得最优整数解 x_j^*，$j=1,2,\cdots,n$。

8.2.2 整数规划标准型

整数规划问题的数学模型可以表示为

$$\min f^{\mathrm{T}} x$$

$$\text{s.t.} \begin{cases} x(\textbf{intcon}) \text{是整数} \\ \textbf{intcon} \leqslant i \quad (i \text{是决策变量的总数}) \\ Ax \leqslant b \\ A_{\mathrm{eq}} x = b_{\mathrm{eq}} \\ l_{\mathrm{b}} \leqslant x \leqslant u_{\mathrm{b}} \end{cases}$$

其中，x、$\textbf{intcon}$（表示取整数值的变量的向量，是必需的）、b、b_{eq}、l_{b} 和 u_{b} 为向量；A 和 A_{eq} 为矩阵；$f(x)$ 为函数，返回向量值，并且这些函数均是线性函数。

8.2.3 单纯形算法求解

在 MATLAB 中，intlinprog()函数一般通过单纯形法解决整数规划问题，根据具体模型形式的不同或要求的不同调用函数的不同形式。

1．x = intlinprog(f,intcon,A,b)

该调用格式的功能如下。

求解问题

$$\min f^{\mathrm{T}} x$$

$$\text{s.t.} \begin{cases} x(\textbf{intcon}) \text{是整数} \\ Ax \leqslant b \end{cases}$$

其中，x 为混合整数变量，$\textbf{intcon}$ 为整数约束向量，A 和 b 是线性不等式 $Ax \leqslant b$ 的系数。

2．x = intlinprog(f,intcon,A,b,Aeq,beq)

该调用格式的功能如下。

求解带线性不等式 $Ax \leqslant b$ 和等式约束 $A_{\mathrm{eq}} x = b_{\mathrm{eq}}$ 的混合整数规划问题。

3．x = intlinprog(f,intcon,A,b,Aeq,beq,lb,ub)

该调用格式的功能如下。

求解上述问题，同时给变量 x 设置下界 lb 和上界 ub。

4．x = intlinprog(f,intcon,A,b,Aeq,beq,lb,ub,x0)

该调用格式的功能如下。

给定初始点 x0，求解上述问题。其中，x0 必须为混合整数变量，并且可行；否则，将被忽略。

5．x = intlinprog(f,intcon,A,b,Aeq,beq,lb,ub,x0,options)

该调用格式的功能如下。

求解上述问题，同时将默认优化参数改为 options 指定的值。一般使用 optimoptions()函数设置 intlinprog 的 options 选项。

options 的可用值包括 AbsoluteGapTolerance、BranchRule、ConstraintTolerance、CutGeneration、CutMaxIterations、HeuristicsMaxNodes、IntegerPreprocess、IntegerTolerance、LPMaxIterations、LPOptimalityTolerance、LPPreprocess、MaxNodes、MaxFeasiblePoints、MaxTime、NodeSelection、objectivecutoff、objective、ImprovementThreshold、OutputFcnPlotFcn、RelativeGapTolerance、RootLPAlgorithm、RootLPMaxIterations。

其中，RootLPAlgorithm 用于设置求解线性规划的算法，包括'dual-simplex'（对偶单纯形算法，默认）、'primal-simplex'（原始单纯形算法）。

6．x = intlinprog (problem)

该调用格式的功能如下。

使用结构体 problem 定义参数，包含以下参数。

- f：目标 $f'x$ 的向量（必需）。
- intcon：取整数值的变量的向量。
- Aineq：线性不等式约束 $A_{ineq}x \leq b_{eq}$ 中的矩阵。
- bineq：线性不等式约束 $A_{ineq}x \leq b_{eq}$ 中的向量。
- Aeq：线性等式约束 $A_{eq}x = b_{eq}$ 中的矩阵。
- beq：线性等式约束 $A_{eq}x = b_{eq}$ 中的向量。
- 1b：由下界组成的向量。
- ub：由上界组成的向量。
- xe：初始可行点。
- solver：求解 intlinprog()函数。
- options：使用 optimoptions()函数创建的选项。

7．[x,fval,exitflag] = intlinprog(...)

该调用格式的功能如下。

同时返回在 x 处的目标函数值 fval、结构变量 exitflag 描述函数的退出条件，exitflag 值和相应含义见表 8-1。

表 8-1　exitflag 值和相应含义

值	含　义
3	线性约束矩阵具有较大条件数，解大于绝对容差
2	找到整数可行点时提前停止
1	intlinprog()函数收敛到解 x
0	找不到整数可行点
−1	由输出函数或绘图函数停止
−2	问题不可行
−3	LP 问题的根无界
−9	求解器失去可行性

8．[x,fval,exitflag,output] = intlinprog(...)

该调用格式的功能如下。

返回结构体变量 output，结构体中各变量及含义见表 8-2。

表 8-2　结构体中各变量及含义

变　量　名	含　义
output.relativegap	目标函数上界和下界之间的相对百分比差
output.absolutegap	目标函数上界和下界之间的差
output. numfeaspoints	整数可行点的数量
output. numnodes	分支定界法中的节点数
output. constrviolation	约束违反度
output. message	退出消息

8.3　混合整数规划

混合整数规划是指部分变量的取值范围限制为整数，混合整数规划问题的数学模型可以表示为

$$\min f^{\mathrm{T}}x$$

$$\text{s.t.} \begin{cases} x(\textbf{intcon})是整数 \\ \textbf{intcon}<i(i是决策变量的总数) \\ Ax \leqslant b \\ A_{\mathrm{eq}}x = b_{\mathrm{eq}} \\ l_{\mathrm{b}} \leqslant x \leqslant u_{\mathrm{b}} \end{cases}$$

其中，x、**intcon**（表示取整数值的变量的向量，是必需的）、b、b_{eq}、l_{b} 和 u_{b} 为向量；A 和 A_{eq} 为矩阵；$f(x)$ 为函数，返回向量值，并且这些函数均是线性函数。

MATLAB 通过 intlinprog()函数使用分支定界法求解混合整数规划问题。

实例——货运问题

源文件：yuanwenjian\ch08\ep801.m

设有一节货车车厢，可以运载 7 类货物，每件货物的重量与价值数据见表 8-3。

表 8-3　货物的重量与价值数据

货　物	每件重量/t	价值/千元	件　数
1	3	12	4
2	4	12	3
3	3	9	3
4	3	15	5
5	15	30	6
6	13	26	2
7	16	22	7

该车厢的最大载重量为 56t，而货物 1、2、3 不能拆开装卸，货物 4、5、6、7 可以拆开装卸，问如何装货可以使总的价值最大？

操作步骤

（1）建立数学模型。

设 x_1、x_2、x_3、x_4、x_5、x_6、x_7 分别为 7 类货物的装载件数（当然都是非负数，货物 1、2、3 的件数为整数，货物 4、5、6、7 的件数可以为小数）。这是一个混合整数规划问题。

可以建立如下模型。

根据价值最大，得出目标函数为

$$\max\ 12x_1+12x_2+9x_3+15x_4+30x_5+26x_6+22x_7$$

根据货物重量的限制，定义约束条件不等式为

$$3x_1+4x_2+3x_3+3x_4+15x_5+13x_6+16x_7 \leqslant 56$$

根据货物件数的限制，定义变量上下界为

$$\begin{cases} 0 \leqslant x_1 \leqslant 4 \\ 0 \leqslant x_2 \leqslant 3 \\ 0 \leqslant x_3 \leqslant 3 \\ 0 \leqslant x_4 \leqslant 5 \\ 0 \leqslant x_5 \leqslant 6 \\ 0 \leqslant x_6 \leqslant 2 \\ 0 \leqslant x_7 \leqslant 7 \end{cases}$$

根据货物的装载件数，货物 1、2、3 的件数为整数，货物 4、5、6、7 的件数可以是小数，得出约束条件：x_1, x_2, x_3 是整数。

转化为标准型：

$$\min \quad -12x_1 - 12x_2 - 9x_3 - 15x_4 - 30x_5 - 26x_6 - 22x_7$$

$$\text{s.t.}\begin{cases} 3x_1 + 4x_2 + 3x_3 + 3x_4 + 15x_5 + 13x_6 + 16x_7 \leqslant 56 \\ 0 \leqslant x_1 \leqslant 4 \\ 0 \leqslant x_2 \leqslant 3 \\ 0 \leqslant x_3 \leqslant 3 \\ 0 \leqslant x_4 \leqslant 5 \\ 0 \leqslant x_5 \leqslant 6 \\ 0 \leqslant x_6 \leqslant 2 \\ 0 \leqslant x_7 \leqslant 7 \\ x_1, x_2, x_3 \text{是整数} \end{cases}$$

（2）混合整数规划求解模型。在命令行窗口中输入初始参数。

```
>> f=[-12;-12;-9;-15;-30;-26;-22];        %定义目标函数系数
>> A=[3,4,3,3,15,13,16];                  %定义线性不等式系数
>> b=[56];
>> intcon = [1 2,3];                      %定义整数变量
>> lb = zeros(7,1);                       %定义上下界
>> ub = [4;3;3;5;6;2;7];
```

调用 intlinprog() 函数求解上述问题。

```
>> [x,fval,exitflag,output]=intlinprog(f,intcon,A,b,[],[],lb,ub)%定义等式系数 Aeq,beq 为[]
```

运行结果如下。

```
LP:              Optimal objective value is -202.000000.
Optimal solution found.
Intlinprog stopped at the root node because the
objective value is within a gap tolerance of the
optimal value, options.AbsoluteGapTolerance = 0 (the
default value). The intcon variables are
integer within tolerance,
options.IntegerTolerance = 1e-05 (the default value).
x =
    4.0000
    3.0000
    3.0000
    5.0000
         0
    0.6154
         0
fval =
  -202
exitflag =
    1
output =
  包含以下字段的 struct:
        relativegap:  0
        absolutegap:  0
     numfeaspoints:  2
          numnodes:  0
    constrviolation:  8.8818e-16
          message: 'Optimal solution found.↵Intlinprog stopped at the root node because
```

the objective value is within a gap tolerance of the optimal value, options.AbsoluteGapTolerance = 0 (the default value). The intcon variables are integer within tolerance, options.IntegerTolerance = 1e-05 (the default value).'

上面的运行结果中，exitflag＝1，表示目标函数得到收敛解 x。

（3）模型分析。

由上面的运行结果可知，最佳装货方案如下：货物 1 装卸 4 件，货物 2 装卸 3 件，货物 3 装卸 3 件，货物 4 装卸 5 件，货物 6 可以拆开装卸，装卸 0.6154 件，货物 6 每件重量为 13t，共装卸货物 8t。此时，可使运载的货物价值最大，为 20.2 万元。

扫一扫，看视频

实例——生产计划问题

源文件：yuanwenjian\ch08\ep802.m

某食品厂需要紧急加工一批食品 A、B，需要甲、乙、丙 3 种原料，加工 1kg 食品需要的原料量见表 8-4。

表 8-4　加工 1kg 食品需要的原料量

食品	甲	乙	丙
A	2.5	4	1
B	1	3	2

现提供原料甲 300kg、原料乙 600kg、原料丙 320kg。其中，食品 A 成本为 2 元/kg、食品 B 成本为 1 元/kg。若原料甲刚用完，原料乙不够，使用库存原料，原料丙有剩余，试确定两种食品的计划产量，使成本最低。

操作步骤

（1）建立数学模型。

设计划加工食品 A、B 需要的原料量为 x_1 和 x_2，单位为 kg，若生产的食品 A、B 为散装，则决策变量为非负实数，即 $x_1, x_2 \geq 0$。这是一个线性规划问题，可以建立如下模型。

根据成本最低，得出目标函数为

$$\min\ 2x_1 + x_2$$

根据表 8-4 中需要的原料量，定义约束条件为

$$\begin{cases} 2.5x_1 + x_2 = 300 \\ 4x_1 + 3x_2 \geq 600 \\ x_1 + 2x_2 \leq 320 \\ x_1, x_2 \geq 0 \end{cases}$$

转化为标准型：

$$\min\ 2x_1 + x_2$$

$$\text{s.t.} \begin{cases} 2.5x_1 + x_2 = 300 \\ -4x_1 - 3x_2 \leq -600 \\ x_1 + 2x_2 \leq 320 \\ x_1, x_2 \geq 0 \end{cases}$$

（2）线性规划求解模型。

输入初始数据。

```
>> f=[2,1];                %定义目标函数系数
>> A=[-4,-3;1,2];          %定义线性不等式系数
>> b=[-600;320];
>> Aeq=[2.5,1];            %定义线性等式系数
>> beq=[300];
>> lb=[0;0];               %定义上下界
>> ub=[];
```

根据设置的初始数据，调用 linprog()函数求解线性规划问题。

```
>> [x,fval,exitflag,output]= linprog(f,A,b,Aeq,beq,lb,ub)
```

运行结果如下。

```
Optimal solution found.
x =
   85.7143
   85.7143
fval =
  257.1429
exitflag =
    1
output =
  包含以下字段的 struct:
        iterations: 2
     constrviolation: 0
            message: 'Optimal solution found.'
          algorithm: 'dual-simplex'
       firstorderopt: 1.1102e-16
```

上面的运行结果中，exitflag=1，表示目标函数得到收敛解 *x*。

（3）模型分析。

由上面的运行结果可知,最佳生产方案为食品 A 的产量为 85.7143kg,食品 B 的产量为 85.7143kg,此时，成本最低，为 257.1429 元。

（4）问题假设。

假设将食品 B 按 kg 批发出售，则食品 B 的生产量必须为整数，得出约束条件为 x_2 是整数。由此可知，这是一个混合整数规划问题。

将上述模型转化为标准型：

$$\min\ 2x_1+x_2$$

$$\text{s.t.}\begin{cases} 2.5x_1+x_2=300 \\ -4x_1-3x_2\leqslant-600 \\ x_1+2x_2\leqslant320 \\ x_1,x_2\geqslant0 \\ x_2\text{是整数} \end{cases}$$

（5）混合整数规划求解模型。

输入初始数据。

```
>> f=[2,1];                %定义目标函数系数
>> A=[-4,-3;1,2];          %定义线性不等式系数
>> b=[-600;320];
```

```
>> Aeq=[2.5,1];        %定义线性等式系数
>> beq=[300];
>> lb=[0;0];           %定义上下界
>> ub=[];
>> intcon=2;
```

根据设置的初始数据，调用 intlinprog() 函数求解线性规划问题。

```
>> [x,fval,exitflag,output]=intlinprog(f,intcon,A,b,Aeq,beq,lb,ub)
```

运行结果如下。

```
LP:            Optimal objective value is 257.200000.
Optimal solution found.
Intlinprog stopped at the root node because the
objective value is within a gap tolerance of the
optimal value, options.AbsoluteGapTolerance = 0 (the
default value). The intcon variables are
integer within tolerance,
options.IntegerTolerance = 1e-05 (the default value).
x =
  85.6000
  86.0000
fval =
  257.2000
exitflag =
    1
output =
  包含以下字段的 struct:
        relativegap: 0
        absolutegap: 0
     numfeaspoints: 1
          numnodes: 0
    constrviolation: 0
            message: 'Optimal solution found.↵Intlinprog stopped at the root node
because the objective value is within a gap tolerance of the optimal value, options.
AbsoluteGapTolerance = 0 (the default value). The intcon variables are integer within
tolerance, options.IntegerTolerance = 1e-05 (the default value).'
```

（6）模型分析。

由上面的运行结果可知，最佳生产方案为食品 A 的产量为 85.6kg，食品 B 的产量 86kg，此时，成本最低，为 257.2 元。

8.4　纯整数规划

纯整数规划是将全部变量的取值范围限制为整数。纯整数规划问题的数学模型可以表示为

$$\min f^{\mathrm{T}} x$$

$$\text{s.t.} \begin{cases} x(\textbf{intcon})\text{是整数} \\ Ax \leqslant b \\ A_{\text{eq}} x = b_{\text{eq}} \\ l_{\text{b}} \leqslant x \leqslant u_{\text{b}} \end{cases}$$

其中，x、**intcon**（表示取整数值的变量的向量，**intcon** 最大值为变量的总数）、b、b_{eq}、l_b 和 u_b 为向量；A 和 A_{eq} 为矩阵；$f(x)$ 为函数，返回向量值，并且这些函数均是线性函数。

MATLAB 通过 intlinprog() 函数使用分支定界法求解混合整数规划。纯整数规划是混合整数规划的特例。

实例——设备生产计划问题

源文件： yuanwenjian\ch08\ep803.m

某机械厂制造 A、B、C 3 种机床。每种机床使用不同数量的两类电气部件：部件 1 和部件 2。设机床 A、机床 B、机床 C 各用部件 1 的个数为 4、6、2，各用部件 2 的个数为 4、3、5；在任何一个月内共有 22 个部件 1 和 25 个部件 2 可用；生产 A、B、C 3 种机床，每台的利润分别为 5 万元、6 万元、4 万元。问每月各生产几台 A、B、C 3 种机床才能使工厂取得最大利润？

操作步骤

（1）建立数学模型。

这是一个纯整数规划问题。设每月生产 A、B、C 3 种机床 x_1、x_2、x_3 台，可以建立如下模型。

部件 1 使用个数为 $f_1(x)$，有 $f_1(x) = 4x_1 + 6x_2 + 2x_3$。

部件 2 使用个数为 $f_2(x)$，有 $f_2(x) = 4x_1 + 3x_2 + 5x_3$。

根据工厂取得最大利润的条件，得出目标函数为

$$\max\ 5x_1 + 6x_2 + 4x_3$$

约束条件为

$$\begin{cases} 4x_1 + 6x_2 + 2x_3 \leqslant 22 \\ 4x_1 + 3x_2 + 5x_3 \leqslant 25 \\ x_1, x_2 \geqslant 0 \text{且均为整数} \end{cases}$$

转化为标准型：

$$\min\ -5x_1 - 6x_2 - 4x_3$$

$$\text{s.t.} \begin{cases} 4x_1 + 6x_2 + 2x_3 \leqslant 22 \\ 4x_1 + 3x_2 + 5x_3 \leqslant 25 \\ x_1, x_2 \geqslant 0 \text{且均为整数} \end{cases}$$

（2）求解模型。

输入初始数据。

```
>> f=[-5,-6,-4];          %定义目标函数系数
>> A=[4,6,2;4,3,5];       %定义线性不等式系数
>> b=[22;25];
>> lb=[0;0;0];            %定义上下界
>> ub=[];
>> intcon =[1,2,3];
```

根据设置的初始数据，调用 linprog() 函数求解线性规划问题。

```
>> [x,fval,exitflag,output]=linprog(f,A,b,[],[],lb,ub)
```

运行结果如下。

```
Optimal solution found.
x =
```

```
         5.0000
              0
         1.0000
fval =
      -29.0000
exitflag =
            1
output =
    包含以下字段的 struct:
            iterations: 2
         constrviolation: 0
               message: 'Optimal solution found.'
             algorithm: 'dual-simplex'
          firstorderopt: 6.9137e-16
```

由上面的运行结果可知，最佳生产方案为：每月生产 5 台机床 A、0 台机床 B、1 台机床 C，工厂取得最大利润，为 29 万元。

根据设置的初始数据，调用 intlinprog() 函数求解整数规划问题。

```
>> [x,fval,exitflag,output]=intlinprog(f,intcon,A,b,[],[],lb,ub)
```

运行结果如下。

```
LP:              Optimal objective value is -29.000000.
Heuristics:       Found 1 solution using ZI round.
                 Upper bound is -24.000000.
                 Relative gap is 20.00%.
Cut Generation:   Applied 1 Gomory cut.
                 Lower bound is -29.000000.
                 Relative gap is 0.00%.
Optimal solution found.
Intlinprog stopped at the root node because the
objective value is within a gap tolerance of the optimal
value, options.AbsoluteGapTolerance = 0 (the default
value). The intcon variables are
integer within tolerance,
options.IntegerTolerance = 1e-05 (the default value).
x =
    1.0000
    2.0000
    3.0000
fval =
      -29.0000
exitflag =
            1
output =
    包含以下字段的 struct:
          relativegap: 0
          absolutegap: 0
          numfeaspoints: 3
             numnodes: 0
       constrviolation: 7.1054e-15
               message: 'Optimal solution found.↵Intlinprog stopped at the root node
```

（3）模型分析。

由上面的运行结果可知，最佳生产方案有两种，可以使工厂取得最大利润，为29万元。

1）每月生产5台A机床、0台B机床、1台C机床。

2）每月生产1台A机床、2台B机床、3台C机床。

实例——运输问题

源文件：yuanwenjian\ch08\ep804.m

扫一扫，看视频

某厂拟用集装箱托运甲、乙两种货物，每箱的体积、重量、可获利润及托运限制数据见表8-5。问两种货物各托运多少箱，可使获得利润最大？

表8-5　货物体积、重量、可获利润及托运限制数据

货　物	体积/（m³/箱）	重量/（百公斤/箱）	利润/（百元/箱）
甲	5	2	20
乙	4	5	10
托运限制	24	13	

操作步骤

（1）建立数学模型。

设x_1、x_2分别为甲、乙两种货物的托运箱数（都是非负整数）。这是一个纯整数规划问题，可以建立如下模型。

根据可获利润得出目标函数：

$$\max\ 20x_1+10x_2$$

根据货物体积、重量及托运限制，定义约束条件不等式：

$$\begin{cases}5x_1+4x_2\leqslant24\\2x_1+5x_2\leqslant13\\x_1,x_2\geqslant0\\x_1,x_2是整数\end{cases}$$

转化为标准型：

$$\min\ -20x_1-10x_2$$
$$\text{s.t.}\begin{cases}5x_1+4x_2\leqslant24\\2x_1+5x_2\leqslant13\\x_1,x_2\geqslant0\\x_1,x_2是整数\end{cases}$$

（2）图解法求解模型。当决策变量个数小于2时，可以使用图解法。

1）绘制约束条件不等式图，得出可行解集对应的可行域。

使用x、y定义甲、乙两种货物的托运箱数x_1、x_2，修改约束条件不等式为

$$\begin{cases} 5x + 4y - 24 \leqslant 0 \\ 2x + 5y - 13 \leqslant 0 \\ x \geqslant 0, y \geqslant 0 \end{cases}$$

根据约束条件不等式定义二元一次隐函数，在坐标系中绘制函数直线。

```
>> f1=@(x,y) 5*x+4*y-24;
>> f2=@(x,y) 2*x+5*y-13;
>> f3=@(x,y) x;
>> f4=@(x,y) y;
%绘制隐函数图形
>> fimplicit(f1,'LineWidth',2)
>> hold on    %保留当前坐标区中的绘图
>> fimplicit(f2,'LineWidth',2)
>> fimplicit(f3,'LineWidth',2)
>> fimplicit(f4,'LineWidth',2)
>> legend('f1=5x+4y-24','f2=2x+5y-13','f3=x','f4=y')    %添加图例
```

运行结果如图 8-1 所示，直线 f1、f2 与坐标轴组成的区域 OABC 为可行域。

2）绘制目标函数图。给出的问题是求最大值，把目标函数等值线平行移动到与可行域最后相交的点，这个点就是问题的最优解。

```
>> f=@(x,y) 20*x+10*y;
>> fp=fcontour(f);    %绘制等值线
%修改目标函数等值线属性，更改颜色和线宽
>> fp.LineColor = 'r';
```

运行结果如图 8-2 所示。

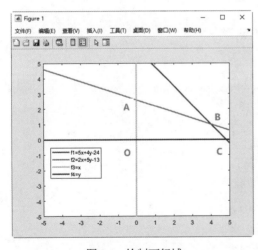

图 8-1　绘制可行域

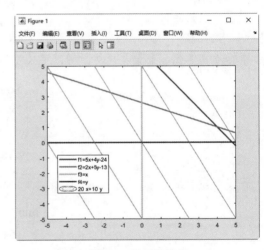

图 8-2　绘制等值线

从图 8-2 中可以看出，可行域的顶点$(4.8,0)$即为线性规划的最优解。

x 是托运甲种货物的箱数，最优解$(4.8,0)$不是整数，所以不合要求。凑整的$(5,0)$点不在可行域内。为了满足题目要求，表示目标函数的 z 的等值线必须向原点平移，直到第一次遇到点($x_1=4$，$x_2=1$)为止。这样，z 的等值线就由 $z=96$ 变为 $z=90$。

由计算结果可知，托运 4 箱货物甲，托运 1 箱货物乙，可使获得利润最大，为 90 万元。

（3）线性规划法求解模型。

输入初始数据。

```
>> f=[-20,-10];          %定义目标函数系数
>> A=[5,4;2,5];          %定义线性不等式系数
>> b=[24;13];
>> lb=[0;0];             %定义上下界
>> ub=[];
```

根据设置的初始数据，调用 linprog() 函数求解线性规划问题。

```
>> [x,fval,exitflag,output,lambda]=linprog(f,A,b,[ ],[ ],lb,ub)
```

运行结果如下。

```
Optimal solution found.
x =
    4.8000
         0
fval =
  -96.0000
exitflag =
     1
output =
  包含以下字段的 struct:
        iterations: 1
    constrviolation: 0
           message: 'Optimal solution found.'
         algorithm: 'dual-simplex'
     firstorderopt: 2.8422e-14
lambda =
  包含以下字段的 struct:
     lower: [2×1 double]
     upper: [2×1 double]
     eqlin: []
   ineqlin: [2×1 double]
```

x 是托运甲种货物的箱数，最优解(4.8,0)不是整数，所以不符合要求。是不是可以把所得的非整数最优解经过"化整"得到符合条件的整数最优解呢？

若将(4.8,0)凑整为(5,0)，这样就破坏了条件（关于体积的限制），因而它不是可行解。

若将(4.8,0)舍去尾数 0.8，变为(4,0)，满足各约束条件，因而是可行解，但不是最优解；当 $x_1=4$，$x_2=0$ 时，$z=80$，但当 $x_1=4$，$x_2=1$（这也是可行解）时，$z=90$。

由计算结果可知，托运 4 箱货物甲，托运 1 箱货物乙，可使获得利润最大，为 90 万元。

（4）整数规划求解模型。

在命令行窗口中输入初始参数。

```
>> f=[-20,-10];          %定义目标函数系数
>> A=[5,4;2,5];          %定义线性不等式系数
>> b=[24;13];
>> intcon = [1 2];       %定义整数变量
>> lb = zeros(2,1);      %定义上下界
>> ub = [];
```

调用 intlinprog()函数求解上述问题。

```
>> [x,fval,exitflag,output]=intlinprog(f,intcon,A,b,[],[],lb,ub)%定义等式系数 Aeq,beq 为[]
```

运行结果如下。

```
LP:                Optimal objective value is -90.000000.
Optimal solution found.
Intlinprog stopped at the root node because the
objective value is within a gap tolerance of the
optimal value, options.AbsoluteGapTolerance = 0 (the
default value). The intcon variables are
integer within tolerance,
options.IntegerTolerance = 1e-05 (the default value).
x =
    4.0000
    1.0000
fval =
    -90
exitflag =
     1
output =
    包含以下字段的 struct:
        relativegap: 0
        absolutegap: 0
      numfeaspoints: 2
           numnodes: 0
      constrviolation: 0
            message: 'Optimal solution found.↵Intlinprog stopped at the root node
because the objective value is within a gap tolerance of the optimal value,
options.AbsoluteGapTolerance = 0 (the default value). The intcon variables are integer
within tolerance, options.IntegerTolerance = 1e-05 (the default value).'
```

上面的运行结果中，exitflag＝1，表示目标函数得到收敛解 x。

（5）模型分析。

由上面的运行结果可知，托运 4 箱货物甲，托运 1 箱货物乙，可使获得利润最大，为 90 万元。

扫一扫，看视频

实例——车辆分配问题

源文件：yuanwenjian\ch08\ep805.m

某市准备在下一年度购置一批救护车，已知每辆救护车购置价格为 20 万元。救护车用于该市下属的两个县，各分配 x_A 和 x_B 台，A 县救护站从接到求救电话到救护车出动的响应时间为$(40-3x_A)$min，B 县的响应时间为$(50-4x_B)$min。

其中，A 县和 B 县的响应时间均不超过 5min。要求确定最好的分配方案，使救护车的购置费用尽可能少。

操作步骤

（1）建立数学模型。

假设分配给 A 县、B 县的救护车数量分别为 x_1、x_2，则上述问题可以表达为如下整数规划问题。

根据要求，救护车的购置费用应尽可能少，目标函数为

$$\min\ 20x_1 + 20x_2$$

根据 A 县的响应时间和 B 县的响应时间，得出约束条件：

$$\begin{cases} 40 - 3x_1 \leqslant 5 \\ 50 - 4x_2 \leqslant 5 \\ x_1, x_2\text{是整数} \\ x_1, x_2 \geqslant 0 \end{cases}$$

转化为标准型：

$$\min\ 20x_1 + 20x_2$$

$$\text{s.t.} \begin{cases} -3x_1 \leqslant -35 \\ -4x_2 \leqslant -45 \\ x_1, x_2\text{是整数} \\ x_1, x_2 \geqslant 0 \end{cases}$$

（2）求解模型。

在命令行窗口中输入初始参数。

```
>> f=[20,20];          %定义目标函数系数
>> A=[-3,0;0,-4];       %定义不等式系数
>> b=[-35;-45];
>> intcon = [1 2];     %定义整数变量
>> lb = zeros(2,1);    %定义上下界
>> ub = [];
```

根据设置的初始数据，调用线性规划函数 linprog() 求解问题。

```
>> [x,fval,exitflag,output]=linprog(f,A,b,[],[],lb)
```

运行结果如下。

```
Optimal solution found.
x =
   11.6667
   11.2500
fval =
   458.3333
exitflag =
    1
output =
  包含以下字段的 struct:
        iterations: 0
    constrviolation: 0
           message: 'Optimal solution found.'
         algorithm: 'dual-simplex'
      firstorderopt: 0
```

根据线性规划求出的结果，分配给 A 县、B 县的救护车数量为 11.6667 辆、11.2500 辆，购置费用为 458.3333 万元。此时，救护车的辆数为小数，因此不符合条件，需要使用整数规划模型求解。

调用整数规划函数 intlinprog() 求解问题。

```
>> [x,fval,exitflag,output]=intlinprog(f,intcon,A,b,[],[],lb,ub)%定义等式系数 Aeq,beq 为[]
```

运行结果如下。

```
LP:          Optimal objective value is 480.000000.
```

```
Optimal solution found.
Intlinprog stopped at the root node because the
objective value is within a gap tolerance of the optimal
value, options.AbsoluteGapTolerance = 0 (the default
value). The intcon variables are
integer within tolerance,
options.IntegerTolerance = 1e-05 (the default value).
x =
    12
    12
fval =
   480
exitflag =
    1
output =
  包含以下字段的 struct:
       relativegap: 0
       absolutegap: 0
     numfeaspoints: 1
          numnodes: 0
    constrviolation: 0
           message: 'Optimal solution found.↵Intlinprog stopped at the root node
because the objective value is within a gap tolerance of the optimal value, options.
AbsoluteGapTolerance = 0 (the default value). The intcon variables are integer within
tolerance, options.IntegerTolerance = 1e-05 (the default value).'
```

（3）模型分析。

根据上面的结果可知，最佳分配方案为：分配给 A 县、B 县的救护车数量均为 12 辆时，购置费用最少，为 480 万元。

扫一扫，看视频

实例——截料模型问题

源文件：yuanwenjian\ch08\ep806.m

现有 15m 长钢管若干，生产一批产品需要 4m、5m、7m 长的钢管分别 100 根、150 根、120 根，问应如何截取才可使原材料最省？

首先找出用 15m 长的原材料截取 3 种钢管的所有方法，见表 8-6。

表 8-6　用 15m 长的原材料截取 3 种钢管的所有方法

规格	方法 1	方法 2	方法 3	方法 4	方法 5	方法 6	方法 7
7m	2	1	1	0	0	0	0
5m	0	1	0	3	2	1	0
4m	0	0	2	0	1	2	3
余料/m	1	3	0	0	1	2	3

操作步骤

（1）建立数学模型。

设用 x_i 根原材料按第 i 种方法截取 3 种截料（$i=1,2,\cdots,7$），当至少有一个变量要求必须为整数时，这样的模型称为整数规划。建立的线性规划模型为

$$\min z = x_1 + x_2 + x_3 + x_4 + x_5 + x_6 + x_7$$

约束条件为

$$\text{s.t.}\begin{cases} 2x_1 + x_2 + x_3 \geqslant 120 \\ x_2 + 3x_4 + 2x_5 + x_6 \geqslant 150 \\ 2x_3 + x_5 + 2x_6 + 3x_7 \geqslant 100 \\ x_i \geqslant 0\text{且为整数}（i = 1, 2, \cdots, 7） \end{cases}$$

转化为标准型整数规划模型：

$$\min z = x_1 + x_2 + x_3 + x_4 + x_5 + x_6 + x_7$$

$$\text{s.t.}\begin{cases} -2x_1 - x_2 - x_3 \leqslant -120 \\ -x_2 - x_4 - 2x_5 - x_6 \leqslant -150 \\ -2x_3 - x_5 - 2x_6 - 3x_7 \leqslant -100 \\ x_i \geqslant 0\text{且为整数}（i = 1, 2, \cdots, 7） \end{cases}$$

（2）求解模型。

在命令行窗口中输入初始参数。

```
>> f=[1,1,1,1,1,1,1];              %定义目标函数系数
>> A=[-2,-1,-1,0,0,0,0;
      0,-1,0,-3,-2,-1,0;
      0,0,-2,0,-1,-2,-3];          %定义不等式系数
>> b=[-120;-150;-100];
>> intcon = [1 2 3 4 5 6 7];       %定义整数变量
>> lb = zeros(7,1);                %定义上下界
>> ub = [];
```

调用 intlinprog() 函数求解上述问题。

```
>> [x,fval,exitflag,output]=intlinprog(f,intcon,A,b,[],[],lb,ub)%定义等式系数 Aeq,beq 为[]
```

运行结果如下。

```
LP:              Optimal objective value is 135.000000.
Optimal solution found.
Intlinprog stopped at the root node because the
objective value is within a gap tolerance of the optimal
value, options.AbsoluteGapTolerance = 0 (the default
value). The intcon variables are
integer within tolerance,
options.IntegerTolerance = 1e-05 (the default value).
x =
   35.0000
        0
   50.0000
   50.0000
        0
        0
        0
fval =
```

```
      135
   exitflag =
      1
   output =
      包含以下字段的 struct:
           relativegap: 0
           absolutegap: 0
        numfeaspoints: 1
             numnodes: 0
        constrviolation: 2.8422e-14
              message: 'Optimal solution found.↵Intlinprog stopped at the root node
because the objective value is within a gap tolerance of the optimal value, options.
AbsoluteGapTolerance = 0 (the default value). The intcon variables are integer within
tolerance, options.IntegerTolerance = 1e-05 (the default value).'
```

上面的运行结果中，exitflag＝1，表示目标函数得到收敛解 x；numfeaspoints=1，表示找到的整数可行点的数量为 1，得到唯一的最优方案。

（3）模型分析。

根据上面的结果可知，最佳分配方案为：35 根使用第 1 种方法截取、50 根使用第 3 种方法截取、50 根使用第 4 种方法截取，这样生产出的产品所需钢管最少，需要 135 根。

扫一扫，看视频

实例——人力资源分配问题

源文件：yuanwenjian\ch08\ep807.m

某昼夜工作的电台每天各时间段内所需主持人和工作人员人数见表 8-7。

表 8-7　电台排班表 1

班　次	时　　间	所需人员
1	6:00—10:00	60
2	10:00—14:00	70
3	14:00—18:00	60
4	18:00—22:00	50
5	22:00—2:00	20
6	2:00—6:00	30

设主持人和工作人员分别在各时间段开始时上班，并连续工作 8 小时，问该电台应怎样安排主持人和工作人员，既能满足工作需要，又能使配备主持人和工作人员的人数最少？

操作步骤

（1）建立模型。

设 x_i 表示第 i 班次时开始上班的主持人和工作人员人数，目标函数是所有班次配备主持人和工作人员的人数，即

$$f(x) = x_1 + x_2 + x_3 + x_4 + x_5 + x_6$$

根据每个班次所需工作人员的人数建立的约束条件为

$$\text{s.t.} \begin{cases} x_1 + x_2 \geqslant 70 \\ x_2 + x_3 \geqslant 60 \\ x_3 + x_4 \geqslant 50 \\ x_4 + x_5 \geqslant 20 \\ x_5 + x_6 \geqslant 30 \\ x_6 + x_1 \geqslant 60 \\ x_1, x_2, x_3, x_4, x_5, x_6 \geqslant 0 \\ x_1, x_2, x_3, x_4, x_5, x_6 \text{是整数} \end{cases}$$

通过将大于不等式乘以 -1，将所有不等式转换为 $\boldsymbol{Ax} \leqslant \boldsymbol{b}$ 的形式，其线性规划模型为

$$\min x_1 + x_2 + x_3 + x_4 + x_5 + x_6$$

$$\text{s.t.} \begin{cases} -x_1 - x_6 \leqslant -60 \\ -x_1 - x_2 \leqslant -70 \\ -x_2 - x_3 \leqslant -60 \\ -x_3 - x_4 \leqslant -50 \\ -x_4 - x_5 \leqslant -20 \\ -x_5 - x_6 \leqslant -30 \\ x_1, x_2, x_3, x_4, x_5, x_6 \geqslant 0 \\ x_1, x_2, x_3, x_4, x_5, x_6 \text{是整数} \end{cases}$$

（2）求解模型。

在命令行窗口中输入以下命令。

```
>> f=[1;1;1;1;1;1];                  %定义目标函数变量系数
>> intcon = [1 2 3 4 5 6];           %定义整数变量
>> A=[-1,0,0,0,0,-1;
      -1,-1,0,0,0,0;
      0,-1,-1,0,0,0;
      0,0,-1,-1,0,0;
      0,0,0,-1,-1,0;
      0,0,0,0,-1,-1];                %定义不等式系数
>> b=[-60;-70;-60;-50;-20;-30];
>> lb = zeros(6,1);                  %定义上下界
>> ub = [Inf;Inf; Inf; Inf; Inf;Inf; Inf];
```

调用 intlinprog() 函数求解上述问题。

```
>> [x,fval,exitflag,output]=intlinprog(f,intcon,A,b,[],[],lb,ub)%定义等式系数 Aeq,beq 为[]
```

运行结果如下。

```
LP:             Optimal objective value is 150.000000.
Optimal solution found.
Intlinprog stopped at the root node because the
objective value is within a gap tolerance of the optimal
value, options.AbsoluteGapTolerance = 0 (the default
value). The intcon variables are
integer within tolerance,
options.IntegerTolerance = 1e-05 (the default value).
```

```
x =
    60
    10
    50
     0
    30
     0
fval =
   150
exitflag =
     1
output =
    包含以下字段的 struct:
           relativegap: 0
           absolutegap: 0
         numfeaspoints: 1
              numnodes: 0
        constrviolation: 0
               message: 'Optimal solution found.↵Intlinprog stopped at the root node
because the objective value is within a gap tolerance of the optimal value, options.
AbsoluteGapTolerance = 0 (the default value). The intcon variables are integer within
tolerance, options.IntegerTolerance = 1e-05 (the default value).'
```

由输出参数可知，目标函数收敛到解 x=[60;10;50;0;30;0]处。

（3）模型分析。

根据上面的结果可知，$x_1 = 60$，$x_2 = 10$，$x_3 = 50$，$x_4 = 0$，$x_5 = 30$，$x_6 = 0$。$x_1 + x_2 + x_3 + x_4 + x_5 + x_6 = 150$，共需要主持人和工作人员 150 人，电台排班表见表 8-8。

表 8-8　电台排班表 2

班　次	时　　间	所需人员	开始上班人数
1	6:00—10:00	60	60
2	10:00—14:00	70	10
3	14:00—18:00	60	50
4	18:00—22:00	50	0
5	22:00—2:00	20	30
6	2:00—6:00	30	0

扫一扫，看视频

实例——加工糖果生产问题

源文件：yuanwenjian\ch08\ep808.m

1 车（100 根）甘蔗经过 12h 加工可生产出 3kg 糖果制品 A1，获利 24 元/kg；1 车甘蔗经过 8h 加工可生产出 4kg 糖果制品 A2，获利 16 元/kg。每天有 50 车甘蔗，480h 至多加工 100 kg A1，试制订生产计划，使每天获利最大，有以下两点需要注意。

（1）购买、加工甘蔗时，按车购买。

（2）A1 的获利增加到 30 元/kg、50 元/kg，是否应该改变生产计划？

操作步骤

（1）根据条件（1）建立数学模型。

假设用于生产糖果制品 A1、A2 的甘蔗数量（单位为车）分别为 x_1、x_2，若按车购买甘蔗，则上述问题可以表达为如下整数规划问题。

根据要求，每天获利最大，目标函数为

$$\max\ 3\times24x_1 + 4\times16x_2$$

根据甘蔗车数、加工时间，得出约束条件为

$$\begin{cases} x_1 + x_2 \leqslant 50 \\ 12x_1 + 8x_2 \leqslant 480 \\ 3x_1 \leqslant 100 \\ x_1, x_2 \text{是整数} \\ x_1, x_2 \geqslant 0 \end{cases}$$

转化成标准型：

$$\min\ -72x_1 - 64x_2$$

$$\text{s.t.}\begin{cases} x_1 + x_2 \leqslant 50 \\ 12x_1 + 8x_2 \leqslant 480 \\ 3x_1 \leqslant 100 \\ x_1, x_2 \text{是整数} \\ x_1, x_2 \geqslant 0 \end{cases}$$

（2）求解模型。

在命令行窗口中输入初始参数。

```
>> f=[-72,-64];          %定义目标函数系数
>> A=[1,1;12,8;3,0];     %定义不等式系数
>> b=[50;480;100];
>> intcon = [1 2];       %定义整数变量
>> lb = zeros(2,1);      %定义上下界
>> ub = [];
```

调用 intlinprog() 函数求解上述问题。

```
>> [x,fval,exitflag,output]=intlinprog(f,intcon,A,b,[],[],lb,ub)%定义等式系数Aeq,beq为[]
```

运行结果如下。

```
LP:              Optimal objective value is -3360.000000.
Optimal solution found.
Intlinprog stopped at the root node because the
objective value is within a gap tolerance of the optimal
value, options.AbsoluteGapTolerance = 0 (the default
value). The intcon variables are
integer within tolerance,
options.IntegerTolerance = 1e-05 (the default value).
x =
   20.0000
   30.0000
fval =
  -3.3600e+03
exitflag =
    1
output =
```

```
        包含以下字段的 struct:
          relativegap: 0
          absolutegap: 0
       numfeaspoints: 2
            numnodes: 0
       constrviolation: 5.6843e-14
             message: 'Optimal solution found.↵Intlinprog stopped at the root node
because the objective value is within a gap tolerance of the optimal value, options.
AbsoluteGapTolerance = 0 (the default value). The intcon variables are integer within
tolerance, options.IntegerTolerance = 1e-05 (the default value).'
```

上面的运行结果中，exitflag=1，表示目标函数得到收敛解 x；numfeaspoints=2，表示找到的整数可行点的数量为 2，最优方案不是唯一的；numnodes=0，表示 intlinprog()函数在分支之前已求出问题的解，这是结果可靠的一个标志。此外，absolutegap=0、relativegap=0 同样表示结果可靠。

（3）模型分析。

根据上面的结果可知，最佳分配方案为：使用 20 车甘蔗生产糖果制品 A1、使用 30 车甘蔗生产糖果制品 A2，每天获利最大为 3360 元。

（4）根据条件（2）建立数学模型。

A1 的获利增加到 30 元/kg 时，根据要求，每天获利最大，目标函数为

$$\max \ 3\times 30x_1 + 4\times 16x_2$$

转化为标准型：

$$\min \ -90x_1 - 64x_2$$

A1 的获利增加到 50 元/kg 时，根据要求，每天获利最大，目标函数为

$$\max \ 3\times 50x_1 + 4\times 16x_2$$

转化为标准型：

$$\min \ -150x_1 - 64x_2$$

（5）求解模型。

在命令行窗口中输入初始参数。

```
>> f1=[-90,-64];        %A1 的获利增加到 30 元/kg，定义目标函数系数
>> f2=[-150,-64];       %A1 的获利增加到 50 元/kg，定义目标函数系数
```

调用 intlinprog()函数求解获利增加到 30 元/kg 的问题。

```
>> [x,fval,exitflag,output]=intlinprog(f1,intcon,A,b,[],[],lb,ub)%定义等式系数 Aeq,beq 为[]
```

运行结果如下。

```
LP:              Optimal objective value is -3720.000000.
Optimal solution found.
Intlinprog stopped at the root node because the
objective value is within a gap tolerance of the
optimal value, options.AbsoluteGapTolerance = 0 (the
default value). The intcon variables are
integer within tolerance,
options.IntegerTolerance = 1e-05 (the default value).
x =
  20.0000
  30.0000
fval =
  -3.7200e+03
```

```
exitflag =
    1
```

调用 intlinprog() 函数求解获利增加到 50 元/kg 的问题。

```
>> [x,fval,exitflag]=intlinprog(f2,intcon,A,b,[],[],lb,ub)%定义等式系数 Aeq,beq 为[]
```

结果如下。

```
LP:              Optimal objective value is -5622.000000.
Heuristics:      Found 1 solution using ZI round.
                 Upper bound is -5590.000000.
                 Relative gap is 0.00%.
Optimal solution found.
Intlinprog stopped at the root node because the
objective value is within a gap tolerance of the
optimal value, options.AbsoluteGapTolerance = 0 (the
default value). The intcon variables are
integer within tolerance,
options.IntegerTolerance = 1e-05 (the default value).
x =
    33
    10
fval =
    -5590
exitflag =
    1
```

（6）模型分析。

根据上面的结果可得到以下结论。

1）A1 的获利增加到 30 元/kg 时，不更改分配方案。最佳分配方案为：使用 20 车甘蔗生产糖果制品 A1、使用 30 车甘蔗生产糖果制品 A2，每天获利最大为 3720 元。

2）A1 的获利增加到 50 元/kg 时，最佳分配方案为：使用 33 车甘蔗生产糖果制品 A1，使用 10 车甘蔗生产糖果制品 A2，每天获利最大为 5590 元。

实例——自行车运输问题

扫一扫，看视频

源文件：yuanwenjian\ch08\ep809.m

某自行车集团企业有 3 家工厂和 5 家专营商店。3 家工厂每月的生产数量分别为 7 万辆、6.5 万辆和 5 万辆，5 家专营商店每月销售量分别为 2 万辆、2.5 万辆、3 万辆、6 万辆和 5 万辆。从各工厂运送一车（1 万辆）自行车到各商店的费用 c_{ij}（单位：万元/万辆）见表 8-9。试设计运输方案，使总运费最少。

表 8-9　运输费用 c_{ij}

工 厂	商店 1	商店 2	商店 3	商店 4	商店 5
工厂 1	2	1	3	1	2
工厂 2	3	4	1	3	1
工厂 3	2	1	1	3	4

操作步骤

（1）建立数学模型。

设从工厂 i 运送自行车到商店 j 的货车数量为 x_{ij} 万辆（$i=1,2,3; j=1,2,3,4,5$）。

目标函数即为总运费函数：

$$z = \sum_{i=1}^{3}\sum_{j=1}^{5} c_{ij}x_{ij}$$
$$= 2x_{11} + x_{12} + 3x_{13} + x_{14} + 2x_{15}$$
$$+ 3x_{21} + 4x_{22} + x_{23} + 3x_{24} + x_{25}$$
$$+ 2x_{31} + x_{32} + x_{33} + 3x_{34} + 4x_{35}$$

变量所满足的限制条件如下。

各工厂生产的自行车需全部运出。由于有 3 家工厂，故得 3 个等式约束条件：

$$\begin{cases} x_{11} + x_{12} + x_{13} + x_{14} + x_{15} = 7 \\ x_{21} + x_{22} + x_{23} + x_{24} + x_{25} = 6.5 \\ x_{31} + x_{32} + x_{33} + x_{34} + x_{35} = 5 \end{cases}$$

各商店得到的自行车数量等于销量，又得 5 个等式约束条件：

$$\begin{cases} x_{11} + x_{21} + x_{31} = 2 \\ x_{12} + x_{22} + x_{32} = 2.5 \\ x_{13} + x_{23} + x_{33} = 3 \\ x_{14} + x_{24} + x_{34} = 6 \\ x_{15} + x_{25} + x_{35} = 5 \end{cases}$$

表示货车车数的变量是非负整数，有以下要求。

$$\begin{cases} x_{ij} \geqslant 0, \quad i = 1,2,3; j = 1,2,3,4,5 \\ x_{ij}\text{是整数} \end{cases}$$

综合以上分析，得到整数规划数学模型如下。

$$\min \ z = 2x_{11} + x_{12} + 3x_{13} + x_{14} + 2x_{15}$$
$$+ 3x_{21} + 4x_{22} + x_{23} + 3x_{24} + x_{25}$$
$$+ 2x_{31} + x_{32} + x_{33} + 3x_{34} + 4x_{35}$$

$$\text{s.t.} \begin{cases} x_{11} + x_{12} + x_{13} + x_{14} + x_{15} = 7 \\ x_{21} + x_{22} + x_{23} + x_{24} + x_{25} = 6.5 \\ x_{31} + x_{32} + x_{33} + x_{34} + x_{35} = 5 \\ x_{11} + x_{21} + x_{31} = 2 \\ x_{12} + x_{22} + x_{32} = 2.5 \\ x_{13} + x_{23} + x_{33} = 3 \\ x_{14} + x_{24} + x_{34} = 6 \\ x_{15} + x_{25} + x_{35} = 5 \\ x_{ij} \geqslant 0, i = 1,2,3; j = 1,2,3,4,5 \\ x_{ij}\text{是整数} \end{cases}$$

（2）求解模型。

首先，输入初始数据。

```
>> f=[2;1;3;1;2;3;4;1;3;1;2;1;1;3;4];        %定义目标函数系数
>> A=[];                                       %定义线性不等式系数
```

```
>> b=[];
>> Aeq=[1,1,1,1,1,0,0,0,0,0,0,0,0,0,0;
        0,0,0,0,0,1,1,1,1,1,0,0,0,0,0;
        0,0,0,0,0,0,0,0,0,0,1,1,1,1,1;
        1,0,0,0,0,1,0,0,0,0,1,0,0,0,0;
        0,1,0,0,0,0,1,0,0,0,0,1,0,0,0;
        0,0,1,0,0,0,0,1,0,0,0,0,1,0,0;
        0,0,0,1,0,0,0,0,1,0,0,0,0,1,0;
        0,0,0,0,1,0,0,0,0,1,0,0,0,0,1];     %定义线性等式系数
>> beq=[7;6.5;5;2;2.5;3;6;5];
>> intcon=1:15;                            %定义整数变量
>> lb=zeros(15,1);                         %定义上下界
>> ub=[];
```

然后，根据设置的初始数据，调用 intlinprog() 函数求解纯整数规划问题。

```
>> [x,fval,exitflag,output]=intlinprog(f,intcon,A,b,Aeq,beq,lb,ub)
```

运行结果如下。

```
LP:             Optimal objective value is 20.500000.
No feasible solution found.
Intlinprog stopped because no integer points satisfy the constraints.
x =
    []
fval =
    []
exitflag =
    -2
output =
  包含以下字段的 struct:
        relativegap: []
        absolutegap: []
      numfeaspoints: 0
           numnodes: 0
      constrviolation: []
            message: 'No feasible solution found.↵Intlinprog stopped because no integer
points satisfy the constraints.'
```

（3）模型分析。

由运行结果可知，本模型无可行解。

8.5　0-1 整数规划

0-1 整数规划是整数规划中的特殊情形。如果决策变量只能取值为 0 或 1，则这种变量称为 0-1 变量。0-1 变量作为逻辑变量，常常被用来表示系统是否处于某种特定的状态，或者决策时是否取某个特定的方案，如：

$$x = \begin{cases} 1, & \text{当决策取方案 } P \text{ 时} \\ 0, & \text{当决策不取方案 } P \text{ 时（即取 } \overline{P} \text{ 时）} \end{cases}$$

当问题含有多个要素，而每个要素皆有两种选择时，可用 0-1 变量来描述。一般地，设问题有有

限要素 E，其中每项要素都有两种选择，则可令

$$x_j = \begin{cases} 1, & E_j \text{选择} A_j \\ 0, & E_j \text{选择} \bar{A}_j \end{cases}$$

上述技巧很容易推广到多个元素的情形。0-1 变量不仅广泛应用于科学技术问题，而且在经济管理问题中也有十分重要的应用。

1. 0-1 型整数规划模型的标准型

0-1 整数规划问题的数学模型可以表示为

$$\min f^{\mathrm{T}} x$$

$$\text{s.t.} \begin{cases} x(\textbf{intcon}) = 0 \text{或} 1 \\ Ax \leqslant b \\ A_{\mathrm{eq}} x = b_{\mathrm{eq}} \\ l_{\mathrm{b}} \leqslant x \leqslant u_{\mathrm{b}} \end{cases}$$

其中，x、$\textbf{intcon}$（表示取整数值的变量的向量，$\textbf{intcon}$ 最大值为变量的总数）、b、b_{eq}、l_{b} 和 u_{b} 为向量（上界为 0，下界为 1）；A 和 A_{eq} 为矩阵；$f(x)$ 为函数，返回向量值，并且这些函数均是线性函数。

2. 0-1 整数规划的解法

当变量个数较少时，用穷举法解 0-1 整数规划，可先列出变量取值的所有可能的组合，再逐一检验它们是否满足全部约束条件，即是否为可行解，最后通过计算各可行解的目标函数值，比较出最优解。

当变量个数较多时，MATLAB 通过 intlinprog() 函数使用分支定界法求解 0-1 整数规划。0-1 整数规划是整数规划的特例，定义上界为 1，下界为 0。

实例——地铁站场所选择问题

源文件：yuanwenjian\ch08\ep810.m

某城市拟在其东、西、南 3 个方向上的区域建立地铁站，各地区都有几个具体的地点可供选择，见表 8-10。要求在总投资不超过 100 万元的条件下，建立盈利极大化的 0-1 规划。

表 8-10　地铁站选址参数　　　　　　　　　　　　　　　　单位：万元

地区	东区		西区			南区		约束
地点	A1	A2	A3	A4	A5	A6	A7	
投资	40	30	50	20	20	50	30	100
盈利	16	20	27	13	12	30	10	
选点数	>1		≤2			>1		

操作步骤

（1）建立数学模型。

设地铁选址点 A1、A2、A3、A4、A5、A6、A7 分别用变量 x_1、x_2、x_3、x_4、x_5、x_6、x_7 表示，决策变量 x_i 只能有两种可能：1（在此处选址）、0（不在此处选址）。根据题目中给出的条件，可以把上述问题转化为 0-1 数学模型。

根据盈利最大化的条件得出目标函数：

$$\max\ z = 16x_1 + 20x_2 + 27x_3 + 13x_4 + 12x_5 + 30x_6 + 10x_7$$

根据投资及选点数限制得出约束条件：

$$\begin{cases} 40x_1 + 30x_2 + 50x_3 + 20x_4 + 20x_5 + 50x_6 + 30x_7 \leqslant 100 \\ x_1 + x_2 \geqslant 1 \\ x_3 + x_4 + x_5 \leqslant 2 \\ x_6 + x_7 \geqslant 1 \\ x_i = 0\text{或}1,\ i = 1, 2, \cdots, 7 \end{cases}$$

转化为标准型：

$$\min\ -z = -16x_1 - 20x_2 - 27x_3 - 13x_4 - 12x_5 - 30x_6 - 10x_7$$

$$\text{s.t.} \begin{cases} 40x_1 + 30x_2 + 50x_3 + 20x_4 + 20x_5 + 50x_6 + 30x_7 \leqslant 100 \\ -x_1 - x_2 \leqslant -1 \\ x_3 + x_4 + x_5 \leqslant 2 \\ -x_6 - x_7 \leqslant -1 \\ x_i = 0\text{或}1,\ i = 1, 2, \cdots, 7 \end{cases}$$

（2）求解模型。

在命令行窗口中输入初始参数。

```
>> f=[-16;-20;-27;-13;-12;-30;-10];        %定义目标函数系数
>> A=[40  30  50  20   20 50 30;
      -1  -1   0   0    0  0  0;
       0   0   1   1    1  0  0;
       0   0   0   0    0 -1 -1];           %定义不等式系数
>> b=[100;-1;2;-1];
>> intcon = [1 2 3 4 5 6 7];                %定义整数变量
>> lb = zeros(7,1);                         %定义上下界
>> ub = ones(7,1);
```

调用 intlinprog() 函数求解上述问题。

```
>> [x,fval,exitflag,output]=intlinprog(f,intcon,A,b,[],[],lb,ub)%定义等式系数 Aeq,beq 为[]
```

运行结果如下。

```
LP:              Optimal objective value is -63.000000.
Optimal solution found.
Intlinprog stopped at the root node because the
objective value is within a gap tolerance of the optimal
value, options.AbsoluteGapTolerance = 0 (the default
value). The intcon variables are
integer within tolerance,
options.IntegerTolerance = 1e-05 (the default value).
x =
         0
    1.0000
         0
    1.0000
         0
```

```
        1.0000
             0
fval =
    -63
exitflag =
      1
output =
    包含以下字段的 struct:
        relativegap: 0
        absolutegap: 0
      numfeaspoints: 1
          numnodes: 0
      constrviolation: 2.2204e-16
            message: 'Optimal solution found.↵Intlinprog stopped at the root node
because the objective value is within a gap tolerance of the optimal value,
options.AbsoluteGapTolerance = 0 (the default value). The intcon variables are integer
within tolerance, options.IntegerTolerance = 1e-05 (the default value).'
```

上面的运行结果中，exitflag = 1，表示目标函数得到收敛解 x；numfeaspoints=1，表示找到的整数可行点的数量为 1，得到唯一的最优方案。

（3）模型分析。

根据上面的结果可知，分别在 A2、A4、A6 处设立地铁站，这样盈利最大，为 63 万元。

实例——投资项目选择问题

源文件：yuanwenjian\ch08\ep811.m

某地区有 5 个可考虑投资的项目，其期望收益与所需投资额见表 8-11。

扫一扫，看视频

表 8-11 某地区期望收益与所需投资额　　　　　　　　　　单位：万元

工程项目	期望收益	所需投资
A	10.0	6.0
B	8.0	4.0
C	7.0	2.0
D	6.0	4.0
E	9.0	5.0

由于各工程项目之间有一定的联系，项目 A、C、E 中必须选择一项，而且也仅需要选择一项；同样，项目 B 和 D 中也只能选择一项，并且必须选择一项；C 和 D 两个工程项目是密切相连的，项目 C 的实施必须以项目 D 的实施为前提条件。该地区共筹集到资金 15 万元，究竟应该选择哪些项目，其期望收益才能最大呢？

操作步骤

（1）建立模型。

设置决策变量。设 x 代表第 j 个工程项目（$j=1,2,\cdots,5$），当然这个项目有可能被选中，也有可能不被选中，定义如下约束。

$$x = \begin{cases} 1, & \text{表示项目} j \text{ 被选中} \\ 0, & \text{表示项目} j \text{ 未被选中} \end{cases}, \quad j=1,2,\cdots,5$$

考虑约束条件。由于项目 A、C、E 之间必须而且只能选择一项，所以相应的决策变量必须而且只能有一个变量为 1，其余两个变量为 0。写成约束关系式为

$$x_1 + x_3 + x_5 = 1$$

与此类似，有如下关系式。

$$x_2 + x_4 = 1$$

由于项目 C 的实施要以项目 D 的实施为前提，也就是说，选中项目 C 的同时必须也选中项目 D，但也可以只选项目 D 而不选项目 C，写成约束关系式为

$$x_3 \leqslant x_4$$

或记为

$$x_3 - x_4 \leqslant 0$$

对所有项目投资总额的限制条件为

$$6x_1 + 4x_2 + 2x + 4x_4 + 5x_5 \leqslant 15$$

目标函数为期望收益最大，可记为

$$\max z = 10x_1 + 8x_2 + 7x_3 + 6x_4 + 9x_5$$

将该模型整理如下。

$$\min \quad -z = -10x_1 - 8x_2 - 7x_3 - 6x_4 - 9x_5$$

$$\text{s.t.} \begin{cases} x_1 + x_3 + x_5 = 1 \\ x_2 + x_4 = 1 \\ x_3 - x_4 \leqslant 0 \\ 6x_1 + 4x_2 + 2x + 4x_4 + 5x_5 \leqslant 15 \\ x_i = 0\text{或}1, \quad i = 1, 2, \cdots, 5 \end{cases}$$

（2）求解模型。

在命令行窗口中输入初始参数。

```
>> f=[-10;-8;-7;-6;-9];              %定义目标函数系数
>> A=[0 0 1 -1 0
     6 4 2.4 5];                     %定义不等式系数
>> b=[0;15];
>> Aeq=[1 0 1 0 1
       0 1 0 1 0];                   %定义等式系数
>> beq=[1;1];
>> intcon = [1 2 3 4 5];             %定义整数变量
>> lb = zeros(5,1);                  %定义上下界
>> ub = ones(5,1);
```

调用 intlinprog() 函数求解模型。

```
>> [x,fval,exitflag,output]=intlinprog(f,intcon,A,b, Aeq,beq,lb,ub)
```

运行结果如下。

```
LP:             Optimal objective value is -18.000000.
Optimal solution found.
Intlinprog stopped at the root node because the
objective value is within a gap tolerance of the
optimal value, options.AbsoluteGapTolerance = 0 (the
default value). The intcon variables are
```

```
integer within tolerance,
options.IntegerTolerance = 1e-05 (the default value).
x =
    1.0000
    1.0000
        0
        0
        0
fval =
   -18
exitflag =
    1
output =
  包含以下字段的 struct:
        relativegap: 0
        absolutegap: 0
      numfeaspoints: 1
           numnodes: 0
     constrviolation: 1.1102e-16
```
            message: 'Optimal solution found.↵↵Intlinprog stopped at the root node
because the objective value is within a gap tolerance of the optimal value, options.
AbsoluteGapTolerance = 0 (the default value). The intcon variables are integer within
tolerance, options.IntegerTolerance = 1e-05 (the default value).'

由运行结果可知，系统的初始迭代点就满足要求。

（3）模型分析。

由运行结果可知，选择项目 A、B 的期望收益最大，投资 10 万元（6 万元+4 万元），收益 18 万元。

扫一扫，看视频

实例——工作分配问题

源文件：yuanwenjian\ch08\ep812.m

甲、乙、丙、丁 4 人加工 A、B、C、D 4 种工件，所需时间见表 8-12。应指派何人加工何种工件，能使总加工时间最少？

表 8-12　工作时间　　　　　　　　　　　　　　　　单位：小时

工人	工件 A	工件 B	工件 C	工件 D
甲	14	9	4	15
乙	11	7	5	10
丙	13	2	10	5
丁	17	9	15	13

操作步骤

（1）建立数学模型。

设第 i 个被指派的工人加工第 j 个工件，用 x_{ij} 表示（$i=1,2,3,4$；$j=1,2,3,4$）。目标函数即为加工时间函数：

$$z = \sum_{i=1}^{4} \sum_{j=1}^{4} c_{ij} x_{ij}$$

$$= 14x_{11} + 9x_{12} + 4x_{13} + 15x_{14} + 11x_{21} + 7x_{22} + 7x_{23} + 10x_{24}$$

$$+ 13x_{31} + 2x_{32} + 10x_{33} + 5x_{34} + 17x_{41} + 9x_{42} + 15x_{43} + 13x_{44}$$

上述问题为指派问题，通常为 0-1 规划模型，1 为指派，0 为未指派。

表示某人工作的变量 x_{ij} 的取值有以下要求。

$$x_i = 0 \text{或} 1, \ i = 1, 2, 3, 4; j = 1, 2, 3, 4$$

指派问题中，每个被指派的人员只完成一个任务，而且每个任务必有一人去完成。定义约束条件如下。

每人只做一件工作，约束条件为

$$\sum_{j=1}^{4} x_{ij} = 1, \ i = 1, 2, 3, 4$$

$$\begin{cases} x_{11} + x_{21} + x_{31} + x_{41} = 1 \\ x_{12} + x_{22} + x_{32} + x_{42} = 1 \\ x_{13} + x_{23} + x_{33} + x_{43} = 1 \\ x_{14} + x_{24} + x_{34} + x_{44} = 1 \end{cases}$$

每件工作有一个人做，约束条件为

$$\sum_{i=1}^{4} x_{ij} = 1, \ j = 1, 2, 3, 4$$

$$\begin{cases} x_{11} + x_{12} + x_{13} + x_{14} = 1 \\ x_{21} + x_{22} + x_{23} + x_{24} = 1 \\ x_{31} + x_{32} + x_{33} + x_{34} = 1 \\ x_{41} + x_{42} + x_{43} + x_{44} = 1 \end{cases}$$

综合以上分析，得到 0-1 整数规划数学模型如下。

$$\min z = 14x_{11} + 9x_{12} + 4x_{13} + 15x_{14} + 11x_{21} + 7x_{22} + 7x_{23} + 10x_{24}$$

$$+ 13x_{31} + 2x_{32} + 10x_{33} + 5x_{34} + 17x_{41} + 9x_{42} + 15x_{43} + 13x_{44}$$

$$\text{s.t.} \begin{cases} x_{11} + x_{21} + x_{31} + x_{41} = 1 \\ x_{12} + x_{22} + x_{32} + x_{42} = 1 \\ x_{13} + x_{23} + x_{33} + x_{43} = 1 \\ x_{14} + x_{24} + x_{34} + x_{44} = 1 \\ x_{11} + x_{12} + x_{13} + x_{14} = 1 \\ x_{21} + x_{22} + x_{23} + x_{24} = 1 \\ x_{31} + x_{32} + x_{33} + x_{34} = 1 \\ x_{41} + x_{42} + x_{43} + x_{44} = 1 \\ x_i = 0 \text{或} 1 \ (i = 1, 2, 3, 4; j = 1, 2, 3, 4) \end{cases}$$

（2）求解模型。

首先，输入初始数据。

```
>> f=[14,9,4,15,11,7,7,10,13,2,10,5,17,9,15,13];        %定义目标函数系数
```

```
>> A=[];                                                    %定义线性不等式系数
>> b=[];
>> Aeq=[1,0,0,0,1,0,0,0,1,0,0,0,1,0,0,0;
        0,1,0,0,0,1,0,0,0,1,0,0,0,1,0,0;
        0,0,1,0,0,0,1,0,0,0,1,0,0,0,1,0;
        0,0,0,1,0,0,0,1,0,0,0,1,0,0,0,1;
        1,1,1,1,0,0,0,0,0,0,0,0,0,0,0,0;
        0,0,0,0,1,1,1,1,0,0,0,0,0,0,0,0;
        0,0,0,0,0,0,0,0,1,1,1,1,0,0,0,0;
        0,0,0,0,0,0,0,0,0,0,0,0,1,1,1,1];                   %定义线性等式系数
>> beq=[1;1;1;1;1;1;1;1];
>> intcon=1:16;                                             %定义整数变量
>> lb=zeros(16,1);                                          %定义上下界
>> ub=ones(16,1);
```

然后，根据设置的初始数据，调用 intlinprog() 函数求解 0-1 整数规划问题。

```
>> [x,fval,exitflag,output]=intlinprog(f,intcon,A,b,Aeq,beq,lb,ub)
```

运行结果如下。

```
LP:             Optimal objective value is 29.000000.
Optimal solution found.
Intlinprog stopped at the root node because the
objective value is within a gap tolerance of the optimal
value, options.AbsoluteGapTolerance = 0 (the default
value). The intcon variables are
integer within tolerance,
options.IntegerTolerance = 1e-05 (the default value).
x =
     0
     0
     1
     0
     1
     0
     0
     0
     0
     0
     1
     0
     1
     0
     0
fval =
    29
exitflag =
     1
output =
  包含以下字段的 struct:
      relativegap: 0
      absolutegap: 0
```

```
    numfeaspoints: 1
        numnodes: 0
   constrviolation: 0
          message: 'Optimal solution found.↵↵Intlinprog stopped at the root node
because the objective value is within a gap tolerance of the optimal value, options.
AbsoluteGapTolerance = 0 (the default value). The intcon variables are integer within
tolerance, options.IntegerTolerance = 1e-05 (the default value).'
```

（3）模型分析。

由运行结果可知，甲加工 C 工件，乙加工 A 工件，丙加工 D 工件，丁加工 B 工件。此时，总加工时间最短，为 29 小时。

第 9 章 求解特定非线性规划模型

内容指南

一般来说，求解非线性规划问题比求解线性规划问题困难得多。非线性规划模型类似线性规划模型，即目标函数和约束条件是待求变量的非线性函数、非线性等式或非线性不等式的数学规划模型。

根据约束、变量可以将非线性规划模型分为单元无约束有界规划、多元无约束无界规划、多元有约束有界规划三类。非线性规划模型根据其特定的适用范围、特定的分类使用不同的算法进行求解。

内容要点

➥ 非线性单元无约束有界规划
➥ 非线性多元无约束无界规划
➥ 非线性多元有约束有界规划

9.1 非线性单元无约束有界规划

单目标、单变量、无约束、有界规划是最简单的非线性规划模型，该模型实际上是求解非线性单元变量在给定范围内的最大/最小值问题。

9.1.1 数学原理及模型

对于单变量无约束规划问题，由于问题本身比较简单，可选择的方法也比较多。比较经典的方法有进退法、Fibonacci 法（也叫作分数法）、黄金分割法（也叫作 0.618 法）、试位法及各种插值法。

一般来说，对于形态比较好、比较光滑的函数可以使用插值法，这样可以较快地逼近极小点；而对于形态比较差的函数，则可以使用黄金分割法。

单变量无约束规划问题的数学模型为

$$\min f(x), x_1 < x < x_2$$

其中的变量均为标量。

9.1.2 求解函数

在 MATLAB 中, fminbnd()函数基于黄金分割法和抛物线插值法进行求解。具体的调用格式如下。

1. x = fminbnd(fun,x1,x2)

该调用格式的功能是返回在区间(x1,x2)中标量函数 fun 的最小值。

2．x = fminbnd(fun,x1,x2,options)

该调用格式的功能是使用 options 参数指定的优化参数进行最小化，options 可取值为 Display、TolX、MaxFunEval、PlotFcns、MaxIter、FunValCheck 和 OutputFcn。options 参数取值的含义见表 9-1。

表 9-1　options 参数取值的含义

参　数	含　义		
Display	显示的水平	'notify'	默认值，仅在函数未收敛时显示输出
		'off'	不显示输出
		'iter'	显示每步迭代输出
		'final'	显示最终结果
TolX	在点 x 处的终止容差		
MaxFunEval	函数评价的最大允许次数		
PlotFcns	绘制执行算法过程中的各种测量值	@optimplotx	绘制当前点
		@optimplotfunccount	绘制函数计数
		@optimplotfval	绘制函数值
MaxIter	最大允许迭代次数		
FunValCheck	检查非法函数值		
OutputFcn	可加载输出函数名		

3．x = fminbnd(problem)

该调用格式的功能是使用结构体 problem 定义参数，对这些参数指定的优化参数进行最小化。problem 包含的参数为目标函数 objective、左端点 x1、右端点 x2、求解器 solver（'fminbnd'）、优化参数 options。

4．[x,fval] = fminbnd(...)

该调用格式的功能是同时返回解 x 和在点 x 处的目标函数值。

5．[x,fval,exitflag] = fminbnd(...)

该调用格式的功能是返回同调用格式 4 的值；另外，返回 exitflag 值，描述极小化函数的退出条件。其中，exitflag 值和相应的含义见表 9-2。

表 9-2　exitflag 值和相应的含义

值	含　义
1	函数收敛到目标函数最优解处
0	达到最大迭代次数或达到函数评价
−1	算法由输出函数终止
−2	下界大于上界

当 exitflag 为正时，x 是该问题的局部解。

6．[x,fval,exitflag,output] = fminbnd(...)

该调用格式的功能是返回同调用格式 5 的值；另外，返回包含 output 结构的输出，其中，output 包含的内容和相应含义见表 9-3。

表 9-3　output 包含的内容和相应含义

内　容	含　义
output.iterations	迭代次数
output.funccount	函数评价次数
output.algorithm	所用的算法

扫一扫，看视频

另外，fun 参数可以使用函数句柄@。

实例——位置选择问题

源文件：yuanwenjian\ch09\ep901.m

铁路线上供应站 A、B 段的距离为 100km，工厂 C 距供应站 A 20km，A 垂直于 C。为了运输需要，要在 A、B 供应站间选一点 D 向工厂修建一条公路。已知铁路每千米货运的运费与公路上每千米货运的运费之比为 3:5。为了使货物从供应站 B 运到工厂 C 的运费最少，问 D 点应选在何处？

操作步骤

（1）建立数学模型。

根据题意，铁路中各点位置如图 9-1 所示。

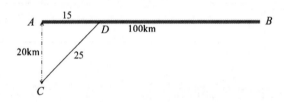

图 9-1　铁路中各点位置

设 D 点与铁路线上 A 的距离为 x km，向工厂修建一条公路 $|CB|=|CD|+|DB|$。其中，铁路段距离 $|DB|=100-x$，公路段距离 $|CD|=\sqrt{20^2+x^2}$。

铁路段运费与公路运费之比为 3:5，则总运费为 $y=3k(100-x)+5k\sqrt{20^2+x^2}$（元），即 $y=k(5\sqrt{400+x^2}-3x+300)$。

运费最少为本题的目标函数，根据题意要求，目标函数越小越好，得出最小化数学模型

$$\min 5\sqrt{400+x^2}-3x+300$$

因为要在 AB 线上选定一点 D，因此，有 $0\leqslant x\leqslant 100$。

将其转化为标准型：

$$\min 5\sqrt{400+x^2}-3x+300,0\leqslant x\leqslant 100$$

（2）求解模型。

在命令行窗口中设置初始参数。

```
>> fun=@(x)5*sqrt(400+x^2)-3*x+300;        %定义目标函数
>> x1=0;                                    %定义取值范围
>> x2=100;
```

调用 fminbnd()函数求解。

```
>> [x,fval] = fminbnd(fun,x1,x2)
```

结果如下。

```
x =
   15.0000
fval =
   380.0000
```

（3）模型分析。

由运行结果可知，为了使货物从供应站 *B* 运到工厂 *C* 的运费最少，*D* 点应选在距离 *A* 15km 的位置。

实例——电路功率问题

扫一扫，看视频

源文件：yuanwenjian\ch09\ep902.m

阻值为 2Ω 的电阻上的电压、电流参考方向关联，已知电阻上的电压 $u(t) = 4\cos t$（V），求通电 1h 内，何时消耗的功率最大？

操作步骤

（1）建立数学模型。

设电路元件通电时间为 t（单位为 min），该段电路的电阻为 R，电阻上通过的电流为 $i(t)$，电阻上的电压为 $u(t)$，消耗的功率为 $p(t)$。

因电阻上电压、电流参考方向关联，所以其上电流为

$$i(t) = \frac{u(t)}{R} = \frac{4\cos t}{2} = 2\cos t$$

消耗的功率为 $p(t) = Ri^2(t) = 2 \times (2\cos t)^2 = 8\cos^2 t$。

将其转化为标准型：

$$\min 8\cos^2 x, \ 0 \leqslant x \leqslant 60$$

（2）求解模型。

在命令行窗口中设置初始参数。

```
>> fun=@(x)8*cos(x)^2;        %定义目标函数
>> x1=0;                       %定义取值范围
>> x2=60;
```

调用 fminbnd() 函数求解。

```
>> [x,fval] = fminbnd(fun,x1,x2)
```

结果如下。

```
x =
   14.1372
fval =
   3.7452e-13
```

（3）模型分析。

由运行结果可知，在 14.1372min 时消耗的功率最大，为 3.7452×10^{-13}。

更复杂一些的情况是，计算并绘制功率函数在[0,60]区间内的最小值，终止容差为 1e-12，不显示每次迭代输出结果。

在命令行窗口中输入以下命令。

```
%设置优化参数，容差为1e-12，不显示迭代过程，绘制函数值
>> option = optimset('TolX',1e-12,'Display','off', 'PlotFcns',@optimplotfval);
```

```
%根据设置的优化参数，计算函数在[0,60]区间内的最小值
>> [x,fval,exitflag] = fminbnd(fun,x1,x2,option)
```

结果如下，图像如图9-2所示。

```
x =
   14.1372
fval =
   2.8033e-19
exitflag =
    1
```

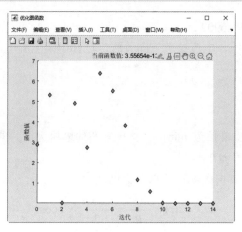

图 9-2　绘制求解过程图

在[0,60]区间内，功率在 $x = 14.1372$ 时有最小值。

📢 **注意：**

fun 参数可以是一个包含函数名的字符串。对应的函数可以是 M 文件、内部函数或 mex 文件。

实例——生猪出售问题

扫一扫，看视频

源文件： yuanwenjian\ch09\ep903.m

一饲养场每天投入 5 元资金用于饲料、设备、人力，预计可使一头 80kg 重的生猪每天增加 2kg。目前生猪出售的市场价格为 8 元/kg，但是预测每天会降低 0.1 元，饲养场的养殖时间一般为 3 个月，问该饲养场应该什么时候出售这样的生猪可以获得最大利润？

操作步骤

（1）建立数学模型。

设在第 x 天出售这样的生猪（初始重 80 kg 的猪）可以获得的利润为 z 元。每头猪投入 $5x$ 元，产出为 $(8-0.1x)(80+2x)$ 元，利润为 $z = 5x + (8-0.1x)(80+2x) = -0.2x^2 + 13x + 640$。

出售这样的生猪可以获得最大利润为本题的目标函数，根据题意要求，目标函数越大越好，即

$$\max -0.2x^2 + 13x + 640$$

所以，这是一个极大值问题，需要转化为极小值问题，得出目标函数为

$$\min 0.2x^2 - 13x - 640$$

（2）求解模型。

在命令行窗口中设置初始参数。

```
>> fun=@(x)0.2*x^2-13*x-340;        %定义目标函数
>> x1=0;                            %定义取值范围
>> x2=90;
```

调用 fminbnd() 函数求解。

```
>> [x,fval,exitflag,output] = fminbnd(fun,x1,x2)
```

结果如下。

```
x =
    32.5000
fval =
  -551.2500
exitflag =
     1
output =
  包含以下字段的 struct:
    iterations: 5
     funcCount: 6
     algorithm: 'golden section search, parabolic interpolation'
       message: '优化已终止: 当前的 x 满足使用 1.000000e-04 的 OPTIONS.TolX 的终止条件'
```

由输出结果可知，经过 5 次迭代之后，函数达到最小值，从而利润达到最大值。当 x = 32 或 x = 33 时，目标值为 551.25 元。

（3）模型分析。

由以上运行结果可知，应该在第 32 天后出售这样的生猪，可以获得最大利润。

实例——注意力时间变化问题

源文件：yuanwenjian\ch09\ep904.m

心理学家研究发现，一般情况下，学生的注意力随着教师讲课时间的变化而变化，讲课开始时，学生的注意力初步增强，中间有一段时间学生的注意力保持较为理想的状态，随后学生的注意力开始分散。经过实验分析可知，学生的注意力 y 随时间 t 的变化规律如下。

$$y = \begin{cases} -t^2 + 24t + 100, & 0 \leqslant t \leqslant 10 \\ 240, & 10 \leqslant t \leqslant 20 \\ -7t + 380, & 20 \leqslant t \leqslant 40 \end{cases}$$

试问，讲课开始后，何时学生的注意力最集中？

操作步骤

（1）建立数学模型。

学生的注意力 y 即为本题的目标函数，根据题意要求，目标函数越大越好，即

$$\max y$$

所以，这是一个极大值问题，需要转化为极小值问题，得出目标函数为

$$\min -y$$

由于学生的注意力 y 是分段函数，因此求最大值需要分为三个时间段进行比较。

$0 \leqslant t \leqslant 10$ 为第一个时间段，该数学模型的标准型为

$$\min t^2 - 24t - 100,\ 0 \leqslant t \leqslant 10$$

$10 \leqslant t \leqslant 20$ 为第二个时间段，该数学模型的最大值为 240。

$20 \leqslant t \leqslant 40$ 为第三个时间段，该数学模型的标准型为

$$\min 7t - 380,\ 20 \leqslant t \leqslant 40$$

（2）求解模型。

1）在命令行窗口中设置初始参数。

```
>> f1=@(x)x^2-24*x-100;        %定义第一个时间段函数
>> x1=0;                        %定义取值范围
>> x2=10;
```

调用 fminbnd() 函数求解。

```
>> [x,fval,exitflag,output] = fminbnd(f1,x1,x2)
```

结果如下。

```
x =
    9.9999
fval =
 -239.9998
exitflag =
    1
output =
  包含以下字段的 struct:
    iterations: 24
     funcCount: 25
     algorithm: 'golden section search, parabolic interpolation'
       message: '优化已终止:↵当前的 x 满足使用 1.000000e-04 的 OPTIONS.TolX 的终止条件↵'
```

由输出结果可知，经过 24 次迭代之后，函数达到最小值，从而注意力达到最大值。在 x=9.9999 时，注意力达到 239.9998。

2）在命令行窗口中设置初始参数。

```
>> f2=@(x)7*x-380;             %定义第三个时间段函数
>> x3=20;                       %定义取值范围
>> x4=40;
```

调用 fminbnd() 函数求解。

```
>> [x,fval,exitflag,output] = fminbnd(f2,x3,x4)
```

结果如下。

```
x =
   20.0000
fval =
 -239.9997
exitflag =
    1
output =
  包含以下字段的 struct:
    iterations: 26
     funcCount: 27
     algorithm: 'golden section search, parabolic interpolation'
       message: '优化已终止:↵当前的 x 满足使用 1.000000e-04 的 OPTIONS.TolX 的终止条件↵'
```

由输出结果可知，经过 26 次迭代之后，函数达到最小值，从而注意力达到最大值。在 x=20 时，注意力达到 239.9997。

（3）模型分析。

由以上运行结果可知，学生在讲课开始后的第 10~20 分钟内注意力达到最大值，为 240。

实例——容积最大化问题

源文件：yuanwenjian\ch09\ep905.m

有边长为 5m 的正方形钢板，在四角处剪去相同的正方形以制成方形无盖的容器，问如何剪使得容器的容积最大？

操作步骤

假设剪去的正方形的边长为 x，则容器的容积计算公式为

$$f(x) = (5-2x)^2 x$$

根据要求，要在区间(0,2.5)内确定上述函数的最大值。MATLAB 工具箱中的函数的调用格式要求求极小值，所以，这里需要将最大化问题转化为最小化问题，也就是求函数 $f(x) = -(5-2x)^2 x$ 的极小值。

首先，编制目标函数的函数文件。

```
function f=volf(x)
%此文件的目的是提供目标函数
%这是计算体积的函数
f=-(5-2*x)^2*x;
```

然后，调用 fminbnd()函数求解。

```
>> option = optimset('Display','iter');        %显示迭代过程
>> [x,fval,exitflag,output] = fminbnd(@volf,0,2.5, option)  %计算体积最小值
%显示每步迭代输出
 Func-count     x          f(x)         Procedure
    1        0.572949    -8.51064       initial
    2        0.927051    -9.17472       golden
    3        1.1459      -8.40444       golden
    4        0.849581    -9.25664       parabolic
    5        0.838448    -9.259         parabolic
    6        0.832896    -9.25926       parabolic
    7        0.833318    -9.25926       parabolic
    8        0.833352    -9.25926       parabolic
    9        0.833285    -9.25926       parabolic
优化已终止:
 当前的 x 满足使用 1.000000e-04 的 OPTIONS.TolX 的终止条件
x =
    0.8333
fval =
   -9.2593
exitflag =
    1
output =
  包含以下字段的 struct:
    iterations: 8
     funcCount: 9
```

```
algorithm: 'golden section search, parabolic interpolation'
  message: '优化已终止:↵ 当前的 x 满足使用 1.000000e-04 的 OPTIONS.TolX 的终止条件↵'
```

由输出结果可知，经过 8 次迭代后，函数达到最小值，从而容积达到最大值。在 x=0.8333 时，容积最大，为 9.2593。

9.2　非线性多元无约束无界规划

无约束最优化是一个十分古老的课题，至少可以追溯到牛顿发明微积分的时代。无约束优化问题在实际应用中也非常常见，另外，许多约束优化问题也可以转化为无约束优化问题进行求解，所以，无约束优化问题也是十分重要的。

9.2.1　数学模型

设 $f(x)$ 是一个定义在 n 维欧氏空间上的函数。把寻找 $f(x)$ 的极小点的问题称为一个无约束非线性规划问题，这个问题可以用以下形式表示。

$$\min f(x), x = (x_1, x_2, \cdots, x_n)^{\mathrm{T}} \in \mathbb{R}^n$$

其中，$f(x)$ 称为目标函数。

早在 1847 年，法国数学家柯西（Cauchy）就提出了最速下降法，也许这就是最早的求解无约束规划问题的方法。对于变量不多的某些问题，这个方法是可行的；但是，对于变量较多的一般问题，就常常不适用了。然而，在以后的很长一段时间里，这一古老的课题一直没有取得实质性的进展。近些年来，由于电子计算机的应用和实际需要的增长，这个古老的课题得以新生。人们除了使用最速下降法之外，还使用并发展了牛顿法，同时也出现了一些从直观几何图像导出的搜索方法。由戴维顿（Daviden）发明的变尺度法（通常也称为拟牛顿法）是无约束最优化计算方法中最杰出、最富有创造性的工作。最近出现的信赖域方法，在许多实际问题中也有非常好的表现。另外，Powell 直接方法和共轭梯度法也都在无约束规划计算方法中占有十分重要的地位。

在 MATLAB 中，fminunc()和 fminsearch()函数用于求解无约束非线性规划问题。

9.2.2　梯度法求解

在函数可导的情况下，梯度法是一种更优的方法，该方法利用函数的梯度（一阶导数）和 Hessian 矩阵（二阶导数）构造算法，可以获得更快的收敛速度。函数 $f(x)$ 的负梯度方向 $-\nabla f(x)$ 即反映了函数的最大下降方向。当搜索方向取为负梯度方向时称为最速下降法。当需要最小化的函数有一狭长的谷形值域时，该方法的效率很低。

常见的梯度法有最速下降法、牛顿法、Marquart 法、共轭梯度法和拟牛顿法等。

在所有这些方法中，用得最多的是拟牛顿法。拟牛顿法包括两个阶段，即确定搜索方向、一维搜索阶段。

在 MATLAB 中，fminunc()函数使用拟牛顿法（'quasi-newton'）和信赖域（'trust-region'）方法进行求解。具体调用格式介绍如下。

1．x=fminunc(fun,x0)

该调用格式的功能是给定起始点 x0，求函数 fun 的局部极小点 x。其中，x0 可以是一个标量、向量或矩阵。

2．x=fminunc(fun,x0,options)

该调用格式的功能是使用 options 参数指定的优化参数进行最小化，options 可取值为 Algorithm、CheckGradients、Diagnostics、DiffMaxChange、DiffMinChange、DisplayFiniteDifferencestepsize、FiniteDifferenceType、FunValCheck、MaxFunctionEvaluations、MaxIterations、OptimalityTolerance、OutputFcn、PlotFcn、SpecifyobjectiveGradient、StepTolerance、Typicalx。

3．x = fminunc (problem)

该调用格式的功能是使用结构体 problem 定义参数，对这些参数指定的优化参数进行最小化，problem 包含的参数有目标函数 objective、初始点 x、求解器 solver（'fminunc'）、优化参数 options。

4．[x,fval]=fminunc(fun,x0,...)

该调用格式的功能是同时返回解 x 和在点 x 处的目标函数值。

5．[x,fval,exitflag]=fminunc(fun,x0,...)

该调用格式的功能是返回同调用格式 4 的值；另外，返回 exitflag 值，描述极小化函数的退出条件。其中，exitflag 值和相应的含义见表 9-4。

表 9-4　exitflag 值和相应的含义

值	含　义
1	函数收敛到目标函数最优解处
2	x 的变化小于规定的容许范围
3	目标函数值的变化小于规定的容许范围
0	达到最大迭代次数或达到函数评价
−1	算法由输出函数终止
−2	线搜索在当前方向找不到可接受的点

6．[x,fval,exitflag,output]=fminunc(fun,x0,...)

该调用格式的功能是返回同调用格式 5 的值；另外，返回包含 output 结构的输出，其中，output 包含的内容和相应含义见表 9-5。

表 9-5　output 包含的内容和相应含义

output 结构值	含　义
output.iterations	迭代次数
output.funccount	函数评价次数
output.algorithm	所用的算法
output.cgiterations	共轭梯度法的使用次数
output.firstorderopt	一阶最优性条件
output.lssteplength	相对于搜索方向的线搜索的步长（仅适用于拟牛顿法）
output.stepsize	x 中的最终位移
output.message	跳出信息

7．[x,fval,exitflag,output,grad]=fminunc(...)

该调用格式的功能是返回函数 fun 在点 x 处的梯度。

8．[x,fval,exitflag,output,grad,hessian]=fminunc(...)

该调用格式的功能是返回函数 fun 在点 x 处的 Hessian 矩阵。

实例——小球运动问题

扫一扫，看视频

源文件：yuanwenjian\ch09\ep906.m

光滑圆环固定在地面上，圆环上串有质量为 m、电荷量为 q 的带电小球（视为质点），最初小球静止，圆环区域内有垂直于纸面向里的匀强磁场。

（1）磁感应强度按照 $B(t) = B_O \sin\left(\dfrac{qB_O}{m}t\right)$ 的规律随时间 t 变化，则在小球运动区间（小球在其整个运动过程中所能覆盖到的圆弧段）何时磁感应强度最大？

（2）由于小球串在圆环上，则小球在运动过程中，运动半径 R 始终不发生变化，小球加速度符合简谐振动运动规律，因此小球在圆环上将做简谐振动，即小球在圆环上的运动距离为 $s(t) = \dfrac{R}{2}\sin\left(\dfrac{qB_O}{m}t\right)$。问何时磁感应强度最大，运动距离最小？

操作步骤

（1）建立问题（1）的数学模型。

设圆环小球运动时间为 x，定义磁感应强度最大值点函数为 $B(x) = \sin x$，转化为极小值问题，得到目标函数为

$$\min -\sin x$$

（2）求解问题（1）的模型。

首先，在 MATLAB 的 M 编辑器中建立函数文件，用于保存所要求解最小值的函数。

```
function f = fun115(x)
%这是一个演示函数
        f = -sin(x);
```

然后，在命令行窗口中调用 fminunc() 函数求解。

```
>> x0 = 2; %输入初始值
>> x = fminunc(@fun115,x0)
```

结果如下。

```
Local minimum found.
Optimization completed because the size of the gradient is less than
the value of the optimality tolerance.
<stopping criteria details>
x =
    1.5708
```

由上面的结果可知，t=1.5708 时磁感应强度最大。

注意：

上面的模型虽然属于非线性单元无约束规划，但该模型没有上下界，因此不适合使用 fminbnd() 函数求解。

（3）建立问题（2）的数学模型。

设圆环小球运动时间为 x，定义磁感应强度最大值点函数为 $f(x) = \sin x$；定义运动距离最小值点函数为 $g(x) = \cos x$。

转化为极小值问题，得到目标函数为

$$\min -\sin x$$
$$\min \cos x$$

（4）求解问题（2）的模型。

为了在给定的梯度下极小化函数，需要在保存的目标函数文件中加入梯度函数，使该函数有两个输出。

```
function [f,g]= fun116(x)
%这是一个演示函数
    f = -sin(x);
    g = cos(x);
```

然后，在命令行窗口中输入以下命令。

```
>> options = optimset('GradObj','on');    %在函数中定义梯度
>> x = fminunc('fun116',4,options)        %采用用户定义的目标函数梯度
```

结果如下。

```
Local minimum found.
Optimization completed because the size of the gradient is less than
the value of the optimality tolerance.
<stopping criteria details>
x =
    4
```

由上面的结果可知，$t=4$ 时磁感应强度最大，运动距离最小。

实例——房屋出租问题

源文件： yuanwenjian\ch09\ep907.m

一家房地产公司有 50 套公寓要出租，当月租金定为 4000 元时，公寓会全部租出去；当月租金每增加 200 元时，就会多一套公寓租不出去，而租出去的公寓平均每月需花费 400 元的维修费。试问房租定为多少时可获得最大收入？

操作步骤

（1）建立数学模型。

设每套公寓房租为 x 元，租不出去的公寓套数为 $f(x) = \dfrac{x-4000}{200} = \dfrac{x}{200} - 200$，租出去的公寓套数为 $g(x) = 50 - \left(\dfrac{x}{200} - 20\right) = 70 - \dfrac{x}{200}$，租出的每套公寓获利 $m(x) = x - 400$ 元，故总利润为

$$y(x) = \left(70 - \frac{x}{200}\right)(x - 400) = -\frac{x^2}{200} + 72x - 28000。$$

最大收入是极大值问题，将其转化为极小值问题，得到目标函数为

$$\min -\frac{x^2}{200} - 72x + 28000$$

（2）求解模型。

在命令行窗口中输入参数，调用 fminunc() 函数求解。

```
>> fun = @(x)x^2/200-72*x+28000;
>> x0=4000;
>> [x,fval] = fminunc(fun,x0)
```

结果如下。

```
Local minimum found.
Optimization completed because the size of the gradient is less than
the value of the optimality tolerance.
<stopping criteria details>
x =
    7200
fval =
    -231200
```

（3）模型分析。

由以上运行结果可知，当每套公寓房租定为 7200 元时，可获得最大收入，为 23.12 万元。

实例——加班问题

源文件： yuanwenjian\ch09\ep908.m

扫一扫，看视频

电信局现有 600 部已申请电话待装，此外，每天另有新申请电话待装，有时员工没安装完需要加班。电信局每天随机给安装工人分配电话待装申请，根据电话安装完成情况，对工人安装费有以下规定。

（1）安装已申请电话，每小时基本费用为 20 元，每多加班 1 小时加班费少 3 元。

（2）安装新申请电话，每小时基本费用为 15 元，每多加班 1 小时加班费少 2 元。

试问每天加班多长时间安装已申请装机电话，加班多长时间安装新申请电话，能使安装工人加班费最多？

操作步骤

（1）建立数学模型。

设安装已申请电话与安装新申请电话的加班时间分别为 x_1、x_2。安装已申请电话加班费为 $x_1(20-3x_1)$，安装新申请电话加班费为 $x_2(15-2x_2)$。

安装工人加班费最多，为极大值问题，得出

$$\max x_1(20-3x_1)+x_2(15-2x_2)=-3x_1^2-2x_2^2+20x_1+15x_2$$

转化为极小值问题，得到目标函数为

$$\min-(-3x_1^2-2x_2^2+20x_1+15x_2)$$

（2）求解模型。

在命令行窗口中输入参数，调用 fminunc() 函数求解。

```
>> fun = @(x)-(-3*x(1)^2-2*x(2)^2+20*x(1)+15*x(2));
>> x0=[2;2];
>> [x,fval] = fminunc(fun,x0)
```

结果如下。

```
Local minimum found.
Optimization completed because the size of the gradient is less than
the value of the optimality tolerance.
<stopping criteria details>
x =
    3.3333
```

```
      3.7500
   fval =
     -61.4583
```

（3）模型分析。

由以上运行结果可知,每天安装已申请装机电话加班 3.3333 h,每天安装新申请装机电话加班 3.75 h,安装工人加班费最多，为 61.4583 元。

📢 注意：

➤ 目标函数必须是连续的。fminunc()函数有时会给出局部最优解。

➤ fminunc()函数只对实数进行优化，即 x 必须为实数，而且 $f(x)$ 必须返回实数。当 x 为复数时，必须将它分解为实部和虚部。

➤ 在使用大型算法时，用户必须在 fun 函数中提供梯度（options 参数中的 GradObj 属性必须设置为'on'）。

➤ 目前，若在 fun 函数中提供了解析梯度，则 options 参数中的 DerivativeCheck 属性不能用于大型算法以比较解析梯度和有限差分梯度。可以通过将 options 参数中的 MaxIter 属性设置为 0 用中型算法核对导数，然后重新用大型算法求解问题。

9.2.3 单纯形法求解

直接搜索法适用于目标函数高度非线性，没有导数或导数很难计算的情况，由于实际工程中很多问题都是非线性的，直接搜索法不失为一种有效的解决办法。常用的直接搜索法为单纯形法，其缺点是收敛速度慢。在 MATLAB 中，fminsearch()函数使用 Nelder-Mead 单纯形方法，这是一种直接搜索的方法。具体调用格式介绍如下。

1. x = fminsearch(fun,x0)

该调用格式的功能是给定起始点 x0，求函数 fun 的局部极小点 x。其中，x0 可以是一个标量、向量或矩阵。

2. x = fminsearch(fun,x0,options)

该调用格式的功能是使用 options 参数指定的优化参数进行最小化,具体细节可参看 optimset()函数。options 可取值为 Display、Tolx、TolTun、Maxfunevals、MaxIter、Funvalcheck、PlotFcns 和 OutputFcn。

3. x = fminsearch (problem)

该调用格式的功能是使用结构体 problem 定义参数，对这些参数指定的优化参数进行最小化，problem 包含的参数有目标函数 objective、初始点 x、求解器 solver（'fminunc'）、优化参数 options。

4. [x,fval]= fminsearch(...)

该调用格式的功能是同时返回解 x 和在点 x 处的目标函数值 fval。

5. [x,fval,exitflag] = fminsearch(...)

该调用格式的功能是返回同调用格式 4 的值；另外，返回 exitflag 值，描述极小化函数 fminsearch()的退出条件。其中，exitflag 值和相应的含义见表 9-6。

表 9-6　exitflag 值和相应的含义

值	含　义
1	函数收敛到目标函数最优解处
0	达到最大迭代次数或达到函数评价
−1	算法由输出函数终止

6.　[x,fval,exitflag,output] = fminsearch(...)

该调用格式的功能是返回同调用格式 5 的值；另外，返回包含 output 结构的输出，其中，output 包含的内容有 output.iterations、output.funccount、output.algorithm、output.message。

对于带有参数的目标函数，可以使用类似 fminunc() 函数的处理方式。

fminsearch() 函数的局限性如下。

（1）应用 fminsearch() 函数可能会得到局部最优解。

（2）fminsearch() 函数只对实数进行最小化，即 x 必须由实数组成，$f(x)$ 函数必须返回实数。如果 x 是复数，必须将它分为实部和虚部两部分。

实例——种植问题

扫一扫，看视频

源文件：yuanwenjian\ch09\ep909.m

设每亩地种植 50 株葡萄藤，每株葡萄藤将产出 75kg 葡萄，若每亩地再多种一株葡萄藤，则每株葡萄藤产量平均下降 1kg。试问每亩地种多少株葡萄藤才能使产量达到最高？

操作步骤

（1）建立数学模型。

设每亩地多种 x 株葡萄藤，则产量为 $f(x)=(50+x)(75-x)$。

产量达到最高，为极大值问题，得出

$$\max(50+x)(75-x)=-x^2+25x+3750$$

转化为极小值问题，得到目标函数为

$$\min-(-x^2+25x+3750)$$

（2）求解模型。

在命令行窗口中输入参数，调用 fminunc() 函数求解。

```
>> fun = @(x)-(-x^2+25*x+3750);
>> x0=[10];
>> [x,fval] = fminunc(fun,x0)
```

结果如下。

```
Local minimum found.
Optimization completed because the size of the gradient is less than
the value of the optimality tolerance.
<stopping criteria details>
x =
    12.5000
fval =
-3.9062e+03
```

调用 fminsearch() 函数求解。

```
>> [x,fval]=fminsearch(fun,x0)
```

```
x =
   12.5000
fval =
  -3.9062e+03
```

（3）模型分析。

由以上运行结果可知，当 $x=12.5$ 时，$f(x)$ 有极大值。根据实际情况，取整数株 $x=13$ 时，$f(x)$ 取得最大值，即每亩地种 50+13=63 株葡萄藤，产量可达最高，为 $f(13)=3906$ kg。

实例——计算机生产计划问题

源文件： yuanwenjian\ch09\ep910.m

一家制造计算机的公司计划生产两种计算机：一种使用 27 英寸（1 英寸为 0.0254m）显示器，另一种使用 31 英寸显示器。除了 40 万美元的固定费用外，每台 27 英寸显示器的计算机成本为 1950 美元，而 31 英寸显示器的计算机成本为 2250 美元。制造商建议每台 27 英寸显示器的计算机零售价格为 3390 美元，每台 31 英寸显示器的计算机零售价格为 3990 美元。营销人员估计，在销售这些计算机的竞争市场上，一种类型的计算机每多卖出一台，它的价格就下降 0.1 美元。此外，一种类型的计算机的销售也会影响另一种类型的计算机的销售：每销售一台 31 英寸显示器的计算机，估计 27 英寸显示器的计算机零售价格下降 0.03 美元；每销售一台 27 英寸显示器的计算机，估计 31 英寸显示器的计算机零售价格下降 0.04 美元。那么，该公司应该生产每种计算机多少台，才能使利润最大？

操作步骤

（1）建立数学模型。

设生产 27 英寸显示器的计算机和 31 英寸显示器的计算机的数量分别为 x 和 y；p_1 和 p_2 分别为 27 英寸显示器的计算机和 31 英寸显示器的计算机的零售价格；L 为计算机零售的总利润，由题意可知

$$p_1 = 3390 - 0.1x - 0.03y$$
$$p_2 = 3990 - 0.1y - 0.04x$$

则收入为

$$p_1 x + p_2 y$$

总成本为

$$400000 + 1950x + 2250y$$

从而总利润为

$$L = (3390 - 0.1x - 0.03y)x + (3990 - 0.1y - 0.04x)y - (400000 + 1950x + 2250y)$$

即

$$L = -0.1x^2 - 0.1y^2 - 0.07xy + 1440x + 1740y - 400000$$

利润最大为极大值问题，得出

$$\max -0.1x_1^2 - 0.1x_2^2 - 0.07x_1x_2 + 1440x_1 + 1740x_2 - 400000$$

转化为极小值问题，得到目标函数为

$$\min -(-0.1x_1^2 - 0.1x_2^2 - 0.07x_1x_2 + 1440x_1 + 1740x_2 - 400000)$$

（2）求解模型。

本实例利用 fminsearch() 函数求解此问题，但是有多种使用方法。

方法一： 直接在 MATLAB 命令行窗口中输入以下命令。

```
>> [x,fval,exitflag,output] =fminsearch('-(-0.1*x(1)^2-0.1*x(2)^2-0.07*x(1)*x(2)
```

```
+1440*x(1) +1740*x(2)-400000)', [0,0])
```

结果如下。

```
x =
   1.0e+03 *
    4.7350    7.0427
fval =
  -9.1364e+06
exitflag =
    1
output =
  包含以下字段的 struct:
   iterations: 137
    funcCount: 269
    algorithm: 'Nelder-Mead simplex direct search'
      message:'优化已终止:↵ 当前的 x 满足使用 1.000000e-04 的 OPTIONS.TolX 的终止条件, ↵F(X)
满足使用 1.000000e-04 的 OPTIONS.TolFun 的收敛条件↵'
>> format long
>> x
x =
   1.0e+03 *
   4.735042811372169   7.042734987334175
```

方法二：首先在 MATLAB 的 M 编辑器中建立函数文件，用于保存所要求解最小值的函数，保存为 fun119.m。

```
function f=fun119(x)
%这是一个演示函数
f=-(0.1*x(1)^2-0.1*x(2)^2-0.07*x(1)*x(2)+1440*x(1) +1740*x(2)-400000);
```

然后在命令行窗口中调用该函数，这里有两种调用方式。

调用方式一：在命令行窗口中输入以下命令。

```
>> [x,fval,exitflag,output]=fminsearch ('fun119', [0,0])
```

结果如下。

```
x =
   1.0e+03 *
    4.7350    7.0427
fval =
  -9.1364e+06
exitflag =
    1
output =
  包含以下字段的 struct:
   iterations: 137
    funcCount: 269
    algorithm: 'Nelder-Mead simplex direct search'
      message:'优化已终止:↵ 当前的 x 满足使用 1.000000e-04 的 OPTIONS.TolX 的终止条件, ↵F(X)
满足使用 1.000000e-04 的 OPTIONS.TolFun 的收敛条件↵'
```

调用方式二：在命令行窗口中定义目标函数。

```
>> fun='-(0.1*x(1)^2-0.1*x(2)^2-0.07*x(1)*x(2)+1440*x(1) +1740*x(2)-400000)';
>> [x,fval,exitflag,output]=fminsearch(fun,[0,0])
```

结果如下。

```
x =
   1.0e+03 *
    4.7350    7.0427
fval =
   -9.1364e+06
exitflag =
    1
output =
  包含以下字段的 struct:
   iterations: 137
    funcCount: 269
    algorithm: 'Nelder-Mead simplex direct search'
      message: '优化已终止:↵ 当前的 x 满足使用 1.000000e-04 的 OPTIONS.TolX 的终止条件，↵F(X)
满足使用 1.000000e-04 的 OPTIONS.TolFun 的收敛条件↵'
```

（3）模型分析。

由以上运行结果可知，经过 137 次迭代后，在点(4735.04,7042.73)处，目标函数达到最小值 −9.1364e+06。

计算机的数量为整数，因此，生产 27 英寸显示器的计算机 4736 台，31 英寸显示器的计算机 7043 台，才能使利润最大，为 9136.4 万美元。

由上面的结果可知，不管使用怎样的调用方式，只要使用的函数和选取的算法一样，所得到的结果都是相同的。

（4）调用 fminunc()函数求解此问题，为方便起见，这里选用最简单的调用方式。

在命令行窗口中输入目标函数。

```
>> fun='-(-0.1*x(1)^2-0.1*x(2)^2-0.07*x(1)*x(2)+1440*x(1) +1740*x(2)-400000)';
>> x0=[0,0];
>> [x,fval,exitflag,output,grad,hessian]=fminunc(fun,x0)
```

结果如下。

```
Computing finite-difference Hessian using objective function.
Local minimum found.
Optimization completed because the size of the gradient is less than
the value of the optimality tolerance.
<stopping criteria details>
x =
   1.0e+03 *
    4.7350    7.0427
fval =
   -9.1364e+06
exitflag =
    1
output =
  包含以下字段的 struct:
      iterations: 5
       funcCount: 27
        stepsize: 0.0404
    lssteplength: 1
    firstorderopt: 2.6399e-05
```

```
        algorithm: 'quasi-newton'
          message: 'Local minimum found.↵Optimization completed because the size of
the gradient is less than↵the value of the optimality tolerance.↵<stopping criteria details>
↵Optimization completed: The first-order optimality measure, 1.516308e-08, is less ↵than
options.OptimalityTolerance = 1.000000e-06.'
     grad =
       1.0e-04 *
       0.2640
       0.1775
     hessian =
       0.2000    0.0700
       0.0700    0.2000
```

根据上面的计算结果可知，函数利用拟牛顿线搜索算法，经过 5 次迭代，得到目标函数的极小点和极小值。

综合上面的信息，使用 fminsearch()函数经过 137 次迭代，得到最优解。比较两个结果不难发现，当函数的阶数大于 2 时，使用 fminunc()函数比使用 fminsearch()函数更有效，而且更精确。另外，事实证明，当所选函数的高度不连续时，使用 fminsearch()函数效果较好。

📢 **注意：**

由于使用的是线搜索方法，在调用格式中有梯度和 Hessian 矩阵的要求，所以调用一开始给出了警告信息，但并不会影响程序的执行，对结果也没有影响。如果在调用格式中给梯度和 Hessian 矩阵进行赋值，就不会出现警告信息。

9.3　非线性多元有约束有界规划

非线性多元有约束规划是所有非线性规划模型都适用的模型，单元无约束规划、多元无约束规划是非线性多元有约束规划的特例。也就是说，所有单元无约束规划、多元无约束规划都可以用非线性多元有约束规划模型代替。

9.3.1　非线性规划模型的标准形式

在 MATLAB 中，非线性规划模型的标准型如下。

$$\min_{\boldsymbol{x}\in\mathbb{R}^n} f(\boldsymbol{x})$$

$$\text{s.t.} \begin{cases} \boldsymbol{Ax} \leqslant \boldsymbol{b} \\ \boldsymbol{A}_{\text{eq}}\boldsymbol{x} = \boldsymbol{b}_{\text{eq}} \\ C(\boldsymbol{x}) \leqslant 0 \\ C_{\text{eq}}(\boldsymbol{x}) = 0 \\ \boldsymbol{l}_{\text{b}} \leqslant \boldsymbol{x} \leqslant \boldsymbol{u}_{\text{b}} \end{cases}$$

其中，$\boldsymbol{l}_{\text{b}}$、$\boldsymbol{u}_{\text{b}}$ 为边界约束；$\boldsymbol{A}$、$\boldsymbol{b}$、$\boldsymbol{A}_{\text{eq}}$、$\boldsymbol{b}_{\text{eq}}$ 为线性约束；$C(\boldsymbol{x})$、$C_{\text{eq}}(\boldsymbol{x})$为非线性约束。$\boldsymbol{A}$、$\boldsymbol{b}$ 为线性不等式约束，$\boldsymbol{A}_{\text{eq}}$、$\boldsymbol{b}_{\text{eq}}$ 为等式约束，$C(\boldsymbol{x})$、$C_{\text{eq}}(\boldsymbol{x})$为非线性函数。

非线性规划的约束条件包含线性约束与非线性约束，根据数学模型中约束条件的不同，非线性规划模型又可分为不同的类型，无约束非线性规划、二次规划等都是非线性规划模型的特殊形式。

9.3.2　非线性规划模型的一般解法

解决非线性规划问题要比线性规划问题复杂得多，目前没有通用算法。大多数算法都是在选定合适的决策变量初始值之后，采用特殊的搜索算法寻求最优的决策变量。

在 MATLAB 中，fmincon()函数使用以下优化算法求解非线性规划模型。

- 'interior-point'（默认值）：内点算法。
- 'trust-region-reflective'：信赖域反射算法。
- 'sqp'：序列二次规划算法（SQP）。
- 'sqp-legacy'（仅限于 optimoptions()函数）：传统 SQD 算法。
- 'active-set'：积极集算法。

fmincon()函数的具体调用格式如下。

1．x=fmincon(fun,x0,A,b)

该调用格式的功能是给定初始点 x0，求解函数 fun 的极小点 x，约束条件只包含线性不等式约束。适用的非线性规划模型如下。

$$\min_{x \in \mathbb{R}^n} f(x)$$

$$\text{s.t. } Ax \leqslant b$$

若无不等式约束，则令 A=[ ] 和 b=[ ]。

x0 可以是标量、向量或矩阵。非线性规划的算法求解出来的是一个局部最优解，因此在非线性规划中对于初始值 x0 的选取非常重要。

目标函数 fun 是非线性函数，不能使用系数向量表示，可以使用以下两种方法。

（1）定义函数表达式 $f(x)$，然后通过引用@来完成。例如：

```
>> hss = sin(x)^2;      %定义函数表达式，若函数表达式很复杂，也可以创建 hss.m 文件定义函数
>> fun=@hss;
```

（2）fun 还可以是一个匿名函数。例如：

```
>> fun=@(x) sin(x)^2;
```

2．x=fmincon(fun,x0,A,b,Aeq,beq)

该调用格式的功能是极小化带有线性等式约束 $A_{eq}x = b_{eq}$ 和线性不等式约束 $Ax \leqslant b$ 的非线性规划问题。适用的非线性规划模型如下。

$$\min_{x \in \mathbb{R}^n} f(x)$$

$$\text{s.t. } \begin{cases} Ax \leqslant b \\ A_{eq}x = b_{eq} \end{cases}$$

若无等式约束，则令 A_{eq}=[ ]和 b_{eq}=[ ]。

3．x=fmincon(fun,x0,A,b,Aeq,beq,lb,ub)

该调用格式的功能同调用格式 2，并且定义变量 x 所在集合的上下界。如果 x 没有上下界，则分别用空矩阵代替；如果问题中无下界约束，则令 lb(i) = -inf；同样，如果问题中无上界约束，则令 ub(i) = inf。

4．x=fmincon(fun,x0,A,b,Aeq,beq,lb,ub,nonlcon)

该调用格式的功能同调用格式 3。同时，约束中增加由 nonlcon 函数定义的非线性约束条件。在 nonlcon 函数的返回值中包含非线性等式约束 $C_{eq}(x)=0$ 和非线性不等式约束 $C(x) \leqslant 0$。其中，$C(x)$ 和 $C_{eq}(x)$ 均为向量。

一般将 nonlcon 函数定义为 MATLAB 约束函数文件 mycon.m。例如：

```
function [c,ceq] = mycon(x)
c = ...                    %定义非线性不等式约束表达式
ceq = ...                  %定义非线性等式约束表达式
```

通过引用@定义非线性约束条件 nonlcon。

```
nonlcon = @mycon;
```

5．x=fmincon(fun,x0,A,b,Aeq,beq,lb,ub,nonlcon,options)

该调用格式的功能是使用 options 参数指定的优化参数进行最小化，options 可取值为 Algorithm、CheckGradients、ConstraintTolerance、Diagnostics、Display、FiniteDifferencestepsize、FiniteDifferenceType、MaxFunctionEvaluations、MaxIterations、OptimalityTolerance、OutputFcn、PlotFcn、TolX、UseParallel、TolFun、TolCon、DerivativeCheck、Diagnostics、FunValCheck、GradObj、GradConstr、Hessian、MaxFunEvals、MaxIter、DiffMinChange 和 DiffMaxChange、LargeScale、MaxPCGIter、PrecondBandWidth、TolPCG、TypicalX、Hessian、HessMult、HessPattern、FunctionTolerance、MaxSQPiter、RelLineSrchBnd、RelLineSrchBndDuration、TolConSQP、HessianApproximation、HessianFcn、HessianMultiplyFcn、HonorBounds、InitBarrierParam、InitTrustRegionRadius、MaxProjCGlter、ObjectiveLimit、ScaleProblem、SubproblemAlgorithm、TolProjCG、TolProjCGAbs。

6．x = fmincon (problem)

该调用格式的功能是使用结构体 problem 定义参数，对这些参数指定的优化参数进行最小化。

7．[x,fval]=fmincon(...)

该调用格式的功能是返回目标函数在解 x 处的值。

8．[x,fval,exitflag]=fmincon(...)

该调用格式的功能是返回 exitflag 值，描述函数计算的退出条件。其中，exitflag 值和相应的含义见表 9-7。

表 9-7　exitflag 值和相应的含义

值	含　义
1	一阶最优性条件满足容许范围
2	x 的变化小于容许范围
3	目标函数的变化小于容许范围
4	重要搜索方向小于规定的容许范围并且约束违背小于 options.TolCon
5	重要方向导数小于规定的容许范围并且约束违背小于 options.TolCon
0	达到最大迭代次数或达到函数评价
−1	算法由输出函数终止
−2	无可行点

9. [x,fval,exitflag,output]=fmincon(...)

该调用格式的功能是返回同调用格式 8 的值。另外，返回包含 output 结构的输出。

10. [x,fval,exitflag,output,lambda]=fmincon(...)

该调用格式的功能是返回 lambda 在解 x 处的结构参数，各参数值及含义见表 9-8。

表 9-8　lambda 在解 x 处的结构参数值及其含义

参 数 值	含 义
lambda.lower	对应于下界约束的拉格朗日乘子
lambda.upper	对应于上界约束的拉格朗日乘子
lambda.ineqlin	对应于线性不等式约束的拉格朗日乘子
lambda.eqlin	对应于线性等式约束的拉格朗日乘子
lambda.ineqnonlin	对应于非线性不等式约束的拉格朗日乘子
lambda.eqnonlin	对应于非线性等式约束的拉格朗日乘子

11. [x,fval,exitflag,output,lambda,grad]=fmincon(...)

该调用格式的功能是返回函数 fun 在解 x 处的梯度。

12. [x,fval,exitflag,output,lambda,grad,hessian]=fmincon(...)

该调用格式的功能是返回函数 fun 在解 x 处的 Hessian 矩阵 hessian。

扫一扫，看视频

实例——饲料供货费用问题

源文件：yuanwenjian\ch09\ep911.m

某饲料厂向批发商提供饲料，合同规定，一、二、三季度末分别交货 10t、15t、20t。其中，x 是该季生产的吨数。已知饲料厂每季度最大生产能力为 30t，饲料厂每季度收购原料费用为 $h(x)=\dfrac{50}{x}+10x$，每个季度加工费用为 $f(x)=0.5x^2-20x$。问该厂每个季度应该生产多少吨饲料，才能既满足交货合同，又使饲料厂所花费的费用最少？

操作步骤

（1）建立数学模型。

设 x_i 为该季度生产的饲料吨数，3 个季度分别表示为 x_1、x_2、x_3。

非线性规划模型如下。

加工费用：$f(x)=0.5x^2-20x$

原料费用：$h(x)=\dfrac{50}{x}+10x$

总费用：$y=f(x)+h(x)$

根据生产饲料吨数，有约束条件

$$10\leqslant x_1\leqslant 30$$
$$15\leqslant x_2\leqslant 30$$
$$20\leqslant x_3\leqslant 30$$

将上述问题转化为非线性规划模型的标准型：

$$\min y = f(x) + h(x)$$

其中

$$f(x) = 0.5x_1^2 - 20x_1 + 0.5x_2^2 - 20x_2 + 0.5x_3^2 - 20x_3$$

$$h(x) = \frac{50}{x_1} + 10x_1 + \frac{50}{x_2} + 10x_2 + \frac{50}{x_3} + 10x_3$$

$$\text{s.t.} \begin{cases} 10 \leqslant x_1 \leqslant 30 \\ 15 \leqslant x_2 \leqslant 30 \\ 20 \leqslant x_3 \leqslant 30 \end{cases}$$

（2）求解模型。

在命令行窗口中定义目标函数。

```
>> fun = @(x) 0.5*x(1)^2-20*x(1)+0.5*x(2)^2-20*x(2)+0.5*x(3)^2-20*x(3)+50/x(1)+10*x(1)
+50/x(2)+10*x(2) +50/x(3)+10*x(3); %定义费用函数
```

定义约束参数。

```
>> A=[];                    %定义线性不等式系数
>> b=[];
>> Aeq=[];                  %定义线性等式系数
>> beq=[];
>> lb = [10;15;20];         %定义上下界
>> ub = [30;30;30];
>> nonlcon = [];            %定义非线性参数
>> x0 = [0;0;0];
```

调用 fmincon() 函数求解。

```
>> [x,fval,exitflag,output]=fmincon(fun,x0,A,b,Aeq,beq,lb,ub,nonlcon)
```

结果如下。

```
Local minimum found that satisfies the constraints.
Optimization completed because the objective function is non-decreasing in
feasible directions, to within the value of the optimality tolerance,
and constraints are satisfied to within the value of the constraint tolerance.
<stopping criteria details>
x =
   10.4572
   15.0000
   20.0000
fval =
  -76.7808
exitflag =
    1
output =
  包含以下字段的 struct:
        iterations: 6
         funcCount: 28
     constrviolation: 0
```

```
       stepsize: 1.8654e-05
      algorithm: 'interior-point'
  firstorderopt: 5.1511e-07
   cgiterations: 0
        message: 'Local minimum found that satisfies the constraints.↵Optimization
completed because the objective function is non-decreasing in ↵feasible directions, to within
the value of the optimality tolerance,↵and constraints are satisfied to within the value
of the constraint tolerance.↵↵<stopping criteria details>↵↵Optimization completed: The
relative first-order optimality measure, 5.216271e-08,↵is less than options.OptimalityTolerance
= 1.000000e-06, and the relative maximum constraint↵violation, 0.000000e+00, is less than
options.ConstraintTolerance = 1.000000e-06.'
    bestfeasible: [1×1 struct]
```

运行结果中，exitflag 值为 1，表示该解是局部最小值。output 结构体报告有关求解过程的几个统计量，其中 iterations 显示迭代次数，funcCount 显示计算次数，constrviolation 显示可行性。

结果显示经迭代 6 次达到最优解，在 x =[10.4572;15.0000;20.0000]时，得到局部最小值-76.7808。

（3）模型分析。

由上可知，饲料厂第一季度生产 10.4572t 饲料，第二季度生产 15t 饲料，第三季度生产 20t 饲料，该厂所花费的费用最少，为 76.7808 万元。

实例——沐浴露营业额问题

源文件：yuanwenjian\ch09\ep912.m

扫一扫，看视频

某化妆品公司推出两种新沐浴露，第一种产品每件售价 30 元，第二种产品每件售价 450 元。据统计，售出 1 万件第一种产品所需要的服务时间平均为 0.5h，售出第二种产品所需要的总服务时间为 $(2+0.25x_2)$h，其中 x_2 是第二种产品的售出数量（万件）。已知该公司在这段时间内的总服务时间为 800h，试确定使营业额最大的营业计划。

操作步骤

（1）建立数学模型。

设该公司计划经营第一种产品 x_1 万件，第二种产品 x_2 万件。根据题意，其营业额为

$$f(x) = 30x_1 + 450x_2$$

由于服务时间的限制，该计划必须满足

$$0.5x_1 + (2 + 0.25x_2)x_2 \leqslant 800$$

此外，这个问题还应满足

$$x_1 \geqslant 0, \ x_2 \geqslant 0$$

如此，得到这个问题的数学模型如下。

$$\begin{cases} \max f(x) = 30x_1 + 450x_2 \\ 0.5x_1 + 2x_2 + 0.25x_2^2 \leqslant 800 \\ x_1 \geqslant 0, x_2 \geqslant 0 \end{cases}$$

将上述问题转化为非线性规划模型的标准型：

$$\min -30x_1 - 450x_2$$

$$\text{s.t.} \begin{cases} 0.5x_1 + 2x_2 + 0.25x_2^2 - 800 \leqslant 0 \\ x_1, x_2 \geqslant 0 \end{cases}$$

（2）求解模型。

在命令行窗口中定义目标函数。

```
>> fun = @(x)-30*x(1)-450*x(2);          %定义营业额函数
```

新建约束函数文件 yconfun.m。

```
function [c,ceq]=yconfun (x)
%这是一个目标函数文件
c=0.5*x(1) +2*x(2)+0.25*x(2)^2-800;      %定义非线性不等式表达式
ceq=[];                                   %定义非线性等式表达式
```

定义约束参数。

```
>> A=[];                                   %定义线性不等式系数
>> b=[];
>> Aeq=[];                                 %定义线性等式系数
>> beq=[];
>> lb = [0;0];                             %定义上下界
>> ub = [];
>> x0=[0;0];                               %定义初始值
>> nonlcon = @yconfun;                     %定义非线性参数
```

调用 fmincon() 函数求解。

```
>> [x,fval,exitflag,output]=fmincon(fun,x0,A,b,Aeq,beq,lb,ub,nonlcon)
```

结果如下。

```
Local minimum found that satisfies the constraints.
Optimization completed because the objective function is non-decreasing in
feasible directions, to within the value of the optimality tolerance,
and constraints are satisfied to within the value of the constraint tolerance.
<stopping criteria details>
x =
   1.0e+03 *
   1.4955
   0.0110
fval =
 -4.9815e+04
exitflag =
    1
output =
  包含以下字段的 struct:
         iterations: 14
          funcCount: 45
      constrviolation: 0
           stepsize: 0.0016
          algorithm: 'interior-point'
      firstorderopt: 9.3614e-05
        cgiterations: 0
            message: 'Local minimum found that satisfies the constraints.↵Optimization
completed because the objective function is non-decreasing in ↵feasible directions, to within
the value of the optimality tolerance,↵and constraints are satisfied to within the value
of the constraint tolerance.↵↵<stopping criteria details>↵↵Optimization completed: The
relative first-order optimality measure, 2.080305e-07,↵is less than options.OptimalityTolerance
= 1.000000e-06, and the relative maximum constraint↵violation, 0.000000e+00, is less than
options.ConstraintTolerance = 1.000000e-06.'
        bestfeasible: [1×1 struct]
```

（3）模型分析。

由以上运行结果得出营业最优计划：第一种产品售出 1495.5 万件，第二种产品售出 11 万件，得到最大营业额 49815 万元。

实例——木梁设计问题

源文件：yuanwenjian\ch09\ep913.m

用直径为 1m 的圆木制成截面为矩形的梁，为使截面面积最大，截面的宽和高应取何尺寸？

操作步骤

（1）建立数学模型。

假设矩形截面的宽和高分别为 x_1 和 x_2，那么根据几何知识可得圆木截面面积为 $x_1^2 + x_2^2 = 1$，梁的截面面积为 $x_1 x_2$。

实际上，目标函数即为截面面积最大，于是容易列出如下数学模型：

$$\max x_1 x_2$$

根据截面面积得出约束条件：

$$\begin{cases} x_1^2 + x_2^2 = 1 \\ x_1, x_2 \geq 0 \end{cases}$$

转化为标准型：

$$\min - x_1 x_2$$
$$\text{s.t.} \begin{cases} x_1^2 + x_2^2 - 1 = 0 \\ x_1, x_2 \geq 0 \end{cases}$$

（2）求解模型。

新建目标函数文件 objfun1.m。

```
function f=objfun1(x)
%这是一个目标函数文件
f=x(1)*x(2);
```

新建约束函数文件 confun1.m。

```
function [c,ceq]=confun1(x)
%这是一个约束函数文件
c=[ ];                    %定义非线性不等式表达式
ceq=x(1)^2+x(2)^2-1;      %定义非线性等式表达式
```

在命令行窗口中设置初始参数。

```
>> x0=[0;1];              %定义初始值
>> ub=[1;1];              %定义上下界
>> lb=zeros(2,1);
```

调用 fmincon()函数求解。

```
>> [x,fval,exitflag,output,lambda,grad,hessian]=fmincon(@objfun1,x0,[ ],[ ],[ ],[ ],
lb,ub, @confun1)
```

结果如下。

```
Local minimum possible. Constraints satisfied.
fmincon stopped because the size of the current step is less than
the value of the step size tolerance and constraints are
```

```
satisfied to within the value of the constraint tolerance.
<stopping criteria details>
x =
    0.0024
    1.0000
fval =
    0.0024
exitflag =
     2
output =
  包含以下字段的 struct:
          iterations: 44
           funcCount: 136
      constrviolation: 0
            stepsize: 3.4620e-12
           algorithm: 'interior-point'
       firstorderopt: 0.0197
         cgiterations: 0
             message: 'Local minimum possible. Constraints satisfied.↵fmincon stopped
because the size of the current step is less than↵the value of the step size tolerance and
constraints are ↵satisfied to within the value of the constraint tolerance.↵↵<stopping
criteria details>↵↵Optimization stopped because the relative changes in all elements of
x are↵less than options.StepTolerance = 1.000000e-10, and the relative maximum constraint↵
violation, 0.000000e+00, is less than options.ConstraintTolerance = 1.000000e-06.'
         bestfeasible: [1×1 struct]
lambda =
  包含以下字段的 struct:
          eqlin: [0×1 double]
       eqnonlin: -139.1197
        ineqlin: [0×1 double]
          lower: [2×1 double]
          upper: [2×1 double]
     ineqnonlin: [0×1 double]
grad =
    1.0000
    0.0024
hessian =
    1.0e+13 *
    0.0000    0.0185
    0.0185    7.7057
```

（3）模型分析。

由以上运行结果可知，梁的尺寸应选为长 1m、宽 0.0024m，此时截面面积最大，为 0.0024 m^2。

实例——建设费用问题

扫一扫，看视频

源文件：yuanwenjian\ch09\ep914.m

某农场拟修建一批半球壳顶的圆筒形谷仓,计划每座谷仓的容积为 200 m^3,圆筒半径不得超过 3m,高度不得超过 10m。按照造价分析材料,半球壳顶的建筑造价为 150 元/m^2,圆筒仓壁的建筑造价为 120 元/m^2,地坪造价为 50 元/m^2,试求造价最小的谷仓尺寸。

操作步骤

（1）建立数学模型。

设谷仓的圆筒半径为 R，壁高为 H，则半球壳的面积为

$$2\pi R^2$$

圆筒壁的面积为

$$2\pi RH$$

地坪面积为

$$\pi R^2$$

每座谷仓的建筑造价为

$$150(2\pi R^2) + 120(2\pi RH) + 50(\pi R^2)$$

此即为本题的目标函数，根据题意要求，目标函数越小越好，所以，这是一个极小值最优化问题。

由于谷仓的容积拟定为 200m³，故有如下限制：

$$2\pi R^3 / 3 + \pi R^2 H = 200$$

另外，对高度和半径的限制为

$$0 \leqslant R \leqslant 3$$
$$0 \leqslant H \leqslant 10$$

至此，可以写出本题的数学模型为

$$\min 10\pi R(35R + 24H)$$
$$\text{s.t.} \begin{cases} 2\pi R^3 + 3\pi R^2 H = 600 \\ 0 \leqslant R \leqslant 3 \\ 0 \leqslant H \leqslant 10 \end{cases}$$

（2）求解模型。

新建目标函数文件 objfun0.m。

```
function f=objfun0(x)
%这是一个目标函数文件
f=10*pi*x(1)*(35*x(1)+24*x(2));
```

新建约束函数文件 confun0.m。

```
function [c,ceq]=confun0(x)
%这是一个约束函数文件
c=[ ];                                          %定义非线性不等式表达式
ceq=2*pi*x(1)*x(1)*x(1)+3*pi*x(1)*x(1)*x(2)-600;   %定义非线性等式表达式
```

在命令行窗口中设置初始参数。

```
>> x0=[3;3];                    %定义初始值
>> ub=[3;10];                   %定义上下界
>> lb=zeros(2,1);
```

调用 fmincon() 函数求解。

```
>> [x,fval,exitflag,output,lambda,grad,hessian]=fmincon(@objfun0,x0,[ ],[ ],[ ],[ ],
lb, ub,@confun0)
Local minimum found that satisfies the constraints.
Optimization completed because the objective function is non-decreasing in feasible
directions, to within the value of the optimality tolerance, and constraints are satisfied
to within the value of the constraint tolerance.
<stopping criteria details>
```

```
x =
    3.0000
    5.0736
fval =
    2.1372e+04
exitflag =
    1
output =
  包含以下字段的 struct:
          iterations: 7
           funcCount: 25
      constrviolation: 1.5916e-12
            stepsize: 3.4971e-07
           algorithm: 'interior-point'
       firstorderopt: 1.3211e-04
          cgiterations: 0
             message: 'Local minimum found that satisfies the constraints.↵Optimization
completed because the objective function is non-decreasing in ↵feasible directions, to within
the value of the optimality tolerance,↵and constraints are satisfied to within the value of
the constraint tolerance.↵↵<stopping criteria details>↵↵Optimization completed: The relative
first-order optimality measure, 1.267547e-08,↵is less than options.OptimalityTolerance =
1.000000e-06, and the relative maximum constraint↵violation, 3.661028e-15, is less than
options.ConstraintTolerance = 1.000000e-06.'
         bestfeasible: [1×1 struct]
lambda =
  包含以下字段的 struct:
             eqlin: [0×1 double]
          eqnonlin: -26.6667
            ineqlin: [0×1 double]
             lower: [2×1 double]
             upper: [2×1 double]
         ineqnonlin: [0×1 double]
grad =
   1.0e+04 *
   1.0423
   0.2262
hessian =
    4.5985  -28.8673
   -28.8673  181.2438
```

（3）模型分析。

由以上运行结果可知，谷仓的尺寸应选为半径 3m、壁高 5.0736m。这种谷仓的造价最小，每座约为 21372 元。

实例——最优排涝方案

源文件：yuanwenjian\ch09\ep915.m

某市东郊低洼地区共有甲、乙、丙 3 座排涝泵站，供雨季排除洼地积水之用。3 座泵站的机组运行特性各不相同。根据历年运行经验，各泵站的排水流量与消耗功率及运行费用的关系可近似表示如下（用 x、y、z 分别代表排水流量、消耗功率和运行费用，下标对应于各个泵站）。

扫一扫，看视频

$$\begin{cases} x_1 \leqslant 13 \\ x_2 \leqslant 9 \\ x_3 \leqslant 14 \\ y_1 = 25 + 1300x_1 - 464x_1^2 \\ y_2 = 915 + 500x_2 - 475x_2^2 \\ y_3 = 2600 - 363x_3 - 64x_3^2 \\ z_1 = 190 + 1.6(x_1 - 2.5)^{1.9} \\ z_2 = 120 + 2.5(x_2 - 3.5)^2 \\ z_3 = 210 + 0.7(x_3 - 12)^{2.1} \end{cases}$$

今遇到特大暴雨，要求在一昼夜内排尽洼地积水 200 万 m^3，平均抽排流量为 25 m^3/s。由于电力供应比较紧张，通知限制在 1200kW 以内。试安排一个最佳的泵站运行计划，既满足各项要求，又使总运行费用最低（单位为万元）。

操作步骤

（1）建立数学模型。

根据题意，本题要求 3 座泵站总运行费用的最小值，有如下约束条件。

按要求，3 座泵站的总抽排流量为 25 m^3/s，从而有如下限制：

$$x_1 + x_2 + x_3 = 25$$

另外，又有电力供应的限制，要求 3 座泵站的总功率不超过 1200kW，从而有如下限制：

$$y_1 + y_2 + y_3 \leqslant 1200$$

各站水泵不允许逆向运转使用，从而排量不能为负值，也不能超过泵站的极限能力，从而有如下限制：

$$\begin{cases} 0 \leqslant x_1 \leqslant 13 \\ 0 \leqslant x_2 \leqslant 9 \\ 0 \leqslant x_3 \leqslant 14 \end{cases}$$

综上所述，得到如下数学模型：

$$\min z_1 + z_2 + z_3$$

$$\text{s.t.} \begin{cases} x_1 + x_2 + x_3 = 25 \\ y_1 + y_2 + y_3 \leqslant 1200 \\ 0 \leqslant x_1 \leqslant 13 \\ 0 \leqslant x_2 \leqslant 9 \\ 0 \leqslant x_3 \leqslant 14 \end{cases}$$

其中

$$\begin{cases} y_1 = 25 + 1300x_1 - 464x_1^2 \\ y_2 = 915 + 500x_2 - 475x_2^2 \\ y_3 = 2600 - 363x_3 - 64x_3^2 \\ z_1 = 190 + 1.6(x_1 - 2.5)^{1.9} \\ z_2 = 120 + 2.5(x_2 - 3.5)^2 \\ z_3 = 210 + 0.7(x_3 - 12)^{2.1} \end{cases}$$

（2）求解模型。

下面利用 MATLAB 求解上述问题。

编制目标函数文件如下。

```
function f=objfun2(x)
%这是一个目标函数文件
f=190+1.6*(x(1)-2.5)^1.9+120+2.5*(x(2)-3.5)^2+210+0.7*(x(3)-12)^2.1;
```

编制约束函数文件如下。

```
function [c,ceq]=confun2(x)
%这是一个约束函数文件
c=25+1300*x(1)-464*x(1)^2-(915+500*x(2)-475*x(2)^2)-(2600-363*x(3)-64*x(3)^2)-1200;
ceq=x(1)+x(2)+x(3)-25;
```

在命令行窗口中设置初始参数。

```
>> x0=[6;5;14];
>> ub=[13;9;14];
>> lb=zeros(3,1);
```

调用 fmincon()函数求解。

```
>> [x,fval,exitflag,output,lambda,grad,hessian]=fmincon(@objfun2,x0,[ ],[ ],[ ],[ ],
lb, ub,@confun2)
Local minimum found that satisfies the constraints.
Optimization completed because the objective function is non-decreasing in
feasible directions, to within the value of the optimality tolerance,
and constraints are satisfied to within the value of the constraint tolerance.
<stopping criteria details>
x =
    7.6093
    3.7491
   13.6416
fval =
  557.6187
exitflag =
     1
output =
  包含以下字段的 struct:
         iterations: 9
          funcCount: 42
     constrviolation: 1.4211e-14
           stepsize: 1.3536e-06
          algorithm: 'interior-point'
       firstorderopt: 2.6354e-07
         cgiterations: 0
            message: 'Local minimum found that satisfies the
constraints.Optimization completed because the objective function is non-decreasing in
feasible directions, to within the value of the optimality tolerance,and constraints are
satisfied to within the value of the constraint tolerance.<stopping criteria
details>Optimization completed: The relative first-order optimality measure,
1.997316e-08,is less than options.OptimalityTolerance = 1.000000e-06, and the relative
maximum constraintviolation, 1.253573e-18, is less than options.ConstraintTolerance =
1.000000e-06.'
```

```
lambda =
  包含以下字段的 struct:
         eqlin: [0×1 double]
      eqnonlin: -5.3921
       ineqlin: [0×1 double]
         lower: [3×1 double]
         upper: [3×1 double]
   ineqnonlin: 0.0014
grad =
   13.1946
    1.2457
    2.5358
hessian =
    1.9447   -0.5422    0.0582
   -0.5422    4.6298   -1.3194
    0.0582   -1.3194    1.1855
```

（3）模型分析。

由输出结果可知，最佳的泵站运行计划是：甲泵站抽排流量安排为 7.6093 m^3/s，乙泵站抽排流量安排为每秒 3.7491 m^3/s，丙泵站抽排流量安排为每秒 13.6416 m^3/s。此运行计划的总运转费用最低，为 557.6187 万元。

第 10 章　二次规划模型

内容指南

二次规划问题是最简单的非线性规划问题，它是指约束为线性、目标函数为二次函数的优化问题，这类问题在非线性规划中研究得最早，也最成熟。MATLAB 经常使用二次规划迭代算法、序列二次规划算法解决此类问题。

内容要点

➜ 二次规划问题
➜ 二次规划迭代算法
➜ 序列二次规划算法

10.1　二次规划问题

二次规划问题的求解分为两种情况：等式约束二次规划问题、一般约束二次规划问题。

等式约束二次规划问题为

$$\min f(X) = \frac{1}{2}\boldsymbol{S}^{\mathrm{T}}\boldsymbol{HS} + \boldsymbol{C}^{\mathrm{T}}\boldsymbol{S}$$
$$\text{s.t. } \boldsymbol{A}_{\mathrm{eq}}\boldsymbol{S} = -\boldsymbol{B}_{\mathrm{eq}}$$

其拉格朗日函数为

$$\min L(\boldsymbol{S}, \boldsymbol{\lambda}) = \frac{1}{2}\boldsymbol{S}^{\mathrm{T}}\boldsymbol{HS} + \boldsymbol{C}^{\mathrm{T}}\boldsymbol{S} + \boldsymbol{\lambda}^{\mathrm{T}}(\boldsymbol{A}_{\mathrm{eq}}\boldsymbol{S} + \boldsymbol{B}_{\mathrm{eq}})$$

由多元函数的极值条件 $\nabla L(\boldsymbol{S}, \boldsymbol{\lambda}) = 0$ 可得

$$\boldsymbol{HS} + \boldsymbol{C} + \boldsymbol{A}_{\mathrm{eq}}^{\mathrm{T}}\boldsymbol{\lambda} = 0$$
$$\boldsymbol{A}_{\mathrm{eq}}\boldsymbol{S} + \boldsymbol{B}_{\mathrm{eq}} = 0$$

写成矩阵形式，即

$$\begin{pmatrix} \boldsymbol{H} & \boldsymbol{A}_{\mathrm{eq}}^{\mathrm{T}} \\ \boldsymbol{A}_{\mathrm{eq}} & 0 \end{pmatrix} \begin{pmatrix} \boldsymbol{S} \\ \boldsymbol{\lambda} \end{pmatrix} = \begin{pmatrix} -\boldsymbol{C} \\ -\boldsymbol{B}_{\mathrm{eq}} \end{pmatrix}$$

以上其实就是以 $[\boldsymbol{S}, \boldsymbol{\lambda}]^{\mathrm{T}}$ 为变量的线性方程组，而且变量数和方程数均为 $n + m$。由线性代数可知，此方程要么无解，要么有唯一解。如果有解，利用消元变换可以方便地求出该方程的唯一解，记作 $[\boldsymbol{S}^{k+1}, \boldsymbol{\lambda}^{k+1}]^{\mathrm{T}}$。根据 K-T 条件，若此解中的乘子向量 $\boldsymbol{\lambda}^{k+1}$ 不全为 0，则 $\boldsymbol{S}^{k+1}$ 就是等式约束二次规划问

题的最优解 S^*。

10.2　二次规划迭代算法

10.2.1　数学原理及模型

二次规划迭代算法的基本思想是把一般的非线性规划问题转化为一系列二次规划问题进行求解，并使迭代点能逐渐向最优点逼近，最后得到最优解。显然，这种思想能使一般的非线性规划问题的求解过程得到简化。

在二次规划迭代算法中要解决以下两个问题。

（1）如何把一般的非线性规划问题转化为二次规划问题迭代求解？

对于非线性规划问题，有

$$\min f(x)$$
$$\text{s.t. } h(x) = \theta$$

其中，$h(x)$ 是一个向量函数，即

$$h(x) = [h_1(x), h_2(x), \cdots, h_m(x)]^T$$

这样的带有等式约束的非线性规划问题可以通过迭代求解以下形式的二次规划问题来解决。

$$\min_{b} \frac{1}{2} d^T H d + \nabla f(x)^T d$$

$$\text{s.t. } \nabla h(x)^T d + h(x) = \theta$$

（2）如何进行二次规划迭代求解？

如果某非线性规划的目标函数为自变量的二次函数，约束条件全是线性函数，则称这样的非线性规划问题为二次规划问题。其数学模型为

$$\min_{x} \frac{1}{2} x^T H x + f^T x$$

$$\text{s.t.} \begin{cases} Ax \leqslant b \\ A_{eq} x = b_{eq} \\ l_b \leqslant x \leqslant u_b \end{cases}$$

其中，H、A、A_{eq} 为矩阵，f、b、b_{eq}、l_b、u_b、x 为向量，f 为线性项的系数向量，H 为二次项的系数。

10.2.2　二次规划迭代算法求解方法

在 MATLAB 中，quadprog() 函数使用以下 3 种算法求解二次规划问题。

（1）'interior-point-convex'（默认值）：只处理凸问题。

（2）'trust-region-reflective'：处理只有边界或只有线性等式约束的问题，但不处理同时具有两者的问题。

（3）'active-set'：处理不定问题，前提是 H 在 A_{eq} 的零空间上的投影是半正定的。

根据具体模型形式的不同或要求的不同调用函数的不同形式。

1．x= quadprog(H,f)

该调用格式的功能是解最简单、最常用的模型，即

$$\min_{x} \frac{1}{2} x^{T} H x + f^{T} x$$

2．x= quadprog(H,f,A,b)

该调用格式的功能也是解最简单、最常用的模型，即

$$\min_{x} \frac{1}{2} x^{T} H x + f^{T} x$$
$$\text{s.t.} \, A x \leqslant b$$

3．x=quadprog(H,f,A,b,Aeq,beq)

该调用格式的功能是求在上述问题的约束条件中加上等式约束后的解，数学模型如下。

$$\min_{x} \frac{1}{2} x^{T} H x + f^{T} x$$
$$\text{s.t.} \begin{cases} A x \leqslant b \\ A_{eq} x = b_{eq} \end{cases}$$

4．x=quadprog(H,f,A,b,Aeq,beq,lb,ub)

该调用格式的功能是给变量 x 加上上下界，使 x 存在于区间[lb,ub]中。数学模型如下。

$$\min_{x} \frac{1}{2} x^{T} H x + f^{T} x$$
$$\text{s.t.} \begin{cases} A x \leqslant b \\ A_{eq} x = b_{eq} \\ l_{b} \leqslant x \leqslant u_{b} \end{cases}$$

5．x=quadprog(H,f,A,b,Aeq,beq, lb,ub,x0)

该调用格式的功能是设定初始点 x0。

6．x=quadprog(H,f,A,b,Aeq,beq, lb,ub,x0,options)

该调用格式的功能是解上述问题，同时将默认优化参数改为 options 指定的值。options 选项可以指定为以下求解二次规划的算法。

（1）'interior-point-convex'：默认值，凸内点算法，该算法只处理凸问题。

（2）'trust-region-reflective'：信赖域反射算法，处理只有边界或只有线性等式约束的问题。

（3）'active-set'：有效集算法，处理不定问题。

🔊 注意：

简单地说，凸问题是指目标函数和不等式约束函数为凸函数的优化问题。凸函数只有一个最低点，即极值点就是最值点，而非凸函数有多个极值点。

7．x = quadprog (problem)

该调用格式的功能是使用结构体 problem 定义参数，对这些参数指定的优化参数进行最小化，problem 包含的参数如下。

（1）二次目标函数中的对称矩阵 $\boldsymbol{H}$。

（2）线性项中的向量 $\boldsymbol{f}$。

（3）线性不等式约束 $A_{\text{ineq}}\boldsymbol{x} \leqslant \boldsymbol{b}_{\text{ineq}}$ 中的矩阵 A_{ineq}。

（4）线性不等式约束 $A_{\text{ineq}}\boldsymbol{x} \leqslant \boldsymbol{b}_{\text{ineq}}$ 中的向量 $\boldsymbol{b}_{\text{ineq}}$。

（5）线性等式约束 $A_{\text{eq}}\boldsymbol{x} = \boldsymbol{b}_{\text{eq}}$ 中的矩阵 A_{eq}。

（6）线性等式约束 $A_{\text{eq}}\boldsymbol{x} = \boldsymbol{b}_{\text{eq}}$ 中的向量 $\boldsymbol{b}_{\text{eq}}$。

（7）由下界组成的向量 $\boldsymbol{l}_{\text{b}}$。

（8）由上界组成的向量 $\boldsymbol{u}_{\text{b}}$、$\boldsymbol{x}$ 的初始点 x_0。

（9）求解器 solver（'quadprog'）。

（10）优化参数 options，使用 optimoptions()或 optimset()函数创建的选项。

8．[x,fval]= quadprog (…)

该调用格式的功能是返回在 x 处的目标函数值 fval，其中

$$\text{fval} = \frac{1}{2}\boldsymbol{x}^{\text{T}}\boldsymbol{H}\boldsymbol{x} + \boldsymbol{f}^{\text{T}}\boldsymbol{x}$$

9．[x,fval,exitflag]= quadprog (…)

该调用格式的功能是返回 exitflag 值，用于描述计算退出的条件。其中，exitflag 值和相应的含义见表 10-1。

表 10-1　exitflag 值和相应的含义

值		含　义
1		函数收敛于解 x
0		迭代次数超出 options.MaxIterations
−2		问题不可行。或者对于'interior-point-convex'，步长小于 options.StepTolerance，但不满足约束
−3		问题无界
'interior-point-convex'算法	2	步长小于 options.StepTolerance，也满足约束
	−6	检测到非凸问题
	−8	无法计算步的方向
'trust-region-reflective'算法	4	找到局部最小值，最小值不唯一
	3	目标函数值的变化小于 options.FunctionTolerance
	−4	当前搜索方向不是下降方向
'active-set' 算法	−6	检测到非凸问题；$\boldsymbol{H}$ 在 A_{eq} 的零空间上的投影不是半正定的

10．[x,fval, exitflag,output]= quadprog (…)

该调用格式的功能是返回一个结构变量 output，其中包括迭代次数、使用的算法、共轭梯度迭代的使用次数等信息。

11. [x,fval, exitflag,output,lambda]= quadprog (…)

该调用格式的功能是返回解所在位置处的拉格朗日乘子。其中，lambda.ineqlin 对应于线性不等式约束，lambda.eqlin 对应于线性等式约束。

12. [wsout,fval,exitflag,output,lambda] = quadprog(H,f,A,b,Aeq,beq,lb,ub,ws)

该调用格式的功能是使用 optimwarmstart 创建的对象 ws，返回解所在位置处的 QuadprogWarmStart 对象 wsout。其中，lambda.ineqlin 对应于线性不等式约束，lambda.eqlin 对应于线性等式约束。

当解 x 不可行时，quadprog()函数给出以下警告。

（1）大型优化问题：大型优化问题不允许约束上限和下限相等，如若 lb(2)==ub(2)，则给出以下出错信息：

```
Equal upper and lower bounds not permitted in this large-scale method.Use equality constraints and the medium-scale method instead.
```

若优化模型中只有等式约束，仍然可以使用大型算法；如果模型中既有等式约束又有边界约束，则必须使用中型算法。

（2）中型优化问题：当解不可行时，quadprog()函数给出以下警告：

```
Warning: The constraints are overly stringent;there is no feasible solution.
```

这里，quadprog()函数生成使约束矛盾最坏、程度最小的结果。

当等式约束不连续时，给出以下警告：

```
Warning: The equality constraints are overly stringent;there is no feasible solution.
```

当 Hessian 矩阵为负半定时，生成无边界解，给出以下警告：

```
Warning: The solution is unbounded and at infinity;the constraints are not restrictive enough.
```

这里，quadprog()函数返回满足约束条件的 x 值。

实例——最大收益问题

扫一扫，看视频

源文件：yuanwenjian\ch10\ep1001.m

某经销商贩卖两种水果，根据以往贩卖经验，某天的售价与贩卖量数据见表 10-2。

表 10-2　某天的售价与贩卖量数据

项　目	水果 A	水果 B
售价/（元/kg）	3.5	5.5
贩卖量/kg	250	150
进价/（元/kg）	2	3

两种水果每天会进行价格调整，售价与贩卖量关系如下。

水果 A 贩卖量 = 100×(5−水果 A 售价)

水果 B 贩卖量 =100×(7−水果 B 售价)

已知两种水果每天的进货量不超过 500kg，假设每天进价不变，问对两种水果如何定价，可以得到最大收益？

操作步骤

（1）建立数学模型。

设水果 A、水果 B 的价格分别为 x_1、x_2，则水果 A 贩卖量为 $100(5-x_1)$，水果 B 贩卖量为 $100(7-x_2)$。为了得到最大收益，其数学模型为

$$\max x_1(500-100x_1) + x_2(700-100x_2)$$

其约束条件为

$$\begin{cases} 100(5-x_1)+100(7-x_2)\leqslant 500 \\ 100(5-x_1)\geqslant 0 \\ 100(7-x_2)\geqslant 0 \\ x_1\geqslant 2, x_2\geqslant 3 \end{cases}$$

转化成非线性规划形式，即

$$\min 100x_1^2-500x_1+100x_2^2-700x_2$$

$$\text{s.t.}\begin{cases} -x_1-x_2\leqslant -7 \\ 2\leqslant x_1\leqslant 5 \\ 3\leqslant x_2\leqslant 7 \end{cases}$$

显然，这是一个二次规划问题。把上面的问题转化为 MATLAB 可以接受的形式，即

$$\min_x \frac{1}{2}x^{\mathrm{T}}Hx+f^{\mathrm{T}}x$$

转化结果为

$$\min \frac{1}{2}(200x_1^2+200x_2^2)-500x_1-700x_2$$

其中，二次项系数为

$$H=\begin{bmatrix} 200 & 0 \\ 0 & 200 \end{bmatrix}$$

线性项系数为

$$f=\begin{bmatrix} -500 \\ -700 \end{bmatrix}$$

约束条件为

$$\text{s.t.}\begin{cases} Ax\leqslant b \\ A_{\mathrm{eq}}x=b_{\mathrm{eq}} \\ l_{\mathrm{b}}\leqslant x\leqslant u_{\mathrm{b}} \end{cases}$$

其中，线性不等式系数为

$$A=\begin{bmatrix} -1 & -1 \end{bmatrix},\quad b=-7$$

上下界系数为

$$l_{\mathrm{b}}=\begin{bmatrix} 2 \\ 3 \end{bmatrix},\quad u_{\mathrm{b}}=\begin{bmatrix} 5 \\ 6 \end{bmatrix}$$

（2）求解模型。

在命令行窗口中输入如下参数。

```
>> H=[200 0;0 200];
>> f=[-500; -700];
>> A=[-1 -1];
```

```
>> b=-7;
>> lb=[2;3];
>> ub=[5;6];
```

调用 quadprog() 函数求解。

```
>> [x,fval, exitflag,output,lambda]= quadprog(H,f,A,b,[ ],[ ],lb,ub)
Minimum found that satisfies the constraints.
Optimization completed because the objective function is non-decreasing in
feasible directions, to within the value of the optimality tolerance,
and constraints are satisfied to within the value of the constraint tolerance.
<stopping criteria details>
x =
    3.0000
    4.0000
fval =
  -1.8000e+03
exitflag =
      1
output =
  包含以下字段的 struct:
            message: 'Minimum found that satisfies the constraints.↵Optimization
completed because the objective function is non-decreasing in ↵feasible directions, to within
the value of the optimality tolerance,↵and constraints are satisfied to within the value of
the constraint tolerance.↵↵<stopping criteria details>↵↵Optimization completed: The relative
dual feasibility, 2.260693e-13,↵is less than options.OptimalityTolerance = 1.000000e-08, the
complementarity measure,↵1.940828e-09, is less than options.OptimalityTolerance, and the
relative maximum constraint↵violation, 2.307043e-15, is less than
options.ConstraintTolerance = 1.000000e-08.'
          algorithm: 'interior-point-convex'
      firstorderopt: 1.9404e-07
      constrviolation: 0
         iterations: 5
       linearsolver: 'dense'
        cgiterations: []
lambda =
  包含以下字段的 struct:
    ineqlin: 100.0000
      eqlin: [0×1 double]
      lower: [2×1 double]
      upper: [2×1 double]
```

（3）模型分析。

由上面的结果可知，当 x 取值为[3.0000,4.0000]时，目标函数有最小值-1800。得出进货方案：水果 A 定价 3 元/kg，水果 B 定价 4 元/kg，得到最大收益 1800 元。

实例——价格调控问题

源文件：yuanwenjian\ch10\ep1002.m

某商场进货商品 A、B，这两种商品的需求、成本与利润有如下关系。

商品 A 需求量=8-商品 A 价格+2×商品 B 价格

商品 B 需求量=10+2×商品 A 价格-5×商品 B 价格

$$总成本=3×商品 A 需求量+2×商品 B 需求量$$
$$总利润=总收入-总成本$$

试问价格取何值时，可使总利润最大？

操作步骤

（1）建立数学模型。

设商品 A、B 的价格为 x_1、x_2，商品 A、B 的需求量分别为 D_1、D_2，根据题意得出

$$D_1 = 8 - x_1 + 2x_2$$
$$D_2 = 10 + 2x_1 - 5x_2$$

总成本函数为

$$g(x) = 3D_1 + 2D_2 = 3(8 - x_1 + 2x_2) + 2(10 + 2x_1 - 5x_2)$$
$$= x_1 - 4x_2 + 44$$

总收入函数为

$$m(x) = x_1 D_1 + x_2 D_2$$
$$= x_1(8 - x_1 + 2x_2) + x_2(10 + 2x_1 - 5x_2)$$
$$= -x_1^2 - 5x_2^2 + 4x_1 x_2 + 8x_1 + 10x_2$$

总利润函数为

$$f(x) = m(x) - g(x)$$
$$= -x_1^2 - 5x_2^2 + 4x_1 x_2 + 8x_1 + 10x_2 - (x_1 - 4x_2 + 44)$$
$$= -x_1^2 - 5x_2^2 + 4x_1 x_2 + 7x_1 + 14x_2 - 44$$

商品 A、B 的需求量为非负数，得出约束条件：

$$D_1 = 8 - x_1 + 2x_2 \geqslant 0$$
$$D_2 = 10 + 2x_1 - 5x_2 \geqslant 0$$

总利润最大是极大值问题，得出目标函数：

$$\max f(x) = -x_1^2 - 5x_2^2 + 4x_1 x_2 + 7x_1 + 14x_2 - 44$$

将上面的问题转化为非线性规划模型标准形式：

$$\min -f(x) = -(-x_1^2 - 5x_2^2 + 4x_1 x_2 + 7x_1 + 14x_2 - 44)$$

$$\text{s.t.} \begin{cases} x_1 - 2x_2 \leqslant 8 \\ -2x_1 + 5x_2 \leqslant 10 \\ x_1, x_2 \geqslant 0 \end{cases}$$

（2）求解模型。

定义目标函数。

```
>> fun = @(x)-(-x(1)^2-5*x(2)^2+4*x(1)*x(2)+7*x(1)+14*x(2)-44);   %定义目标函数
```

定义约束参数。

```
>> A=[1,-2;-2,5];            %定义不等式系数
>> b=[8;10];
>> Aeq=[];                   %定义等式系数
>> beq=[];
>> lb=zeros(2,1);            %定义上下界
>> ub = [];
>> x0 =[0;0];                %定义初始值
```

```
>> nonlcon = [];                    %定义非线性参数
>> options1 = optimoptions('fmincon','Algorithm','sqp-legacy');   %选择传统 SQP 算法
>> options2 = optimoptions('fmincon','Algorithm','sqp');          %选择 SQP 算法
```

1）调用 fmincon()函数使用内点算法求解。

```
>> [x,fval,exitflag,output]=fmincon(fun,x0,A,b,Aeq,beq,lb,ub)
```

结果如下。

```
Local minimum possible. Constraints satisfied.
fmincon stopped because the size of the current step is less than
the value of the step size tolerance and constraints are
satisfied to within the value of the constraint tolerance.
<stopping criteria details>
x =
  31.5000
  14.0000
fval =
 164.2500
exitflag =
     1
output =
  包含以下字段的 struct:
         iterations: 10
          funcCount: 33
     constrviolation: 0
           stepsize: 3.8530e-05
          algorithm: 'interior-point'
      firstorderopt: 6.7333e-07
        cgiterations: 0
            message: 'Local minimum possible. Constraints satisfied.↵fmincon stopped
because the size of the current step is less than↵the value of the step size tolerance and
constraints are ↵satisfied to within the value of the constraint tolerance.↵<stopping
criteria details>↵Optimization stopped because the relative changes in all elements of
x are↵less than options.StepTolerance = 1.000000e-10, and the relative maximum
constraint↵violation, 0.000000e+00, is less than options.ConstraintTolerance =
1.000000e-06.'
        bestfeasible: [1×1 struct]
```

由上面的计算结果可知，默认使用内点算法，经过 10 次迭代，得出 x =[31.5000,14.0000]，fval = 164.2500。

2）调用 fmincon()函数使用传统 SQP 算法求解。

```
>>
[x,fval,exitflag,output]=fmincon(fun,x0,A,b,Aeq,beq,lb,ub,nonlcon,options1)
```

结果如下。

```
Local minimum possible. Constraints satisfied.
fmincon stopped because the size of the current step is less than
the value of the step size tolerance and constraints are
satisfied to within the value of the constraint tolerance.
<stopping criteria details>
x =
  31.5000
```

```
      14.0000
   fval =
     -164.2500
   exitflag =
        1
   output =
     包含以下字段的 struct:
            iterations: 8
            funcCount: 28
             algorithm: 'sqp-legacy'
               message: 'Local minimum possible. Constraints satisfied.↵↵fmincon stopped
because the size of the current step is less than↵the value of the step size tolerance and
constraints are ↵satisfied to within the value of the constraint tolerance.↵↵<stopping
criteria details>↵↵Optimization stopped because the relative changes in all elements of
x are↵less than options.StepTolerance = 1.000000e-06, and the relative maximum constraint↵
violation, 0.000000e+00, is less than options.ConstraintTolerance = 1.000000e-06.'
         constrviolation: 0
              stepsize: 1.8667e-06
          lssteplength: 1
          firstorderopt: 8.1744e-07
          bestfeasible: [1×1 struct]
```

由上面的计算结果可知，使用传统 SQP 算法，经过 8 次迭代，得出 x =[31.5000,14.0000]，fval = 164.2500。

3）调用 fmincon()函数使用 SQP 算法（序列二次规划算法）求解。

```
>> [x,fval,exitflag,output]=fmincon(fun,x0,A,b,Aeq,beq,lb,ub,nonlcon,options2)
```

结果如下。

```
Local minimum possible. Constraints satisfied.
fmincon stopped because the size of the current step is less than
the value of the step size tolerance and constraints are
satisfied to within the value of the constraint tolerance.
<stopping criteria details>
x =
    31.5000
    14.0000
fval =
   -164.2500
exitflag =
      1
output =
   包含以下字段的 struct:
          iterations: 8
          funcCount: 28
           algorithm: 'sqp'
             message: 'Local minimum possible. Constraints satisfied.↵↵fmincon stopped
because the size of the current step is less than↵the value of the step size tolerance and
constraints are ↵satisfied to within the value of the constraint tolerance.↵↵<stopping
criteria details>↵↵Optimization stopped because the relative changes in all elements of
x are↵less than options.StepTolerance = 1.000000e-06, and the relative maximum
constraint↵violation, 0.000000e+00, is less than options.ConstraintTolerance =
```

```
1.000000e-06.'
      constrviolation: 0
            stepsize: 4.0384e-06
        lssteplength: 1
       firstorderopt: 2.7248e-07
        bestfeasible: [1×1 struct]
```

由上面的计算结果可知，使用 SQP 算法，经过 8 次迭代，得出 x =[31.5000,14.0000]，fval = 164.2500。

（3）使用另一种方法求解问题。

将上面的非线性规划标准形式

$$\min - f(x) = -(-x_1^2 - 5x_2^2 + 4x_1x_2 + 7x_1 + 14x_2 - 44)$$

转化为

$$\min - f(x) = -z(x) + 44$$

得到

$$\min - z(x) = x_1^2 + 5x_2^2 - 4x_1x_2 - 7x_1 - 14x_2$$

$$\text{s.t.} \begin{cases} x_1 - 2x_2 \leqslant 8 \\ -2x_1 + 5x_2 \leqslant 10 \\ x_1, x_2 \geqslant 0 \end{cases}$$

将上面的问题转化为 MATLAB 二次规划形式，即

$$\min_{x} \frac{1}{2} x^{\mathrm{T}} \boldsymbol{H} x + \boldsymbol{f}^{\mathrm{T}} x$$

$$\text{s.t.} \begin{cases} \boldsymbol{A} x \leqslant \boldsymbol{b} \\ \boldsymbol{A}_{\mathrm{eq}} x = \boldsymbol{b}_{\mathrm{eq}} \\ \boldsymbol{l}_{\mathrm{b}} \leqslant x \leqslant \boldsymbol{u}_{\mathrm{b}} \end{cases}$$

转换结果为

$$\min \frac{1}{2}(2x_1^2 - 4x_1x_2 - 4x_1x_2 + 10x_2^2) - 7x_1 - 14x_2$$

$$\text{s.t.} \begin{cases} x_1 - 2x_2 \leqslant 8 \\ -2x_1 + 5x_2 \leqslant 10 \\ x_1, x_2 \geqslant 0 \end{cases}$$

其中，二次项系数为

$$\boldsymbol{H} = \begin{bmatrix} 2 & -4 \\ -4 & 10 \end{bmatrix}$$

线性项系数为

$$\boldsymbol{f} = \begin{bmatrix} -7 \\ -14 \end{bmatrix}$$

线性不等式系数为

$$A = \begin{bmatrix} 1 & -2 \\ -2 & 5 \end{bmatrix}, \quad b = \begin{bmatrix} 8 \\ 10 \end{bmatrix}$$

下界系数为

$$l_b = \begin{bmatrix} 0 \\ 0 \end{bmatrix}$$

（4）模型求解，在命令行窗口中输入如下参数。

```
>> H=[2,-4;-4,10];        %定义二次项系数
>> f=[-7;-14];            %定义线性项系数
>> A=[1,-2;-2,5];         %定义不等式系数
>> b=[8;10];
>> lb=zeros(2,1);         %定义下界
```

调用 quadprog() 函数求解。

```
>> [x,fval, exitflag,output,lambda]= quadprog(H,f,A,b,[ ],[ ],lb)
Minimum found that satisfies the constraints.
Optimization completed because the objective function is non-decreasing in
feasible directions, to within the value of the optimality tolerance,
and constraints are satisfied to within the value of the constraint tolerance.
<stopping criteria details>
x =
   31.5000
   14.0000
fval =
 -208.2500
exitflag =
    1
output =
  包含以下字段的 struct:
          message: 'Minimum found that satisfies the constraints.↵Optimization
completed because the objective function is non-decreasing in ↵feasible directions, to within
the value of the optimality tolerance,↵and constraints are satisfied to within the value
of the constraint tolerance.↵↵<stopping criteria details>↵↵Optimization completed: The
relative dual feasibility, 2.907459e-13,↵is less than options.OptimalityTolerance =
1.000000e-08, the complementarity measure,↵8.701949e-11, is less than
options.OptimalityTolerance, and the relative maximum constraint↵violation, 1.141944e-15,
is less than options.ConstraintTolerance = 1.000000e-08.'
        algorithm: 'interior-point-convex'
     firstorderopt: 2.5434e-11
    constrviolation: 0
        iterations: 5
       linearsolver: 'dense'
       cgiterations: []
lambda =
  包含以下字段的 struct:
     ineqlin: [2×1 double]
       eqlin: [0×1 double]
       lower: [2×1 double]
       upper: [2×1 double]
```

上面的运行结果中，exitflag = 1，表示目标函数得到收敛解 x，具有唯一的最优方案。商品 A、B 价格分别为 31.5 元、14 元时，可使总利润最大。

10.3　序列二次规划算法

序列二次规划（SQP）算法是将复杂的非线性约束问题转化为比较简单的二次规划（QP）问题进行求解的算法。

10.3.1　数学原理及数学模型

1. 数学原理

非线性规划问题是目标函数或约束条件中包含非线性函数的规划问题。一般来说，求解非线性规划问题比求解线性规划问题困难得多。而且，不像线性规划有单纯形法这一通用方法，非线性规划目前还没有适用于各种问题的一般算法，已有的各种算法都有其特定的适用范围。利用间接法求解最优化问题的途径一般有以下两种。

（1）在可行域内使目标函数下降的选代算法，如可行点法。

（2）利用目标函数和约束条件构造增广目标函数，借此将约束最优化问题转化为无约束最优化问题，如罚函数法、乘子法、序列二次规划算法等。

序列二次规划算法是目前公认的求解约束非线性优化问题最有效的方法之一，与其他算法相比，序列二次规划算法的优点是收敛性好、计算效率高、边界搜索能力强，因此受到了广泛的重视与应用。在序列二次规划算法的迭代过程中，每一步都需要求解一个或多个二次规划子问题。

一般地，由于二次规划子问题的求解难以利用原问题的稀疏性、对称性等良好特性，随着问题规模的扩大，其计算工作量和所需存储量是非常大的。因此，目前的序列二次规划算法一般只适用于中小规模问题。

2. 数学模型

MATLAB 采用序列二次规划算法求解最大最小化问题。序列二次规划又称为逐项二次规划，是求解非线性规划问题的一种算法。在根据极值点存在的必要条件求极值点（最大值和最小值）时，用一系列一次规划问题的解去逼近条件方程的解。

最大最小化问题的数学模型可以表示为

$$\min_{x} \max_{F} F(x)$$

$$\text{s.t.} \begin{cases} Ax \leqslant b \\ A_{eq}x = b_{eq} \\ C(x) \leqslant 0 \\ C_{eq}(x) = 0 \\ l_b \leqslant x \leqslant u_b \end{cases}$$

其中，x、b、b_{eq}、l_b 和 u_b 为向量；A 和 A_{eq} 为矩阵；$C(x)$、$C_{eq}(x)$ 和 $F(x)$ 为函数，返回向量值，并且这些函数均可是非线性函数。

对每个 $x \in \mathbb{R}^n$，先求各目标值 $F(x)$ 的最大值，然后再求这些最大值中的最小值。

10.3.2　求解函数

在 MATLAB 中，使用 fminimax()函数求解上述问题，该函数采取序列二次规划算法求解最大最小化问题。具体调用格式如下。

1．x=fminimax(fun,x0)

该调用格式的功能是设定初始条件 x0，求解函数 fun 的最大值最小化解 x。其中，x0 可以为标量、向量或矩阵。

函数 fun 的使用可以通过引用@来完成，如：

$$x = fminimax(@myfun,[2\ 3\ 4])$$

在该调用格式中，myfun 是一个函数文件。

该调用格式适用于无约束的最大最小化模型 $\min_{x} \max_{F} F(x)$。

2．x=fminimax(fun,x0,A,b)

该调用格式的功能是求解带线性不等式约束 $Ax \le b$ 的最大值最小化问题。

3．x=fminimax(fun,x0,a,b,Aeq,beq)

该调用格式的功能是求解上述问题，同时带有线性等式约束 $A_{eq}x = b_{eq}$，若无线性等式约束，则令 $A=[\ ]$，$B=[\ ]$。

4．x=fminimax(fun,x0,A,b,Aeq,beq,lb,ub)

该调用格式的功能是函数作用同调用格式 3，并且定义变量 x 所在集合的上下界。如果 x 没有上下界，则分别用空矩阵代替；如果问题中无下界约束，则令 lb(i) = -inf；同样，如果问题中无上界约束，则令 ub(i) = inf。

5．x=fminimax(fun,x0,A,b,Aeq,beq,lb,ub,nonlcon)

该调用格式的功能是求解上述问题，同时约束中加上由 nonlcon()函数（通常为 M 文件定义的函数）定义的非线性约束。当调用函数[C, Ceq] = feval(nonlcon,x)时，在 nonlcon()函数的返回值中包含非线性等式约束 Ceq(X)=0 和非线性不等式约束 C(X)≤0。其中，C(X)和 Ceq(X)均为向量。

6．x=fminimax(fun,x0,A,B,Aeq,beq,lb,ub,nonlcon,options)

该调用格式的功能是使用 options 参数指定的优化参数进行最小化，options 可取值为 Display、TolX、TolFun、TolCon、DerivativeCheck、FunValCheck、GradObj、GradConstr、MaxFunEvals、MaxIter、MeritFunction、MinAbsMax、Diagnostics、DiffMinChange、DiffMaxChange 和 TypicalX。

7．x = fminimax (problem)

该调用格式的功能是使用结构体 problem 定义参数。

8．[x,fval]=fminimax(...)

该调用格式的功能是同时返回目标函数在解 x 处的值：fval=feval(fun,x)。

9．[x,fval,maxfval]=fminimax(...)

该调用格式的功能是返回解 x 处的最大函数值：maxfval = max { fun(x) }。

10．[x,fval,maxfval,exitflag]=fminimax(...)

该调用格式的功能是返回 exitflag 值，描述函数计算的退出条件。

11．[x,fval,maxfval,exitflag,output]=fminimax(…)

该调用格式的功能是返回同调用格式 10 的值。另外，返回包含 output 结构的输出。

12．[x,fval,maxfval,exitflag,output,lambda]=fminimax(...)

该调用格式的功能是返回 lambda 在解 x 处的结构参数。

实例——生产规划问题

源文件：yuanwenjian\ch10\ep1003.m

某企业生产一种产品 y 需要生产资料 x_1 和 x_2，用经济计量学方法根据统计资料可写出生产函数 $y = 4x_1 + 4x_2 - x_1^2 - x_2^2$。但是投入的资源有限，能源共有 4 个单位；而每单位生产资料 x_1 要消耗 1 单位能源，每单位生产资料 x_2 要消耗 2 单位能源。问应如何安排生产资料使产出最大？

操作步骤

（1）建立数学模型。

设生产资料分别用变量 x_1 和 x_2 表示，为了得到最大产出 y，得出目标函数

$$\max y = 4x_1 + 4x_2 - x_1^2 - x_2^2$$

约束条件为

$$\begin{cases} x_1 + 2x_2 \leqslant 4 \\ x_1, x_2 \geqslant 0 \end{cases}$$

将其转化为非线性规划模型：

$$\min y = -4x_1 - 4x_2 + x_1^2 + x_2^2$$
$$\text{s.t.}\begin{cases} x_1 + 2x_2 \leqslant 4 \\ x_1, x_2 \geqslant 0 \end{cases}$$

（2）求解模型。

在命令行窗口中定义参数。

```
>> f= @(x)-4*x(1)-4*x(2)+ x(1)^2+x(2)^2;    %定义目标函数
>> x0=[0;0];                                %定义初始值
>> A=[1 2];                                 %定义线性不等式系数
>> b=[4];
>> lb=zeros(2,1);                           %定义下界
```

使用序列二次规划算法调用 fminimax() 函数求解。

```
>> [x,fval,maxfval,exitflag,output] = fminimax(f,x0,A,b,[],[],lb,[],[])
```

结果如下。

```
Local minimum possible. Constraints satisfied.
fminimax stopped because the size of the current search direction is less than
twice the value of the step size tolerance and constraints are
satisfied to within the value of the constraint tolerance.
<stopping criteria details>
x =
```

```
        1.6000
        1.2000
fval =
      -7.2000
maxfval =
      -7.2000
exitflag =
        4
output =
    包含以下字段的 struct:
          iterations: 5
           funcCount: 24
         lssteplength: 1
            stepsize: 2.0364e-08
           algorithm: 'active-set'
        firstorderopt: []
       constrviolation: 1.5125e-10
             message: 'Local minimum possible. Constraints satisfied. fminimax stopped
because the size of the current search direction is less than twice the value of the step
size tolerance and constraints are satisfied to within the value of the constraint
tolerance. <stopping criteria details> Optimization stopped because the norm of the
current search direction, 1.821399e-08, is less than 2*options.StepTolerance = 1.000000e-06,
and the maximum constraint violation, 1.512506e-10, is less than options.ConstraintTolerance
= 1.000000e-06.'
```

在上面的运行结果中，exitflag＝4 表示搜索方向的模小于指定的容差。

（3）模型分析。

由以上运行结果可知，某企业生产一种产品 y 需要生产资料 $x_1 = 1.6$、$x_2 = 1.2$ 单位的能源，得到最大产出 7.2 单位。

扫一扫，看视频

实例——空调销售问题

源文件：yuanwenjian\ch10\ep1004.m

夏天来临，某商场出售空调，最后统计发现，挂机的营业额（万元）与安装费（元）的平方呈线性关系，柜机的营业额（万元）与安装费（元）的立方呈线性关系。分析应如何计划进货方案，使空调的营业额最大，同时两款空调安装费的差异最小。

操作步骤

（1）建立数学模型。

设挂机和柜机的安装费分别为 x_1 和 x_2，为了使空调的营业额最大，有

$$\max y_1 = ax_1^2 + bx_2^3$$

使两款空调安装费的差异最小，有

$$\min y_2 = x_1 - x_2$$

从而转化为如下形式的非线性规划模型：

$$\min_x \max_F F(x)$$

其中

$$F = \begin{cases} ax_1^2 + bx_2^3 \\ -x_1 + x_2 \end{cases}$$

（2）求解模型。

首先，给参数赋值，定义函数 $F(x)$。

```
>> F=@(x)[a*x(1)^2+b*x(2)^3;-x(1)+x(2)];
>> a = 3;      % 定义参数
>> b = 2;
```

然后，调用 fminimax()函数解上述最大值最小化问题。

```
>> [x,fval,maxfval,exitflag] = fminimax(F,[1;1])
```

结果如下。

```
Local minimum possible. Constraints satisfied.
fminimax stopped because the size of the current search direction is less than
twice the value of the step size tolerance and constraints are
satisfied to within the value of the constraint tolerance.
<stopping criteria details>
x =
  -65.6883
 -418.3719
fval =
   1.0e+08 *
   -1.4645
   -0.0000
maxfval =
 -352.6836
exitflag =
    4
```

（3）模型分析。

由上面的结果可知，函数取得最大值352.6836时，x 的两个局部最小值为-65.6883、-418.3719。得出结论：柜机的安装费为65.6883元，挂机安装费为418.3719元，此时营业额最大，为352.6836万元。

扫一扫，看视频

实例——定位问题

源文件：yuanwenjian\ch10\ep1005.m

设某城市有某种物品的10个需求点，第 i 个需求点的坐标为 (a_i,b_i)，道路网与坐标轴平行，彼此正交。现打算建一个该物品的供应中心，由于受到城市某些条件的限制，该供应中心只能设在 x 为[5,8]，y 为[5,8]的范围内。问该中心建在何处为好？

第 i 个需求点的坐标见表 10-3。

表 10-3　第 i 个需求点的坐标

a_i	1	4	3	5	9	12	6	20	17	8
b_i	2	10	8	18	1	4	5	10	8	9

操作步骤

（1）建立数学模型。

设供应中心的位置为(x,y)，要求它到最远需求点的距离尽可能小。由于此处应采用沿道路行走的距离，可知第 i 个需求点到该中心的距离为$|x-a_i|+|y-b_i|$，从而得到目标函数为

$$\min_{x,y} \left[\max_{1 \le i \le m} \left(|x - a_i| + |y - b_i| \right) \right]$$

约束条件为

$$5 \le x \le 8$$
$$5 \le y \le 8$$

（2）求解模型。

编制目标函数文件。

```
function f=funmial(x)
%这是一个演示函数
%首先输入向量
a=[1 4 3 5 9 12 6 20 17 8];
b=[2 10 8 18 1 4 5 10 8 9];
f(1)=abs(x(1)-a(1))+abs(x(2)-b(1));
f(2)=abs(x(1)-a(2))+abs(x(2)-b(2));
f(3)=abs(x(1)-a(3))+abs(x(2)-b(3));
f(4)=abs(x(1)-a(4))+abs(x(2)-b(4));
f(5)=abs(x(1)-a(5))+abs(x(2)-b(5));
f(6)=abs(x(1)-a(6))+abs(x(2)-b(6));
f(7)=abs(x(1)-a(7))+abs(x(2)-b(7));
f(8)=abs(x(1)-a(8))+abs(x(2)-b(8));
f(9)=abs(x(1)-a(9))+abs(x(2)-b(9));
f(10)=abs(x(1)-a(10))+abs(x(2)-b(10));
```

设定初始值。

```
>> x0= [6;6];
```

定义上下界。

```
>> lb=[5;5];
>> ub=[8;8];
```

调用 fminimax() 函数求解。

```
>> [x,fval,maxfval,exitflag,output,lambda] = fminimax(@funmia1,x0,[ ],[ ],[ ],[ ],
lb,ub)
```

结果如下。

```
Local minimum possible. Constraints satisfied.
fminimax stopped because the size of the current search direction is less than
twice the value of the step size tolerance and constraints are
satisfied to within the value of the constraint tolerance.
<stopping criteria details>
x =
    8
    8
fval =
   13    6    5   13    8    8    5   14    9    1
maxfval =
   14
exitflag =
    4
output =
```

```
        包含以下字段的 struct:
             iterations: 3
              funcCount: 14
           lssteplength: 1
               stepsize: 2.7109e-08
              algorithm: 'active-set'
          firstorderopt: []
         constrviolation: 2.7109e-08
                message: '↵Local minimum possible. Constraints satisfied.↵↵fminimax
stopped because the size of the current search direction is less than↵twice the value of
the step size tolerance and constraints are ↵satisfied to within the value of the constraint
tolerance.↵↵<stopping criteria details>↵↵Optimization stopped because the norm of the
current search direction, 2.710879e-08,↵is less than 2*options.StepTolerance = 1.000000e-06,
and the maximum constraint ↵violation, 2.710879e-08, is less than
options.ConstraintTolerance = 1.000000e-06.↵↵'
     lambda =
        包含以下字段的 struct:
                  lower: [2×1 double]
                  upper: [2×1 double]
                  eqlin: [0×1 double]
               eqnonlin: [0×1 double]
                ineqlin: [0×1 double]
             ineqnonlin: [0×1 double]
```

（3）模型分析。

由上面的结果可知，函数取得最大值 14 时，x 的两个局部最小值为 8、8。得出结论：该供应中心坐标为(8,8)时，距离 10 个需求点最近。

第 11 章　目标规划模型

内容指南

美国学者 A.查纳斯和 W.W.库珀在把线性规划应用于企业时,认识到企业经营具有多目标的特点,因此在 1961 年首次提出了目标规划的概念和数学模型。

目标规划模型已经应用到许多领域,包括工程、经济和物流。例如,在购买汽车时尽量降低成本,同时最大限度地发挥舒适度并降低汽车的油耗和污染物排放。

内容要点

➥ 线性规划与目标规划
➥ 序贯算法求解目标规划
➥ 目标达到法求解目标规划

11.1　线性规划与目标规划

目标规划是由线性规划发展演变而来的,线性规划考虑的是只有单个目标函数的问题,而在实际问题中往往需要考虑多个目标函数,这些目标不仅有主次关系,而且有的还互相矛盾。这些问题用线性规划求解比较困难,因而提出了目标规划。

11.1.1　引入目标规划

为了进一步了解目标规划的特点和性质,下面对同一问题分别考虑线性规划建模和目标规划建模。

一个企业就是由多个不同的部门构成的一个复杂的生产经营系统,每个部门都有其相应的工作目标。其中,财务部门可能希望获得尽可能大的利润,以实现其年度利润要求;物质部门可能希望有尽可能少的物质消耗,以节约储备资金占用;销售部门可能希望产品品种多样化,以适销对路,等等。这些多目标决策问题是线性规划难以解决的,需要用目标规划加以解决。

【例 11-1】某工厂生产甲、乙两种产品,已知有关数据见表 11-1。求获利最大的生产方案。

表 11-1　产品数据

项　　目	甲	乙	拥有量
原材料/t	2	1	11
设备台时	1	2	10
利润/万元	8	10	

设 x_1、x_2 分别表示产品甲、乙的计划产量，用线性规划模型表示为

$$\max 8x_1 + 10x_2$$

约束条件为

$$\begin{cases} 2x_1 + x_2 \leqslant 11 \\ x_1 + 2x_2 \leqslant 10 \\ x_1, x_2 \geqslant 0 \end{cases}$$

利用前面介绍的线性规划的解法或图解法，很容易得到上述问题的最优决策方案：$x = [4, 3]$，$Z = 62$ 元。

但是，实际上，例 11-1 中工厂在做决策时，要考虑市场等一系列的其他条件。例如：

（1）根据市场信息，产品甲的销售量有下降的趋势，所以，考虑产品甲的产量不大于产品乙。

（2）超过计划供应的原材料时，需要高价采购，这样会使成本增加。

（3）在不加班的条件下，应尽可能充分利用设备。

（4）尽可能达到并超过计划利润指标。

线性规划只研究在满足一定条件的情况下，单一目标函数取得最优解，无法解决多目标决策的问题。

11.1.2 多目标决策问题

在企业管理中，经常会遇到多目标决策问题，如制订生产计划时，不仅要考虑总产值，同时要考虑利润、产品质量和设备利用率等。这些指标的重要程度（即优先顺序）也不相同，有些目标之间往往相互矛盾。

为了弥补线性规划问题的局限性，解决有限资源和计划指标之间的矛盾，在线性规划的基础上，建立目标规划方法，从而使一些线性规划无法解决的问题得到满意的解答。

目标规划是指含有多个目标函数的规划问题，一般来说，目标规划问题也称为 MP 问题。在数学中，目标规划可以写为下面的形式。

$$\min(f_1(\boldsymbol{x}), f_2(\boldsymbol{x}), \cdots, f_k(\boldsymbol{x})), \text{ s.t. } \boldsymbol{x} \in \boldsymbol{X}$$

其中，$k \geqslant 2$，是指目标函数的个数；集合 $\boldsymbol{X}$ 是一组可行的决策向量集。可行集通常由一些约束函数定义。此外，向量值目标函数通常被定义为

$$f : \boldsymbol{X} \rightarrow \mathbb{R}^K, \ f(\boldsymbol{x}) = (f_1(\boldsymbol{x}), \cdots, f_k(\boldsymbol{x}))^K$$

一般来说，目标规划问题的绝对最优解是不常见的，当绝对最优解不存在时，引入非劣解或有效解，也称为帕累托最优解。帕累托最优解通常指在其他目标解不恶化的情况下，使某一目标得到优化。因此，在目标规划问题中，通常不提最优解，只提满意解或有效解。

若一个规划问题中有多个目标，可以对多目标函数进行加权组合，使问题变为单目标规划，然后再利用之前学的知识进行求解。

（1）先将多个目标函数统一为最大化或最小化问题后才可以进行加权组合。

（2）如果目标函数的量纲不相同，则需要对其进行标准化后再进行加权，标准化的方法一般是用目标函数除以某个常量，该常量是这个目标函数的某个取值，具体取何值可根据经验确定。

（3）对多目标函数进行加权求和时，权重需要由该问题领域的专家给定，在实际建模中，若无特殊说明，则令权重相同。

在实际问题中，可能会同时考虑几方面都达到最优的情况，如产量最高、成本最低、质量最好、

利润最大、环境达标、运输满足等，这些目标不分主次，也就是目标函数权重相同。

以例 11-1 为例，求最佳生产方案。

根据所给数据，同时考虑这几个方面都达到最优：利润最大、使用原材料最少、充分利用设备。

如果要求利润最大，即要求

$$f(x_1,x_2) = 8x_1 + 10x_2$$

最大，得到目标函数 1：

$$\max 8x_1 + 10x_2$$

如果要求使用原材料最少，即要求

$$f(x_1,x_2) = 2x_1 + x_2$$

最小，得到目标函数 2：

$$\min 2x_1 + x_2$$

如果要求充分利用设备，即要求

$$f(x_1,x_2) = x_1 + 2x_2$$

最大，得到目标函数 3：

$$\max x_1 + 2x_2$$

经过题意进行分析，求最佳生产方案是具有 3 个目标的规划问题（多目标线性规划问题），得到目标规划的数学模型为

$$\min[f_1(x), f_2(x), f_3(x)]$$

$$\text{s.t.} \begin{cases} 2x_1 + x_2 \leqslant 11 \\ x_1 + 2x_2 \leqslant 10 \\ x_1, x_2 \geqslant 0 \end{cases}$$

其中

$$\begin{cases} f_1(x) = -8x_1 - 10x_2 \\ f_2(x) = 2x_1 + x_2 \\ f_3(x) = -x_1 - 2x_2 \end{cases}$$

📢 注意：

目标规划模型是有别于线性规划模型的一类多目标决策问题模型。目标规划的解法主要有单纯形法和图解法。图解法一般只适用于两个决策变量的情形，单纯形法对于求解目标规划具有普遍意义。

11.1.3 目标规划的求解方法

1. 加权系数法

为每个目标赋一个权系数，把多目标模型转化为单目标模型。难点是要确定合理的权系数，以反映不同目标之间的重要程度。

2. 优先等级法

将各目标按其重要程度划分不同的优先等级，转化为单目标模型。

3. 有效解法

寻求能够照顾到各个目标，并使决策者感到满意的解。由决策者确定选取哪一个解，即得到一个

满意解。但有效解的数目太多，难以将其一一求出。

11.1.4　目标规划的相关概念

在考虑产品决策时，便为目标决策的问题。目标规划是解决这类问题的方法之一。下面介绍目标规划的相关概念。

1．正、负偏差变量

先介绍一下目标值与实际值的概念。

（1）目标值：预先给定的某个目标的期望值。

（2）实际值：也称为决策值，是选定决策变量后目标函数的对应值。

（3）正偏差变量 d^+：表示实际值超过目标值的部分。

（4）负偏差变量 d^-：表示实际值未达到目标值的部分。

正、负偏差变量 d^+、d^- 的相互关系如下。

（1）当决策值 $x_i(i=1,2,\cdots,n)$ 超过规定的目标值时，$d^+>0$，$d^-=0$。

（2）当决策值 $x_i(i=1,2,\cdots,n)$ 未超过规定的目标值时，$d^+=0$，$d^->0$。

（3）当决策值 $x_i(i=1,2,\cdots,n)$ 等于规定的目标值时，$d^+=0$，$d^-=0$。

2．绝对约束和目标约束

（1）绝对约束：是指必须严格满足的等式约束和不等式约束，也称为硬约束。

（2）目标约束：是指某些不必严格满足的等式约束和不等式约束。这是目标规划特有的，这些约束不一定要求严格满足，允许发生正或负的偏差，因此在这些约束中可以加入正、负偏差变量，它们也称为软约束。

线性规划问题的目标函数，在给定目标值和加入正、负偏差变量后可转化为目标约束；也可根据问题的需要将绝对约束转化为目标约束。

3．优先因子与权系数

一个目标规划问题常常有若干目标，但决策者在要求达到这些目标时，有轻重缓急之分。不同目标的主次、轻重有两种差别。

（1）凡是要求第一位达到的目标赋予优先因子 P_1，次位的目标赋予优先因子 P_2，……，并规定前面的优先因子有更大的优先权，即 $P_j \gg P_{j+1}$，P_j 对应的目标比 P_{j+1} 对应的目标有绝对的优先性。

（2）若要区别具有相同优先因子的两个不同子目标的差别，可赋予它们不同的权系数 w。

4．目标规划的目标函数

目标规划的目标函数是按各目标约束的正、负偏差变量和赋予相应的优先因子和权系数而构造的。每当一个目标值确定后，决策者的要求是尽可能缩小与目标值的偏离，故目标函数追求的是极小化。一次目标规划的目标函数只能是

$$\min z = f(d^+, d^-)$$

其基本形式有以下 3 种。

（1）要求恰好达到目标值，即正、负偏差变量都要尽可能小，此时有

$$\min z = f(d^+ + d^-)$$

（2）要求不超过目标值，即允许达不到目标值，正偏差变量要尽可能小，此时有

$$\min z = f(d^+)$$

（3）要求超过目标值，即超过量不限，但负偏差变量要尽可能小，此时有

$$\min z = f(d^-)$$

11.2　序贯算法求解目标规划

序贯算法是求解目标规划的一种早期算法，按照决策者事前确定的若干目标值及其实现的优先次序，在给定的有限资源下寻找偏离目标值最小的解。

11.2.1　目标规划的一般数学模型

目标规划模型的序贯算法的核心是根据优先级的先后次序，将目标规划问题分解为一系列单目标规划问题，再依次进行求解。

建立目标规划的数学模型时，需要确定目标值 z、优先等级 P、权系数 w 等。当规定的目标与求得的实际目标值之间的差值未知时，可用偏差变量 d 来表示。d^+ 表示实际目标值超过规定目标值的数量，称为正偏差变量；d^- 表示实际目标值未达到规定目标值的数量，称为负偏差变量。

目标规划模型的序贯算法的一般数学模型为

$$\min z = \sum_{k=1}^{q} P_k \left(\sum_{j=1}^{l} w_{kj}^+ d_j^- + w_{kj}^+ d_j^+ \right)$$

$$\begin{cases} \sum_{j=1}^{n} a_{ij} x_j \leqslant (=,\geqslant) b_i, i=1,2,\cdots,m \\ \sum_{j=1}^{n} c_{ij} x_j + d_i^- - d_i^+ = g_i, i=1,2,\cdots,l \\ x_j \geqslant 0, j=1,2,\cdots,n \\ d_i^-, d_i^+ \geqslant 0, i=1,2,\cdots,l \end{cases}$$

设 $x_j (j=1,2,\cdots,n)$ 为目标规划的决策变量，共有 m 个约束是刚性约束，可能是等式约束，也可能是不等式约束。设有 l 个柔性目标约束，其目标规划约束的偏差为 d_i^+ 和 d_i^-（$i=1,2,\cdots,l$）。设有 q 个优先级别，分别为 $P_1, P_2, \cdots, P_q$。在同一个优先级 P_k 中，有不同的权重，分别记为 w_k^+ 和 w_k^-（$k=1,2,\cdots,l$）。

序贯算法的建模步骤如下。

（1）确定目标值，列出目标约束与绝对约束。

（2）根据决策者的需要，将绝对约束转化为目标约束。

（3）给各目标赋予相应的优先因子。

（4）对同一优先等级的各偏差变量，赋予相应的权系数。

目标规划能更好地兼顾统筹处理多种目标的关系，求得更切合实际要求的解。目标规划可根据实际情况，分主次、轻重缓急地考虑问题。

【例 11-2】运输问题。

某公司从中心制造地点向分别位于城区北、东、南、西方向的分配点运送材料。该公司有 26 辆卡车，用于从制造地点向分配点运送材料。其中有 9 辆载重 5t 的大型卡车，12 辆载重 2t 的中型

卡车和 5 辆载重 1t 的小型卡车。北、东、南、西 4 个分配点分别需要材料 14t、10t、20t、8t。每辆卡车向各分配点运送一次材料的费用见表 11-2。试分析最佳配送方案，使使用车辆最少，运送材料总费用最少。

表 11-2　运送费用　　　　　　　　　　　　　　　单位：元

载　重	北	东	南	西
大型卡车	80	63	92	75
中型卡车	50	60	55	42
小型卡车	20	15	38	22

下面介绍如何建立数学模型。

大、中、小 3 种载重的卡车向北、东、南、西 4 个分配点运送材料的车辆数变量（决策变量）见表 11-3。

表 11-3　决策变量

载　重	北	东	南	西
大型卡车	x_{11}	x_{12}	x_{13}	x_{14}
中型卡车	x_{21}	x_{22}	x_{23}	x_{24}
小型卡车	x_{31}	x_{32}	x_{33}	x_{34}

根据要求，使用车辆最少，运送材料总费用最少，得出目标函数：

$$\min 80x_{11} + 63x_{12} + 92x_{13} + 75x_{14} + 50x_{21} + 60x_{22} + 55x_{23} + 42x_{24} + 20x_{31} + 15x_{32} + 38x_{33} + 22x_{34}$$

$$\min x_{11} + x_{12} + x_{13} + x_{14} + x_{21} + x_{22} + x_{23} + x_{24} + x_{31} + x_{32} + x_{33} + x_{34}$$

根据车辆数，得出约束条件：

$$\begin{cases} x_{11} + x_{12} + x_{13} + x_{14} \leqslant 9 \\ x_{21} + x_{22} + x_{23} + x_{24} \leqslant 12 \\ x_{31} + x_{32} + x_{33} + x_{34} \leqslant 5 \end{cases}$$

根据分配点需要的材料，得出约束条件：

$$\begin{cases} 5x_{11} + 2x_{21} + x_{31} \geqslant 14 \\ 5x_{12} + 2x_{22} + x_{32} \geqslant 10 \\ 5x_{13} + 2x_{23} + x_{33} \geqslant 20 \\ 5x_{14} + 2x_{24} + x_{34} \geqslant 8 \end{cases}$$

决策变量为车辆数，因此有

$$\begin{cases} x_{ij} \geqslant 0,\ i = 1, 2, 3;\ j = 1, 2, 3, 4 \\ x_{ij} 是整数 \end{cases}$$

将上述问题转化为 MATLAB 标准型：

$$\min 80x_{11} + 63x_{12} + 92x_{13} + 75x_{14} + 50x_{21} + 60x_{22} + 55x_{23} + 42x_{24} + 20x_{31} + 15x_{32} + 38x_{33} + 22x_{34}$$

$$\min x_{11} + x_{12} + x_{13} + x_{14} + x_{21} + x_{22} + x_{23} + x_{24} + x_{31} + x_{32} + x_{33} + x_{34}$$

$$
\text{s.t.}
\begin{cases}
x_{11}+x_{12}+x_{13}+x_{14}\leqslant 9 \\
x_{21}+x_{22}+x_{23}+x_{24}\leqslant 12 \\
x_{31}+x_{32}+x_{33}+x_{34}\leqslant 5 \\
-5x_{11}-2x_{21}-x_{31}\leqslant -14 \\
-5x_{12}-2x_{22}-x_{32}\leqslant -10 \\
-5x_{13}-2x_{23}-x_{33}\leqslant -20 \\
-5x_{14}-2x_{24}-x_{34}\leqslant -8 \\
x_{ij}\geqslant 0, i=1,2,3;\ j=1,2,3,4 \\
x_{ij}\text{是整数}
\end{cases}
$$

11.2.2 有主次之分的目标规划

对于每个具体的目标规划，可根据决策者的要求和赋予各目标的优先因子构造目标函数，然后将一个目标规划问题分解为若干线性规划问题，通过序贯算法借助 MATLAB 线性规划函数进行求解。

实例——工厂生产规划问题

源文件：yuanwenjian\ch11\ep1101.m

扫一扫，看视频

某工厂生产甲、乙两种产品，已知有关数据见表 11-1。

在原材料供应受严格限制的基础上考虑：首先，产品乙的产量不低于产品甲的产量；其次，充分利用设备有效台时，不加班；最后，利润额不小于 56 万元。求决策方案。

操作步骤

（1）建立数学模型。

确定目标值。目标有主次之分，原材料拥有量的约束是绝对约束（硬约束），其余 3 个目标并非同等重要，都是软约束。其中，保证产品乙的产量不低于产品甲的产量的约束最为重要；保证充分利用设备有效台时不加班为次重要目标；利润额不小于 56 万元为第三重要目标。

将绝对约束转化为目标约束。假设产品甲、乙的产量分别用变量 x_1、x_2 表示，对原材料的约束属于强制约束（硬约束），必须满足

$$2x_1+x_2\leqslant 11$$

给各目标赋予相应的优先因子。按决策者所要求的，分别赋予这 3 个目标优先因子 P_1、P_2、P_3，并满足 $P_1\gg P_2\gg P_3$，优先因子为正常数。设响应偏差变量为 d_i^+ 和 d_i^-（$i=1,2,3$）。

目标 1：产品乙的产量不低于产品甲的产量，即 $x_1\leqslant x_2$，得到甲、乙产量差值为 $x_1-x_2\leqslant 0$。

式中的 0 是产品产量差值的目标值，实际中产品甲、乙的产量差值可能大于、等于或小于 0，实际值和目标值之间可能有一些偏差，因此引入偏差变量 d_1^+ 和 d_1^-。其中，d_1^+ 表示产量差值的实际值超过目标值的偏差部分；d_1^- 表示产量差值的实际值未达到目标值的偏差部分。则目标 1 可以表示为

$$x_1-x_2+d_1^- -d_1^+ =0$$

决策者对目标 1 的具体要求是希望产品甲、乙的产量差值小于或等于 0，即不允许超过目标值 0，也就是正偏差变量 d_1^+ 要尽可能小。这时目标函数表示为

$$P_1d_1^+$$

目标 2：生产产品甲、乙时，充分利用设备有效台时，设备拥有量为 10 台，得到第二个目标函数：

$$x_1 + 2x_2 \leqslant 10$$

式中的 10 是设备总量的目标值，实际中设备使用量可能大于或等于 0，实际值和目标值之间可能有一些偏差，因此引入偏差变量 d_2^+ 和 d_2^-。其中，d_2^+ 表示设备的实际使用量超过目标值的偏差部分；d_2^- 表示设备的实际使用量未达到目标值的偏差部分。则目标 2 可以表示为

$$x_1 + 2x_2 + d_2^- - d_2^+ = 10$$

决策者对目标 2 的具体要求是希望生产产品甲、乙设备的使用量等于 0，即希望尽量避免达不到目标值的情况发生，也就是正、负偏差变量 d_2^+ 和 d_2^- 要尽可能小。这时目标函数表示为

$$P_2(d_2^- + d_2^+)$$

目标 3：利润额不小于 56 万元，得到第三个目标函数：

$$8x_1 + 10x_2 \geqslant 56$$

式中的 56 是利润额的目标值，实际值和目标值之间可能有一些偏差，因此引入偏差变量 d_3^+ 和 d_3^-。其中，d_3^+ 表示利润额的实际值超过目标值的偏差部分；d_3^- 表示利润额的实际值未达到目标值的偏差部分。则目标 3 可以表示为

$$8x_1 + 10x_2 + d_3^- - d_3^+ = 56$$

决策者希望尽量避免达不到目标值的情况发生，要求超过目标值，即超过量不限，但必须使负偏差变量 d_3^- 尽可能小。这时目标函数表示为

$$P_3 d_3^-$$

综合分析，该目标规划的数学模型为

$$\min z = P_1 d_1^+ + P_2(d_2^- + d_2^+) + P_3 d_3^-$$

$$\text{s.t.} \begin{cases} 2x_1 + x_2 \leqslant 11 \\ x_1 - x_2 + d_1^- - d_1^+ = 0 \\ x_1 + 2x_2 + d_2^- - d_2^+ = 10 \\ 8x_1 + 10x_2 + d_3^- - d_3^+ = 56 \\ x_1, x_2, d_i^-, d_i^+ \geqslant 0, i = 1,2,3 \end{cases}$$

（2）求解模型。

序贯算法中每个单目标问题都是一个线性规划问题，可以使用 linprog() 函数进行求解。

1）对优先级为 1 的目标函数进行求解，即求解如下线性规划问题。

$$\min P_1 d_1^+$$

$$\text{s.t.} \begin{cases} 2x_1 + x_2 \leqslant 11 \\ x_1 - x_2 + d_1^- - d_1^+ = 0 \\ x_1, x_2, d_1^-, d_1^+, d_2^-, d_2^+, d_3^-, d_3^+ \geqslant 0 \end{cases}$$

决策变量为 x_1、x_2、d_1^-、d_1^+、d_2^-、d_2^+、d_3^-、d_3^+，在命令行窗口中输入初始参数。

```
>> f=[0,0,0,1,0,0,0,0];          %定义目标函数系数
>> A=[2,1,0,0,0,0,0,0];          %定义不等式系数
>> b=[11];
>> Aeq=[1,-1,1,-1,0,0,0,0];      %定义等式系数
>> beq=[0];
>> lb = zeros(8,1);              %定义上下界
>> ub = [];
```

调用 linprog()函数求解上述问题。

```
>> [x,fval,exitflag,output]= linprog(f,A,b,Aeq,beq,lb,ub)
```

结果如下。

```
Optimal solution found.
x =
     0
     0
     0
     0
     0
     0
     0
fval =
     0
exitflag =
     1
output =
  包含以下字段的 struct:
         iterations: 0
     constrviolation: 0
             message: 'Optimal solution found.'
           algorithm: 'dual-simplex'
       firstorderopt: 0
```

其中，$x(4)=d_1^+$。根据运行结果得出结论：偏差$d_1^+=0$，目标函数的最优值为 0，即第一级偏差为 0。

2）对优先级为 2 的目标函数进行求解，即求解如下线性规划问题。

$$\min P_2(d_2^- + d_2^+)$$

$$\text{s.t.}\begin{cases}2x_1+x_2 \leqslant 11 \\ x_1+2x_2 + d_1^- - d_2^+ =10 \\ x_1,x_2,d_1^-,d_1^+,d_2^-,d_2^+,d_3^-,d_3^+ \geqslant 0\end{cases}$$

决策变量为x_1、x_2、d_1^-、d_1^+、d_2^-、d_2^+、d_3^-、d_3^+，在命令行窗口中输入初始参数。

```
>> f=[0,0,0,0,1,1,0,0];          %定义目标函数系数
>> A=[2,1,0,0,0,0,0,0];          %定义不等式系数
>> b=[11];
>> Aeq=[1,2,0,0,1,-1,0,0];       %定义等式系数
>> beq=[10];
>> lb = zeros(8,1);              %定义上下界
>> ub = [];
```

调用 linprog()函数求解上述问题。

```
>> [x,fval,exitflag,output]= linprog(f,A,b,Aeq,beq,lb,ub)
```

结果如下。

```
Optimal solution found.
x =
     0
     5
```

```
          0
          0
          0
          0
          0
          0
fval =
          0
exitflag =
          1
output =
   包含以下字段的 struct:
          iterations: 1
      constrviolation: 0
              message: 'Optimal solution found.'
            algorithm: 'dual-simplex'
        firstorderopt: 0
```

其中，$x(5)=d_2^-$，$x(6)=d_2^+$。根据运行结果得出结论：$d_2^-=d_2^+=0$。

3）对优先级为 1、2 的目标函数进行求解，即求解如下线性规划问题。

$$\min P_1 d_1^+ + P_2(d_2^- + d_2^+)$$

$$\text{s.t.}\begin{cases}2x_1+x_2 \leqslant 11\\ x_1-x_2+d_1^--d_1^+=0\\ x_1+2x_2+d_2^--d_2^+=10\\ x_1,x_2,d_1^-,d_1^+,d_2^-,d_2^+,d_3^-,d_3^+\geqslant 0\end{cases}$$

决策变量为 x_1、x_2、d_1^-、d_1^+、d_2^-、d_2^+、d_3^-、d_3^+，在命令行窗口中输入初始参数。

```
>> f=[0,0,0,1,1,1,0,0];                          %定义目标函数系数
>> A=[2,1,0,0,0,0,0,0];                           %定义不等式系数
>> b=[11];
>> Aeq=[1,-1,1,-1,0,0,0,0;1,2,0,0,1,-1,0,0];      %定义等式系数
>> beq=[0;10];
>> lb = zeros(8,1);                               %定义上下界
>> ub = [];
```

调用 linprog() 函数求解上述问题。

```
>> [x,fval,exitflag,output]= linprog(f,A,b,Aeq,beq,lb,ub)
```

结果如下。

```
Optimal solution found.
x =
      0
      5
      5
      0
      0
      0
      0
      0
```

```
fval =
     0
exitflag =
     1
output =
  包含以下字段的 struct:
          iterations: 2
      constrviolation: 0
              message: 'Optimal solution found.'
            algorithm: 'dual-simplex'
         firstorderopt: 0
```

根据运行结果得出结论：$d_1^- = 5$，$d_2^- = d_2^+ = 0$，即函数目标值为 0。

4）对优先级为 3 的目标函数进行求解，即求解如下线性规划问题。

$$\min P_3 d_3^-$$

$$\text{s.t.} \begin{cases} 2x_1 + x_2 \leqslant 11 \\ 8x_1 + 10x_2 + d_3^- - d_3^+ = 56 \\ x_1, x_2, d_1^-, d_1^+, d_2^-, d_2^+, d_3^-, d_3^+ \geqslant 0 \end{cases}$$

决策变量为 x_1、x_2、d_1^-、d_1^+、d_2^-、d_2^+、d_3^-、d_3^+，在命令行窗口中输入初始参数。

```
>> f=[0,0,0,0,0,0,1,0];          %定义目标函数系数
>> A=[2,1,0,0,0,0,0,0];          %定义不等式系数
>> b=[11];
>> Aeq=[8,10,0,0,0,0,1,-1];      %定义等式系数
>> beq=[56];
>> lb = zeros(8,1);              %定义上下界
>> ub = [];
```

调用 linprog() 函数求解上述问题。

```
>> [x,fval,exitflag,output]= linprog(f,A,b,Aeq,beq,lb,ub)
```

结果如下。

```
Optimal solution found.
x =
        0
   5.6000
        0
        0
        0
        0
        0
        0
fval =
     0
exitflag =
     1
output =
  包含以下字段的 struct:
          iterations: 1
      constrviolation: 0
              message: 'Optimal solution found.'
```

```
        algorithm: 'dual-simplex'
     firstorderopt: 0
```

根据运行结果得出结论：$d_3^- = 0$。

5）对优先级为 1、2、3 的目标函数进行求解，即求解如下线性规划问题。

$$\min P_1 d_1^+ + P_2(d_2^- + d_2^+) + P_3 d_3^-$$

$$\text{s.t.} \begin{cases} 2x_1 + x_2 \leqslant 11 \\ x_1 - x_2 + d_1^- - d_1^+ = 0 \\ x_1 + 2x_2 + d_2^- - d_2^+ = 10 \\ 8x_1 + 10x_2 + d_3^- - d_3^+ = 56 \\ x_1, x_2, d_1^-, d_1^+, d_2^-, d_2^+, d_3^-, d_3^+ \geqslant 0 \end{cases}$$

决策变量为 x_1、x_2、d_1^-、d_1^+、d_2^-、d_2^+、d_3^-、d_3^+，在命令行窗口中输入初始参数。

```
>> f=[0,0,0,0,0,0,1,0];                          %定义目标函数系数
>> A=[2,1,0,0,0,0,0,0];                           %定义不等式系数
>> b=[11];
>> Aeq=[1,-1,1,-1,0,0,0,0;1,2,0,0,1,-0,0,0;8,10,0,0,0,0,1,-1];  %定义等式系数
>> beq=[0;10;56];
>> lb = zeros(8,1);                               %定义上下界
>> ub = [];
```

调用 linprog() 函数求解上述问题。

```
>> [x,fval,exitflag,output]= linprog(f,A,b,Aeq,beq,lb,ub)
```

结果如下。

```
Optimal solution found.
x =
    4.5000
    2.0000
         0
    2.5000
    1.5000
         0
         0
         0
fval =
     0
exitflag =
     1
output =
   包含以下字段的 struct:
         iterations: 3
     constrviolation: 8.8818e-16
            message: 'Optimal solution found.'
          algorithm: 'dual-simplex'
       firstorderopt: 0
```

根据运行结果得出结论：$d_1^+ = 2.5$，$d_2^- = 1.5$，$d_2^+ = 0$，$d_3^- = 0$。

（3）模型分析。

所有计算结果如下。

第一级目标的满意解为 $x_1=0$，$x_2=0$，最优偏差值为 0；

第二级目标的满意解为 $x_1=0$，$x_2=5$，最优偏差值为 0；

前二级目标的满意解为 $x_1=0$，$x_2=5$，最优偏差值为 0；

第三级目标的满意解为 $x_1=0$，$x_2=5.6$，最优偏差值为 0；

前三级目标的满意解为 $x_1=4.5$，$x_2=2$，最优偏差值为 0。

目标规划问题的满意解为 $x_1=4.5$，$x_2=2$，此时，$d_1^+=2.5$，利润额为 56 万元，满足利润额不小于 56 万元的约束，满足产品乙的产量不低于产品甲的产量的约束，满足设备有效台时为 8.5 不加班的约束。

最佳的安排生产方案为：产品甲、乙的产量分别为 4.5t、2t。

11.2.3　有轻重等级的目标规划

对于有主次之分、轻重等级的目标规划，当每个目标值确定后，决策者的要求是尽可能缩小偏离目标值，因此目标规划的目标函数只能是所有偏差变量的加权和。其基本形式有以下 3 种。

（1）第 i 个目标要求恰好达到目标值，即正、负偏差变量都要尽可能小，即

$$\min w_i^- d_i^- + w_i^+ d_i^+$$

一般地

$$\min z = f(d_i^-, d_i^+)$$

（2）第 i 个目标要求不超过（不大于）目标值，即允许达不到目标值，也就是正偏差变量要尽可能小，即

$$\min w_i^+ d_i^+$$

一般地

$$\min z = f(d_i^+)$$

（3）第 i 个目标要求超过（不小于）目标值，即超过量不限，但负偏差变量要尽可能小，即

$$\min w_i^- d_i^-$$

一般地

$$\min z = f(d_i^-)$$

实例——电视机装配问题

扫一扫，看视频

源文件： yuanwenjian\ch11\ep1102.m

某电视机厂装配黑白和彩色两种电视机，每装配一台电视机需占用装配线 1h，装配线每周计划开动 40h。预计市场每周彩色电视机的销量是 24 台，每台可获利 80 元；黑白电视机的销量是 30 台，每台可获利 40 元。

该厂确定的目标如下。

第一优先级（目标 1）：充分利用装配线每周计划开动 40h；

第二优先级（目标 2）：允许装配线加班，但加班时间每周尽量不超过 10h；

第三优先级（目标 3）：装配电视机的数量尽量满足市场需要。因彩色电视机的利润高，取其权系数为 2。

试确定电视机的生产计划。

操作步骤

（1）建立数学模型。

确定目标值。设彩色和黑白电视机的产量分别为 x_1 和 x_2。

根据目标 1，充分利用装配线每周计划开动 40h，则有

$$x_1 + x_2 \leqslant 40$$

根据目标 2，允许装配线加班，但加班时间每周尽量不超过 10h，则有

$$x_1 + x_2 \leqslant 50$$

根据目标 3，装配电视机的数量尽量满足市场需要，则有

$$x_1 \geqslant 24 （彩色电视产量大于销量）$$

$$x_2 \geqslant 30 （黑白电视产量大于销量）$$

将绝对约束转化为目标约束。设偏差变量为 d_i^+ 和 $d_i^-(i=1,2,3,4)$，根据优先级的先后次序，将目标规划问题分解成一系列的单目标规划问题。

目标 1：d_1^+ 和 d_1^- 表示装配线占用时间的实际值超过和未达到目标值的偏差部分。则目标 1 约束可以表示为

$$x_1 + x_2 + d_1^- - d_1^+ = 40$$

目标 2：d_2^+ 和 d_2^- 表示装配线占用时间（允许加班）的实际值超过和未达到目标值的偏差部分。则目标 2 约束可以表示为

$$x_1 + x_2 + d_2^- - d_2^+ = 50$$

目标 3：d_3^+ 和 d_3^- 表示彩色电视机产量的实际值超过和未达到目标值的偏差部分；d_4^+ 和 d_4^- 表示黑白电视机产量的实际值超过和未达到目标值的偏差部分。则目标 3 约束可以表示为

$$x_1 + d_3^- - d_3^+ = 24$$
$$x_2 + d_4^- - d_4^+ = 30$$

给各目标赋予相应的优先因子。3 个目标优先因子为 P_1、P_2、P_3，并满足 $P_1 \gg P_2 \gg P_3$。

最重要的指标是装配线每周计划开动时间，因此将它的优先级列为第一优先级（P_1）；加班时装配线每周计划开动时间列为第二优先级（P_2）；彩色和黑白电视机产量列为第三优先级（P_3）。

第一优先级中，装配线每周计划开动时间不超过 40h，得出装配线每周开动时间目标函数为

$$P_1 d_1^+$$

第二优先级中，加班时间每周尽量不超过 10h，得出装配线每周计划开动时间（加班）目标函数为

$$P_2 d_2^+$$

第三优先级中，根据彩色、黑白电视机的产量大于销量，得出彩色、黑白电视机产量目标函数为

$$P_3(d_3^- + d_4^-)$$

对同一优先级中的各偏差变量，赋予相应的权系数。

第三优先级中，彩色电视机的利润高，取其权系数为 2，因此它们的权重不一样，彩色电视机的权系数是黑白电视机权系数的 3 倍。得出第三优先级目标函数为

$$P_3(2d_3^- + d_4^-)$$

综上分析，目标规划模型表示为

$$\min z = P_1 d_1^+ + P_2 d_2^+ + P_3(2d_3^- + d_4^-)$$

$$\text{s.t.}\begin{cases} x_1 + x_2 + d_1^- - d_1^+ = 40 \\ x_1 + x_2 + d_2^- - d_2^+ = 50 \\ x_1 + d_3^- - d_3^+ = 24 \\ x_2 + d_4^- - d_4^+ = 30 \\ x_1, x_2, d_i^-, d_i^+ \geq 0, i = 1,2,3,4 \end{cases}$$

（2）求解模型。

电视机的生产台数为整数，上述问题中每个单目标问题都是一个线性整数规划问题，可以使用 intlinprog() 函数进行求解。

1）对优先级为 1 的目标函数进行求解，即求解如下线性规划问题。

$$\min P_1 d_1^+$$

$$\text{s.t.}\begin{cases} x_1 + x_2 + d_1^- - d_1^+ = 40 \\ x_1, x_2, d_1^-, d_1^+, d_2^-, d_2^+, d_3^-, d_3^+, d_4^-, d_4^+ \geq 0 \end{cases}$$

决策变量为 x_1、x_2、d_1^-、d_1^+、d_2^-、d_2^+、d_3^-、d_3^+、d_4^-、d_4^+，在命令行窗口中输入初始参数。

```
>> f=[0,0,0,1,0,0,0,0,0,0];        %定义目标函数系数
>> A=[];                           %定义不等式系数
>> b=[];
>> Aeq=[1,1,1,-1,0,0,0,0,0,0];     %定义等式系数
>> beq=[40];
>> intcon=[1,2];
>> lb = zeros(10,1);               %定义上下界
>> ub = [];
```

调用 intlinprog() 函数求解上述问题。

```
>> [x,fval,exitflag]= intlinprog(f,intcon,A,b,Aeq,beq,lb,ub)
```

结果如下。

```
LP:             Optimal objective value is 0.000000.
Optimal solution found.
Intlinprog stopped at the root node because the
objective value is within a gap tolerance of the optimal
value, options.AbsoluteGapTolerance = 0 (the default
value). The intcon variables are
integer within tolerance,
options.IntegerTolerance = 1e-05 (the default value).
x =
     0
     0
    40
     0
     0
     0
     0
     0
     0
     0
fval =
```

```
      0
  exitflag =
      1
```

根据运行结果得出结论：偏差变量 $d_1^+=0$ ，目标函数的最优值为 0，即第一优先级偏差为 0。

2）对优先级为 2 的目标函数进行求解，即求解如下整数规划问题。

$$\min P_2 d_2^+$$

$$\text{s.t.} \begin{cases} x_1 + x_2 + d_2^- - d_2^+ = 50 \\ x_1, x_2, d_1^-, d_1^+, d_2^-, d_2^+, d_3^-, d_3^+, d_4^-, d_4^+ \geqslant 0 \end{cases}$$

决策变量为 x_1、x_2、d_1^-、d_1^+、d_2^-、d_2^+、d_3^-、d_3^+、d_4^-、d_4^+，在命令行窗口中输入初始参数。

```
>> f=[0,0,0,0,0,1,0,0,0,0];          %定义目标函数系数
>> A=[];                             %定义不等式系数
>> b=[];
>> Aeq=[1,1,0,0,1,-1,0,0,0,0];       %定义等式系数
>> beq=[50];
>> intcon=[1,2];
>> lb = zeros(10,1);                 %定义上下界
>> ub = [];
```

调用 intlinprog() 函数求解上述问题。

```
>> [x,fval,exitflag]= intlinprog(f,intcon,A,b,Aeq,beq,lb,ub)
```

结果如下。

```
LP:            Optimal objective value is 0.000000.
Optimal solution found.
Intlinprog stopped at the root node because the
objective value is within a gap tolerance of the
optimal value, options.AbsoluteGapTolerance = 0 (the
default value). The intcon variables are
integer within tolerance,
options.IntegerTolerance = 1e-05 (the default value).
x =
     0
     0
     0
     0
    50
     0
     0
     0
     0
     0
fval =
     0
exitflag =
     1
```

根据运行结果得出结论：$d_2^+ = 0$。

3）对优先级为 1、2 的目标函数进行求解，即求解如下线性规划问题。

$$\min P_1 d_1^+ + P_2 d_2^+$$

$$\text{s.t.} \begin{cases} x_1 + x_2 + d_1^- - d_1^+ = 40 \\ x_1 + x_2 + d_2^- - d_2^+ = 50 \\ x_1, x_2, d_1^-, d_1^+, d_2^-, d_2^+, d_3^-, d_3^+, d_4^-, d_4^+ \geqslant 0 \end{cases}$$

决策变量为 0，在命令行窗口中输入初始参数。

```
>> f=[0,0,0,1,0,1,0,0,0,0];              %定义目标函数系数
>> A=[];                                 %定义不等式系数
>> b=[];
>> Aeq=[1,1,1,-1,0,0,0,0,0,0;1,1,0,0,1,-1,0,0,0,0];  %定义等式系数
>> beq=[40;50];
>> intcon=[1,2];
>> lb = zeros(10,1);                     %定义上下界
>> ub = [];
```

调用 intlinprog() 函数求解上述问题。

```
>> [x,fval,exitflag]= intlinprog(f,intcon,A,b,Aeq,beq,lb,ub)
```

结果如下。

```
LP:             Optimal objective value is 0.000000.
Optimal solution found.
Intlinprog stopped at the root node because the
objective value is within a gap tolerance of the
optimal value, options.AbsoluteGapTolerance = 0 (the
default value). The intcon variables are
integer within tolerance,
options.IntegerTolerance = 1e-05 (the default value).
x =
    0
    0
   40
    0
   50
    0
    0
    0
    0
    0
fval =
    0
exitflag =
    1
```

根据运行结果得出结论：$d_1^+ = d_2^+ = 0$，函数目标值为 0。

4）对优先级为 3 的目标函数进行求解，即求解如下线性规划问题。

$$\min z = P_3(2d_3^- + d_4^-)$$

$$\text{s.t.} \begin{cases} x_1 + d_3^- - d_3^+ = 24 \\ x_2 + d_4^- - d_4^+ = 30 \\ x_1, x_2, d_i^-, d_i^+ \geqslant 0, i = 1,2,3,4 \end{cases}$$

决策变量为 x_1、x_2、d_1^-、d_1^+、d_2^-、d_2^+、d_3^-、d_3^+、d_4^-、d_4^+，在命令行窗口中输入初始参数。

```
>> f=[0,0,0,0,0,0,2,0,0,0];                                    %定义目标函数系数
>> A=[];                                                       %定义不等式系数
>> b=[];
>> Aeq=[1,0,0,0,0,0,1,-1,0,0;0,1,0,0,0,0,0,0,1,-1];            %定义等式系数
>> beq=[24;30];
>> intcon=[1,2];
>> lb = zeros(10,1);                                           %定义上下界
>> ub = [];
```

调用 intlinprog() 函数求解上述问题。

```
>> [x,fval,exitflag]= intlinprog(f,intcon,A,b,Aeq,beq,lb,ub)
```

结果如下。

```
LP:              Optimal objective value is 0.000000.
Optimal solution found.
Intlinprog stopped at the root node because the
objective value is within a gap tolerance of the
optimal value, options.AbsoluteGapTolerance = 0 (the
default value). The intcon variables are
integer within tolerance,
options.IntegerTolerance = 1e-05 (the default value).
x =
    24
     0
     0
     0
     0
     0
     0
     0
    30
     0
fval =
     0
exitflag =
     1
```

根据运行结果得出结论：$d_3^- = 0$，$d_4^- = 30$。

5）对优先级为 1、2、3 的目标函数进行求解，即求解如下线性规划问题。

$$\min z = P_1 d_1^+ + P_2 d_2^+ + P_3 (2d_3^- + d_4^-)$$

$$\text{s.t.} \begin{cases} x_1 + x_2 + d_1^- - d_1^+ = 40 \\ x_1 + x_2 + d_2^- - d_2^+ = 50 \\ x_1 + d_3^- - d_3^+ = 24 \\ x_2 + d_4^- - d_4^+ = 30 \\ x_1, x_2, d_i^-, d_i^+ \geqslant 0, i = 1,2,3,4 \end{cases}$$

决策变量为 x_1、x_2、d_1^-、d_1^+、d_2^-、d_2^+、d_3^-、d_3^+、d_4^-、d_4^+，在命令行窗口中输入初始参数。

```
>> f=[0,0,0,1,0,1,2,0,1,0];                                    %定义目标函数系数
>> A=[];                                                       %定义不等式系数
```

```
>> b=[];
>> Aeq=[1,1,1,-1,0,0,0,0,0,0;1,1,0,0,1,-0,0,0,0,0;1,0,0,0,0,0,1,-1,0,0;0,1,0,0,0,0,
0,0,1,-1];                        %定义等式系数
>> beq=[40;50;24;30];
>> intcon=[1,2];
>> lb = zeros(10,1);              %定义上下界
>> ub = [];
```

调用 intlinprog()函数求解上述问题。

```
>> [x,fval,exitflag]= intlinprog(f,intcon,A,b,Aeq,beq,lb,ub)
```

结果如下。

```
LP:              Optimal objective value is 14.000000.
Optimal solution found.
Intlinprog stopped at the root node because the
objective value is within a gap tolerance of the
optimal value, options.AbsoluteGapTolerance = 0 (the
default value). The intcon variables are
integer within tolerance,
options.IntegerTolerance = 1e-05 (the default value).
x =
    24
    16
     0
     0
    10
     0
     0
     0
    14
     0
fval =
    14
exitflag =
     1
```

根据运行结果得出结论：$d_1^+ = 0$，$d_2^- = 10$，$d_2^+ = 0$，$d_3^- = 0$。

（3）模型分析。

所有计算结果如下。

第一级目标的满意解为 $x_1 = 0$，$x_2 = 0$，最优偏差值为 0；

第二级目标的满意解为 $x_1 = 0$，$x_2 = 0$，最优偏差值为 0；

前二级目标的满意解为 $x_1 = 0$，$x_2 = 0$，最优偏差值为 0；

第三级目标的满意解为 $x_1 = 24$，$x_2 = 0$，最优偏差值为 0；

前三级目标的满意解为 $x_1 = 24$，$x_2 = 16$，最优偏差值为 14。

目标规划问题的满意解为 $x_1 = 24$，$x_2 = 16$，此时，$d_2^- = 10$，$d_4^- = 14$，装配线每周开动 40h，不加班，黑白电视机的产量不满足销量条件。因此，最佳装配方案应为：该厂每周应装配彩色电视机 24台，黑白电视机 26 台。

11.3 目标达到法求解目标规划

运用线性规划可以处理许多线性系统的最优化问题。但是，由于线性规划存在目标单一性、约束条件相容性和约束条件"刚性"等诸多限制条件，不能适应复杂多变的生产经营管理系统对综合性、目标性指标的实际要求，使它在解决实际问题时存在着一定的局限性。

11.3.1 目标规划模型标准型

目标规划模型在 MATLAB 中也有自己的标准形式，目标规划在 MATLAB 中遵守的标准型为

$$\min_{x,\gamma} \gamma$$

$$\text{s.t.} \begin{cases} F(x) - \textbf{weight} \cdot \gamma \leqslant \textbf{goal} \\ Ax \leqslant b \\ A_{eq}x = b_{eq} \\ C(x) \leqslant d \\ C_{eq}(x) = d \\ l_b \leqslant x \leqslant u_b \end{cases}$$

其中，x、b、b_{eq}、l_b、u_b 为向量；A、A_{eq} 为矩阵；$C(x)$、$C_{eq}(x)$ 和 $F(x)$ 为返回向量的函数，可以是非线性函数；**weight** 为权值系数向量，用于控制对应的目标函数与用户定义的目标函数值的接近程度；**goal** 为用户设计的与目标函数相应的目标函数值向量；γ 为一个松弛因子标量；$F(x)$ 为目标规划中的目标函数向量。

11.3.2 目标达到法求解

在 MATLAB 中，fgoalattain()函数用于求解多目标决策问题，也称为目标达到法。
函数具体的调用格式如下。

1．x = fgoalattain(fun,x0,goal,weight)

该调用格式的功能是通过变化 x 使目标函数 fun 达到 goal 指定的目标。用 x0 作为初始值，参数 weight 指定权重。其中，x0 可以是标量、向量或矩阵。fun 函数接收参数 x 的值，返回一个向量或矩阵。

weight 为权重向量，可以控制低于或超过 fgoalattain()函数指定目标的相对程度。当 goal 的值都是非零值时，为了保证活动对象超过或低于的比例相当，将权重函数设置为 abs(goal)。一般设置为 weight=goal 或 weight=abs(goal)。

2．x=fgoalattain(fun,x0,goal,weight,A,b)

该调用格式的功能是求解带约束条件 $Ax \leqslant b$ 的多目标规划问题。

3．x=fgoalattain(fun,x0,goal,weight,A,b,Aeq,Beq)

该调用格式的功能是求解同时带有不等式约束和等式约束 $A_{eq}x = b_{eq}$ 的多目标规划问题。

4．x=fgoalattain(fun,x0,goal,weight,A,b,Aeq,beq,lb,ub)

该调用格式的功能是求解上述问题，同时给变量 x 设置上下界。

5．x=fgoalattain(fun,x0,goal,weight,A,b,Aeq,beq,lb,ub,nonlcon)

该调用格式的功能是求解上述问题，同时在约束中加上由 nonlcon 函数（通常为 M 文件定义的函数）定义的非线性约束，当调用函数[C, Ceq] = feval(nonlcon,x)时，nonlcon 函数应返回向量 C 和 Ceq，分别代表非线性不等式约束和等式约束。

6．x=fgoalattain(fun,x0,goal,weight,A,b,Aeq,beq,lb,ub,nonlcon,options)

该调用格式的功能是使用 options 参数指定的优化参数进行最小化，options 的可取值如下。

- ConstraintTolerance：约束违反度的终止容差。
- Diagnostics：显示打印将要最小化或求解的函数的诊断信息，选项是'on'或'off'（默认值）。
- DiffMaxChange：变量中有限差分梯度的最大变化。
- DifiMinChange：变量中有限差分梯度的最小变化。
- Display：显示水平。设置为'off'时不显示输出；设置为'iter'时显示每次选代的输出；设置为'final'时只显示最终结果。
- EqualityGoalCount：使目标函数 fun 的值等于目标值 goal 所需的目标数目（非负整数），默认值为 0。
- FiniteDifferenceStepSize：有限差分的标量或向量步长大小因子。
- FiniteDifferenceType：估计梯度的有限差分的类型，包括'forward'（默认值）或'central'（中心化）。'central'需要 2 倍的函数计算次数，但通常更准确。
- FunctionTolerance：函数值的终止容差（正标量）。optimset()函数通过设置 TolCon 参数定义函数值处的终止容限。
- FunValCheck：检查目标函数和约束值是否有效，如果为'on'，则当目标函数或约束返回复数值、Inf 或 NaN 时，显示错误。默认值为'off'，不显示错误。
- MaxFunctionEvaluations：最大函数计算次数。
- MaxIterations：最大迭代次数，默认值为 400。
- MaxSQPlter：SQP 最大迭代次数。
- MeritFunction：目标达到评价函数，如果设置为'multiobj'（默认值），则使用目标达到评价函数；如果设置为'singleobj'，则使用 fmincon()评价函数。
- OptimalityTolerance：一阶最优性的终止容差。optimset()函数通过设置 TolFun 参数定义约束矛盾的终止容限。
- OutputFcn：优化函数在每次迭代中调用的一个或多个用户定义的函数。
- PlotFcn：在算法执行过程中显示的各种进度测量值的绘图。对于自定义绘图函数，传递函数句柄。默认值是无([])；'optimplotx'表示绘制当前点；'optimplotfunccount'表示绘制函数计数；'optimplotfval'表示绘制目标函数值；'optimplotconstrviolation'表示绘制最大约束违反度；'optimplotstepsize'表示绘制步长大小。
- RelLineSrchBnd：线搜索步长的相对边界。
- RelLineSrchBndDuration：指定的边界应处于活动状态的迭代次数，默认值为 1。
- SpecifyConstraintGradient：非线性约束函数梯度。当此选项设置为 true 时，fgoalattain()预计约

束函数有 4 个输出；设置为 false（默认值）时，fgoalattain()使用有限差分估计非线性约束的梯度。optimset()函数通过设置 GradConstr 进行定义，值为'on' 或 'off'。

- ⮑ SpecifyObjectiveGradient：用户定义的目标函数梯度。
- ⮑ StepTolerance：x 的终止容差，optimset()函数通过设置 TolX 参数定义 x 处的终止容限。
- ⮑ TolConSQP：内部迭代 SQP 约束违反度的终止容差。
- ⮑ Typicalx：典型的 x 值。
- ⮑ UseParallel：并行计算的选项。

7．x = fgoalattain (problem)

该调用格式的功能是使用结构体 problem 定义参数。

8．[x,fval]=fgoalattain(...)

该调用格式的功能是返回目标函数 fun 在解 x 处的值。

9．[x,fval,attainfactor]=fgoalattain(...)

该调用格式的功能是返回解 x 处的目标达到因子 attainfactor，若 attainfactor 为负，则目标已到达；若 attainfactor 为正，则目标未到达。

10．[x,fval,attainfactor,exitflag]=fgoalattain(...)

该调用格式的功能是返回 exitflag 值，描述函数计算的退出条件。其中，exitflag 值和相应的含义见表 11-4。

表 11-4　exitflag 值和相应的含义

值	含　义
1	fgoalattain()函数收敛到最优解处
4	重要搜索方向小于规定的容许范围并且约束违背小于 options.TolCon
5	重要方向导数小于规定的容许范围并且约束违背小于 options.TolCon
0	达到最大迭代次数或达到函数评价
−1	算法由输出函数终止
−2	无可行解

11．[x,fval,attainfactor,exitflag,output]=fgoalattain(...)

该调用格式的功能是返回同调用格式 10 的值，另外返回包含 output 结构的输出。

12．[x,fval,attainfactor,exitflag,output,lambda]=fgoalattain(...)

该调用格式的功能是返回 lambda 在解 x 处的结构参数。其中，lambda 取值和相应的含义见表 11-5。

表 11-5　lambda 取值和相应的含义

值	含　义
lower	下界
upper	上界
ineqlin	线性不等式
eqlin	线性等式

续表

值	含　义
ineqnonlin	非线性不等式
eqnonlin	非线性等式
output	包含有关优化的信息的结构
iterations	迭代次数
funcCount	函数评估的数量
lssteplength	相对于搜索方向的最终行搜索步骤的大小
stepsize	x 中的最终位移
algorithm	使用的优化算法
firstorderopt	一阶最优性的度量
constrviolation	约束函数的最大值

实例——毛料分配问题

源文件：yuanwenjian\ch11\ep1103.m

一家毛纺厂用羊毛和兔毛生产 A、B、C 3 种混纺毛料，生产 1 单位产品需要的原料见表 11-6。

扫一扫，看视频

表 11-6　生产原料数据

原料	A	B	C
羊毛	3	1	4
兔毛	2	3	4

3 种产品的单位利润分别为 4 元、1 元、5 元，厂长下达的最低利润指标为 50000 元，至少生产 10000 单位的混纺毛料。每月可购进的原料限额为 80000 单位羊毛、30000 单位兔毛。问此毛纺厂应如何安排生产才能在生产最多混纺毛料的情况下获得最大利润？

操作步骤

（1）建立数学模型。

假设生产 A、B、C 3 种混纺毛料数量分别为 x_1、x_2、x_3。根据要求，获得最大利润为 $f_1(x)$、使用最多的混纺毛料产品为 $f_2(x)$。则上述问题可以表达为如下多目标规划问题。

$$\max f_1(x) = 4x_1 + x_2 + 5x_3$$
$$\max f_2(x) = x_1 + x_2 + x_3$$

其中

$$f_1(x) = 4x_1 + x_2 + 5x_3 \geqslant 50000$$
$$f_2(x) = x_1 + x_2 + x_3 \geqslant 10000$$

根据每月可购进的原料（羊毛 80000 单位、兔毛 30000 单位）限额，得出约束条件为

$$\begin{cases} 3x_1 + x_2 + 4x_3 \leqslant 80000 \\ 2x_1 + 3x_2 + 4x_3 \leqslant 30000 \\ x_1, x_2 \geqslant 0 \end{cases}$$

转化为标准型：

$$\min -4x_1 - x_2 - 5x_3$$

$$\min -x_1 - x_2 - x_3$$

$$\text{s.t.}\begin{cases} -4x_1 - x_2 - 5x_3 \leqslant -50000 \\ -x_1 - x_2 - x_3 \leqslant -10000 \\ 3x_1 + x_2 + 4x_3 \leqslant 80000 \\ 2x_1 + 3x_2 + 4x_3 \leqslant 30000 \\ x_1, x_2 \geqslant 0 \end{cases}$$

（2）求解模型。

编写目标函数文件。

```
function f=fun11(x)
%该函数是演示函数
%获得最大利润函数 f(1)
%使用最多的混纺毛料产品函数 f(2)
f(1)=-4*x(1)-x(2)-5*x(3);
f(2)=-x(1)-x(2)-x(3);
```

给出约束条件。

```
>> A=[3,1,4;2,3,4];
>> b=[80000;30000];
>> lb=zeros(3,1);
```

给定目标和权重，并给出初始点，当 goal 的值全部非零时，为确保溢出或低于活动目标的百分比相同，将 weight 设置为 abs(goal)。

```
>> goal=[-50000 -10000];
>> x0=[11000 10000 10000];
>> weight= abs(goal);
```

调用 fgoalattain() 函数求解。

```
>> [x,fval,attainfactor,exitflag,output,lambda] = fgoalattain(@fun11,x0,goal,weight,
A,b,[ ],[ ],lb)
```

结果如下。

```
Local minimum possible. Constraints satisfied.
fgoalattain stopped because the predicted change in the objective function
is less than the value of the function tolerance and constraints
are satisfied to within the value of the constraint tolerance.
<stopping criteria details>
x =
   1.0e+03 *
   6.7241    3.5862    1.4483
fval =
   1.0e+04 *
   -3.7724   -1.1759
attainfactor =
    0.2455
exitflag =
     5
output =
```

```
        包含以下字段的 struct:
            iterations: 2
             funcCount: 11
           lssteplength: 1
              stepsize: 5.8452e-05
             algorithm: 'active-set'
          firstorderopt: []
         constrviolation: 9.5061e-09
               message: 'Local minimum possible. Constraints satisfied.↵fgoalattain
 stopped because the predicted change in the objective function↵is less than the value of
 the function tolerance and constraints ↵are satisfied to within the value of the constraint
 tolerance.↵↵<stopping criteria details>↵↵Optimization stopped because the predicted change
 in the objective function,↵6.025907e-09, is less than options.FunctionTolerance = 1.000000e-06,
 and the maximum constraint↵violation, 9.506074e-09, is less than options.ConstraintTolerance =
 1.000000e-06.'
     lambda =
        包含以下字段的 struct:
               lower: [3×1 double]
               upper: [3×1 double]
               eqlin: [0×1 double]
            eqnonlin: [0×1 double]
              ineqlin: [2×1 double]
            ineqnonlin: [0×1 double]
```

根据运行结果得出以下结论。

❯ attainfactor 为正值，表明目标未达到。

❯ 目标函数值 fval(1)= -37724，高于目标 goal(1)=-50000，表示运行结果未达到目标。

解决方法如下。

在目标无法达到时，权重越小，会使对应分量更可能接近目标；但在目标能够达到时，则会使溢出目标的量更小。

设 weight= abs(goal)=[50000,10000]，设置权重均为 1，即

```
>> weight=[1,1];
```

调用 fgoalattain() 函数求解。

```
>> [x,fval,attainfactor,exitflag,output,lambda] = fgoalattain(@fun11,x0,goal,weight,
A,b,[ ],[ ],lb)
```

结果如下。

```
Local minimum possible. Constraints satisfied.
fgoalattain stopped because the size of the current search direction is less than
twice the value of the step size tolerance and constraints are
satisfied to within the value of the constraint tolerance.
<stopping criteria details>
x =
  1.0e+04 *
   1.5000    0.0000   -0.0000
fval =
  1.0e+04 *
  -6.0000   -1.5000
attainfactor =
```

```
      -5.0000e+03
exitflag =
        4
output =
    包含以下字段的 struct:
            iterations: 9
             funcCount: 53
          lssteplength: 1
              stepsize: 6.1715e-12
             algorithm: 'active-set'
         firstorderopt: []
        constrviolation: 3.7793e-12
               message: 'Local minimum possible. Constraints satisfied. fgoalattain
stopped because the size of the current search direction is less than twice the value of
the step size tolerance and constraints are satisfied to within the value of the constraint
tolerance. <stopping criteria details> Optimization stopped because the norm of the
current search direction, 5.039027e-12, is less than 2*options.StepTolerance = 1.000000e-06,
and the maximum constraint violation, 3.779270e-12, is less than options.ConstraintTolerance
= 1.000000e-06.'
    lambda =
    包含以下字段的 struct:
              lower: [3×1 double]
              upper: [3×1 double]
              eqlin: [0×1 double]
           eqnonlin: [0×1 double]
             ineqlin: [2×1 double]
          ineqnonlin: [0×1 double]
```

根据运行结果得出以下结论。

➥ **attainfactor** 为负值，表明目标已达到。

➥ 目标函数值 fval 为−60000，低于目标 goal 值，表示运行结果达到了目标。

（3）模型分析。

由以上运行结果可知，最优生产方案为：生产混纺毛料数量产品最多，为 15000 单位。其中，生产 A 混纺毛料 15000 单位，其余两种混纺毛料均为 0。此时，获得最大利润为 60000 元。

扫一扫，看视频

实例——原材料采购问题

源文件： yuanwenjian\ch11\ep1104.m

某厂为进行生产需采购 A、B 两种原材料，单价分别为 70 元/kg 和 50 元/kg。现要求购买资金不超过 5000 元，总购买量不少于 80kg，且原材料 A 不少于 20kg。试确定最好的采购方案使花费的资金最少，购买的总量最大。

操作步骤

（1）建立数学模型。

这是一个含有两个目标的数学规划问题。设 x_1、x_2 分别为购买两种原材料的数量，$f_1(x)$ 为花费的资金，$f_2(x)$ 为购买的总量。

建立该问题的数学模型形式如下。

购买资金为

$$f_1(x) = 70x_1 + 50x_2$$

总购买量为

$$f_2(x) = x_1 + x_2$$

为了确定最好的采购方案，即花费的资金最少，购买的总量最大，其目标规划模型为

$$\min \quad f_1(x)$$
$$\max \quad f_2(x)$$

要求购买资金不超过5000元，总购买量不少于80kg，而原材料A不少于20kg，得出约束条件：

$$\begin{cases} 70x_1 + 50x_2 \geqslant 5000 \\ x_1 + x_2 \geqslant 80 \\ x_1 \geqslant 20 \\ x_1, x_2 \geqslant 0 \end{cases}$$

转化为MATLAB中的标准型：

$$\min 70x_1 + 50x_2$$
$$\min -x_1 - x_2$$
$$\text{s.t.} \begin{cases} 70x_1 + 50x_2 \leqslant 5000 \\ -x_1 - x_2 \leqslant -80 \\ x_1 \geqslant 20 \\ x_1, x_2 \geqslant 0 \end{cases}$$

（2）求解模型。

编写目标函数文件。

```
function f=fun114(x)
%该函数是演示函数
f(1)=70*x(1)+ 50*x(2);
f(2)=-x(1)-x(2);
```

给出约束条件，输入目标函数的系数、约束矩阵。

```
>> A=[70,50;-1,-1];          %定义不等式系数
>> b =[5000;-80];
>> Aeq=[];                   %定义等式系数
>> beq=[];
>> lb = [20;0];              %定义上下界
>> ub = [];
```

给定目标和权重，并给出初始点。

```
>> goal=[5000,-80];
>> weight= abs(goal);
>> x0=[20,20];
```

调用fgoalattain()函数求解。

```
>> [x,fval] = fgoalattain(@fun114,x0,goal,weight,A,b,Aeq,beq,lb)
```

结果如下。

```
Local minimum possible. Constraints satisfied.
fgoalattain stopped because the size of the current search direction is less than
twice the value of the step size tolerance and constraints are
satisfied to within the value of the constraint tolerance.
<stopping criteria details>
x =
```

```
     36.3611    46.0636
  fval =
        1.0e+03*
        4.8485      -0.0824
```

（3）模型分析。

由输出结果可知，购买 A 材料 36.3611kg，B 材料 46.0636kg，花费资金 4848.5 元，购买的总量为 82.4kg。

扫一扫，看视频

实例——食用颜料采购问题

源文件： yuanwenjian\ch11\ep1105.m

某工厂生产膨化食品需要采购某种食用颜料，市场上该食用颜料有 A 和 B 两种，单价分别为 2 元/kg 和 1.5 元/kg。现要求所花的总费用不超过 300 元，购得的食用颜料总重量不少于 120kg，其中食用颜料 A 不少于 60kg。试确定最佳采购方案，能花最少的钱采购最多数量的食用颜料。

操作步骤

（1）建立数学模型。

设 A、B 两种食用颜料分别采购 $x_1$kg、x_2 kg，则总花费为 $f_1(x) = 2x_1 + 1.5x_2$，购得的食用颜料总量为 $f_2(x) = x_1 + x_2$。

求解目标为花最少的钱买最多的食用颜料，即最小化 $f_1(x)$ 的同时极大化 $f_2(x)$。

$$\min f_1(x) = 2x_1 + 1.5x_2$$
$$\max f_2(x) = x_1 + x_2$$

要同时满足所花的总费用不超过300元，食用颜料的总重量不少于120kg，食用颜料A不少于60kg，得到约束条件为

$$\begin{cases} 2x_1 + 1.5x_2 \leqslant 300 \\ x_1 + x_2 \geqslant 120 \\ x_1 \geqslant 60 \end{cases}$$

又考虑到购买食用颜料的数量必须要满足非负的条件，由于对 x_1 已经有了相应的约束条件，故只需添加对 x_2 的非负约束即可，即 $x_2 \geqslant 0$。

综上分析，得到目标规划问题数学模型如下：

$$\min f_1(x) = 2x_1 + 1.5x_2$$
$$\max f_2(x) = x_1 + x_2$$
$$\text{s.t.} \begin{cases} 2x_1 + 1.5x_2 \leqslant 300 \\ x_1 + x_2 \geqslant 120 \\ x_1 \geqslant 60 \\ x_2 \geqslant 0 \end{cases}$$

转化为标准型：

$$\min 2x_1 + 1.5x_2$$
$$\min -x_1 - x_2$$
$$\text{s.t.} \begin{cases} 2x_1 + 1.5x_2 \leqslant 300 \\ -x_1 - x_2 \leqslant -120 \\ x_1 \geqslant 60 \\ x_2 \geqslant 0 \end{cases}$$

（2）求解模型。

编写目标函数文件。

```
function f=fun12(x)
%该函数是演示函数
f(1)=2*x(1)+1.5*x(2);
f(2)=-x(1)-x(2);
```

给出约束条件。

```
>> A=[2,1.5;-1,-1];
>> b=[300,-120];
>> lb=[60,0];
```

给定目标和权重，并给出初始点，设置权重均为 1。

```
>> goal=[300,-120];
>> weight=[1,1];
>> x0=[60,0];
```

调用 fgoalattain() 函数求解。

```
>> [x,fval,attainfactor,exitflag,output,lambda] = fgoalattain(@fun12,x0,goal,weight,
A,b,[ ],[ ],lb)
```

结果如下。

```
Local minimum possible. Constraints satisfied.
fgoalattain stopped because the size of the current search direction is less than
twice the value of the step size tolerance and constraints are
satisfied to within the value of the constraint tolerance.
<stopping criteria details>
x =
    60.0000   96.0000
fval =
  264.0000 -156.0000
attainfactor =
  -36.0000
exitflag =
     4
output =
    包含以下字段的 struct:
          iterations: 5
           funcCount: 24
        lssteplength: 1
            stepsize: 5.4475e-07
           algorithm: 'active-set'
       firstorderopt: []
       constrviolation: 6.8264e-08
             message: 'Local minimum possible. Constraints satisfied. fgoalattain
stopped because the size of the current search direction is less than twice the value of the
step size tolerance and constraints are satisfied to within the value of the constraint
tolerance. <stopping criteria details> Optimization stopped because the norm of the current
search direction, 4.850544e-07, is less than 2*options.StepTolerance = 1.000000e-06, and the
maximum constraint violation, 6.826350e-08, is less than options.ConstraintTolerance =
1.000000e-06.'
```

```
lambda =
    包含以下字段的 struct:
          lower: [2×1 double]
          upper: [2×1 double]
          eqlin: [0×1 double]
       eqnonlin: [0×1 double]
        ineqlin: [2×1 double]
     ineqnonlin: [0×1 double]
```

这种情况下，达到因子 **attainfactor** 为负值，表示目标已达到。此时，共采购食用颜料 156kg，其中食用颜料 A 60kg，食用颜料 B 96kg，采购费用为 264 元。

当 goal 的值全部非零时，为确保溢出或低于活动目标的百分比相同，将 weight 设置为 abs(goal)。

```
>> weight=abs(goal);
```

调用 fgoalattain()函数求解。

```
>> [x,fval,attainfactor,exitflag,output,lambda] = fgoalattain(@fun12,x0,goal,weight,A,b,[ ],[ ],lb)
```

结果如下。

```
Local minimum possible. Constraints satisfied.
fgoalattain stopped because the size of the current search direction is less than
twice the value of the step size tolerance and constraints are
satisfied to within the value of the constraint tolerance.
<stopping criteria details>
x =
   60.0000   82.5000
fval =
  243.7500 -142.5000
attainfactor =
   -0.1875
exitflag =
     4
output =
    包含以下字段的 struct:
          iterations: 9
            uncCount: 44
        lssteplength: 1
            stepsize: 5.8102e-07
           algorithm: 'active-set'
       firstorderopt: []
       constrviolation: 6.6531e-09
             message: 'Local minimum possible. Constraints satisfied.↵↵fgoalattain
stopped because the size of the current search direction is less than↵twice the value of the
step size tolerance and constraints are ↵satisfied to within the value of the constraint
tolerance.↵↵<stopping criteria details>↵↵Optimization stopped because the norm of the current
search direction, 5.770068e-07,↵is less than 2*options.StepTolerance = 1.000000e-06, and the
maximum constraint ↵violation, 6.653087e-09, is less than options.ConstraintTolerance =
1.000000e-06.'
    lambda =
      包含以下字段的 struct:
            lower: [2×1 double]
            upper: [2×1 double]
            eqlin: [0×1 double]
```

```
    eqnonlin: [0×1 double]
     ineqlin: [2×1 double]
  ineqnonlin: [0×1 double]
```

这种情况下，达到因子 attainfactor 为负值，表示目标已达到。此时，共采购食用颜料 142.5kg，采购费用为 243.75 元。

（3）模型分析。

若决策者更重视花最少的钱，则最佳采购方案为：采购食用颜料 142.5kg，其中食用颜料 A 60kg，食用颜料 B 82.5kg，这时采购费用最少，为 243.75 元。

若决策者更重视采购最多数量的食用颜料，则最佳采购方案为：采购食用颜料 156kg，其中食用颜料 A 60kg，食用颜料 B 96kg，采购费用为 264 元。

实例——农场生产计划问题

源文件： yuanwenjian\ch11\ep1106.m

一农场有 30000 亩农田，欲种植玉米、大豆、小麦 3 种农作物。各种农作物每亩需施化肥为 0.12t、0.2t、0.15t。预计秋后玉米每亩可收获 500kg，售价为 0.24 元/kg；大豆每亩可收获 200kg，售价为 1.2 元/kg；小麦每亩可收获 300kg，售价为 0.7 元/kg。

农场年初规划时考虑如下几个方面。

P1：年终收益不低于 350 万元；

P2：总产量不低于 12500t；

P3：小麦产量以不低于 5000t 为宜；

P4：大豆产量不少于 2000t；

P5：玉米产量不超过 6000t；

P6：农场现能提供 5000t 化肥。若不够，可在市场高价购买，但希望高价购买的数量越少越好。

试就该农场生产计划建立数学模型。

操作步骤

（1）模型假设。假设农作物的收成不会受天灾的影响；假设农作物不受市场影响，价格既定。

（2）建立数学模型。

设种植玉米、大豆、小麦 3 种农作物亩数分别为 x_1、x_2、x_3，那么，农场年初规划时考虑如下目标。

P1：年终收益不低于 350 万元，得出年终收益目标函数为

$$0.24\times500x_1+1.2\times200x_2+0.7\times300x_3\geqslant350\times10000$$

即

$$120x_1+240x_2+210x_3\geqslant350\times10000$$

P2：总产量不低于 12500t，得出总产量目标函数为

$$500x_1+200x_2+300x_3\geqslant12500\times1000$$

P3：小麦产量以不低于 5000t 为宜，得出小麦产量目标函数为

$$300x_3\geqslant5000\times1000$$

P4：大豆产量不少于 2000t，得出大豆产量目标函数为

$$200x_2\geqslant2000\times1000$$

P5：玉米产量不超过 6000t，得出玉米产量目标函数为

$$500x_1\leqslant6000\times1000$$

P6：农场现能提供 5000t 化肥。若不够，可在市场高价购买，但希望高价购买的数量越少越好。得出需施化肥量目标函数为

$$0.12 \times 1000x_1 + 0.2 \times 1000x_2 + 0.15 \times 1000x_3 \leqslant 5000 \times 1000$$

即

$$120x_1 + 200x_2 + 150x_3 \leqslant 5000 \times 10000$$

将绝对约束转化为目标约束。

农场有 30000 亩农田的约束属于强制约束（硬约束），必须满足，即

$$x_1 + x_2 + x_3 \leqslant 30000$$

又考虑到种植农作物的亩数必须满足非负的条件，对 x_1、x_2、x_3 添加对非负约束即可，即 $x_1, x_2, x_3 \geqslant 0$。

这样，得到如下目标规划的数学模型：

$$\max 120x_1 + 240x_2 + 210x_3$$
$$\max 500x_1 + 200x_2 + 300x_3$$
$$\max 300x_3$$
$$\max 200x_2$$
$$\max 500x_1$$
$$\min 120x_1 + 200x_2 + 150x_3$$

$$\text{s.t.} \begin{cases} x_1 + x_2 + x_3 \leqslant 30000 \\ 120x_1 + 240x_2 + 210x_3 \geqslant 350 \times 10000 \\ 500x_1 + 200x_2 + 300x_3 \geqslant 12500 \times 1000 \\ 300x_3 \geqslant 5000 \times 1000 \\ 200x_2 \geqslant 2000 \times 1000 \\ 500x_1 \leqslant 6000 \times 1000 \\ 120x_1 + 200x_2 + 150x_3 \leqslant 5000 \times 10000 \end{cases}$$

转化为标准型：

$$\min -120x_1 - 240x_2 - 210x_3$$
$$\min -500x_1 - 200x_2 - 300x_3$$
$$\min -300x_3$$
$$\min -200x_2$$
$$\min -500x_1$$
$$\min 120x_1 + 200x_2 + 150x_3$$

$$\text{s.t.} \begin{cases} x_1 + x_2 + x_3 \leqslant 30000 \\ -120x_1 - 240x_2 - 210x_3 \leqslant -350 \times 10000 \\ -500x_1 - 200x_2 - 300x_3 \leqslant -1250 \times 1000 \\ -300x_3 \leqslant -5000 \times 1000 \\ -200x_2 \leqslant -2000 \times 1000 \\ 500x_1 \leqslant 6000 \times 1000 \\ 120x_1 + 200x_2 + 150x_3 \leqslant 5000 \times 10000 \\ x_1, x_2, x_3 \geqslant 0 \end{cases}$$

（3）求解模型。

编写目标函数文件。

```
function f=fun113(x)
%该函数是演示函数
f(1)=-120*x(1)-240*x(2)-210*x(3);
f(2)=-500*x(1)-200*x(2)-300*x(3);
f(3)=-300*x(3);
f(4)=-200*x(2);
f(5)=500*x(1);
f(6)=120*x(1)+200*x(2)+150*x(3);
```

给出约束条件。

```
>> A=[1,1,1;-120,-240,-210;-500,-200,-300;0,0,-300;0,-200,0;500,0,0;120,200,150];
>> b=[30000;-3500000;-1250000;-5000000;-2000000;6000000;50000000];
>> lb=[0,0,0];
```

给定目标和权重，并给出初始点。

```
>> goal=[-3500000,-12500000,-5000000,-2000000,6000000,50000000];
>> weight= abs(goal);
>> x0=[5000,10000,10000];
```

调用 fgoalattain() 函数求解。

```
>> [x,fval,attainfactor,exitflag,output,lambda] = fgoalattain(@fun113,x0,goal,weight,
A,b,[ ],[ ],lb)
```

结果如下。

```
Local minimum possible. Constraints satisfied.
fgoalattain stopped because the size of the current search direction is less than
twice the value of the step size tolerance and constraints are
satisfied to within the value of the constraint tolerance.
<stopping criteria details>
x =
  1.0e+04 *
  0.3333    1.0000    1.6667
fval =
  1.0e+06 *
  列 1 至 5
  -6.3000   -8.6667   -5.0000   -2.0000    1.6667
  列 6
  4.9000
attainfactor =
  0.3067
exitflag =
    4
output =
  包含以下字段的 struct:
        iterations: 2
         funcCount: 11
      lssteplength: 1
          stepsize: 4.9050e-10
         algorithm: 'active-set'
```

```
       firstorderopt: []
      constrviolation: 4.9050e-10
             message: 'Local minimum possible. Constraints satisfied.↵↵fgoalattain
stopped because the size of the current search direction is less than↵twice the value of
the step size tolerance and constraints are ↵satisfied to within the value of the constraint
tolerance.↵↵<stopping criteria details>↵↵Optimization stopped because the norm of the
current search direction, 9.561578e-10,↵is less than 2*options.StepTolerance = 1.000000e-06,
and the maximum constraint ↵violation, 9.561579e-10, is less than
options.ConstraintTolerance = 1.000000e-06.'
   lambda =
    包含以下字段的 struct:
          lower: [3×1 double]
          upper: [3×1 double]
          eqlin: [0×1 double]
       eqnonlin: [0×1 double]
        ineqlin: [7×1 double]
     ineqnonlin: [0×1 double]
```

这种情况下，达到因子 attainfactor 为正值，表示目标未达到。

（4）模型分析。

经过两次计算，最佳安排种植方案为：种植玉米 3333 亩、大豆 10000 亩、小麦 16667 亩，此时年终收益为 630 万元，满足年终收益不低于 350 万元的目标，但未能达到总产量 12500t 的目标（总产量为 8666.5t，其中小麦产量为 5000t，大豆产量为 2000t，玉米产量为 1666.5t），农场使用化肥 4900t。

第 12 章　遗传算法求解数学规划模型

内容指南

数学规划是运筹学的一个分支，用于研究在给定条件下（即约束条件），如何按照某一衡量指标（目标函数）寻求计划、管理工作中的最优方案。

本章介绍使用遗传算法求解数学规划模型。数学规划模型即求目标函数在一定约束条件下的目标的极值问题，根据目标函数的个数分为单目标规划模型与多目标规划模型。

内容要点

➷ 遗传算法求解单目标规划
➷ 遗传算法求解多目标规划

12.1　遗传算法求解单目标规划

遗传算法（Genetic Algorithm，GA）可能是最早开发出来的模拟生物遗传系统的算法模型。遗传算法在自然与社会现象模拟、工程计算等方面得到了广泛应用。在各个不同的应用领域，为了取得更好的结果，人们对 GA 进行了大量改进。为了不至于混淆，我们把约翰·霍兰德（John Holland）提出的算法称为基本遗传算法，简称 GA、SGA（Simple Genetic Algorithm）、CGA（Canonical Genetic Algorithm），将其他的"GA 类"算法称为 GAs（Genetic Algorithms），可以把 GA 看作 GAs 的一种特例。

12.1.1　数学原理

遗传算法的数学原理如下。

（1）初始化：设置进化代数计数器 $t=0$，设置最大进化代数 T，随机生成 M 个个体作为初始群体 $P(0)$。

（2）个体评价：计算群体 $P(t)$ 中各个体的适应度。

（3）选择运算：将选择算子作用于群体。选择的目的是把优化的个体直接遗传到下一代或通过配对交叉产生新的个体再遗传到下一代。选择操作是建立在群体中个体的适应度评估基础上的。

（4）交叉运算：将交叉算子作用于群体。遗传算法中起核心作用的就是交叉算子。

（5）变异运算：将变异算子作用于群体。即对群体中的个体串的某些基因座上的基因值作变动。

群体 $P(t)$ 经过选择、交叉、变异运算之后得到下一代群体 $P(t+1)$。

（6）终止条件判断：若 $t = T$，则以进化过程中所得到的具有最大适应度的个体作为最优解输出，终止计算。

12.1.2　数学模型

在 MATLAB 中，这个问题的数学模型可用以下形式表示。

$$\min f(\boldsymbol{x})$$

$$\text{s.t.} \begin{cases} \boldsymbol{Ax} \leqslant \boldsymbol{b} \\ \boldsymbol{A}_{\text{eq}}\boldsymbol{x} = \boldsymbol{b}_{\text{eq}} \\ C(\boldsymbol{x}) \leqslant 0 \\ C_{\text{eq}}(\boldsymbol{x}) = 0 \\ \boldsymbol{l}_{\text{b}} \leqslant \boldsymbol{x} \leqslant \boldsymbol{u}_{\text{b}} \end{cases}$$

其中，$f(\boldsymbol{x})$ 称为目标函数，可以是线性函数，也可以是非线性函数；$\boldsymbol{l}_{\text{b}}$、$\boldsymbol{u}_{\text{b}}$ 为边界约束；$C(\boldsymbol{x})$、$C_{\text{eq}}(\boldsymbol{x})$ 为非线性约束（函数）；$\boldsymbol{A}$、$\boldsymbol{b}$ 为线性不等式约束；$\boldsymbol{A}_{\text{eq}}$、$\boldsymbol{b}_{\text{eq}}$ 为线性等式约束。

12.1.3　遗传算法求解

在 MATLAB 中，ga()函数使用遗传算法求解单目标规划模型。

函数具体的调用格式如下。

1. x = ga(fun,nvars)

该调用格式的功能为求解以下目标模型的最优解问题。

$$\min f(x_i), \quad i = 1, 2, \cdots, n$$

其中，参数 nvars 为变量的个数，n 的最大值。函数 fun 接收参数 x 的值，返回一个向量或矩阵。

2. x = ga(fun,nvars,A,b)

该调用格式的功能是求解带约束条件 $\boldsymbol{Ax} \leqslant \boldsymbol{b}$ 的单目标规划问题。

3. x = ga(fun,nvars,A,b,Aeq,beq)

该调用格式的功能是求解同时带有不等式约束和等式约束 $\boldsymbol{A}_{\text{eq}}\boldsymbol{x} = \boldsymbol{b}_{\text{eq}}$ 的单目标规划问题。

4. x = ga(fun,nvars,A,b,Aeq,beq,lb,ub)

该调用格式的功能是求解上述问题，同时给变量 x 设置上下界。

5. x = ga(fun,nvars,A,b,Aeq,beq,lb,ub,nonlcon)

该调用格式的功能是求解上述问题，同时在约束中加上由 nonlcon()函数（通常为 M 文件定义的函数）定义的非线性约束，当调用函数[C, Ceq] = feval(nonlcon,x)时，nonlcon()函数应返回向量 C 和 Ceq，分别代表非线性不等式和等式约束。

6. x = ga(fun,nvars,A,b,Aeq,beq,lb,ub,options)

该调用格式的功能是使用 options 参数指定的优化参数进行最小化，options 可取值为 ConstraintTolerance、CreationFcn、CrossoverFcn、CrossoverFraction、Display、DistanceMeasureFcn、EliteCount、FitnessLimit、FitnessScalingFcn、FunctionTolerance 和 HybridFcn 等。

7.　x = ga(fun,nvars,A,b,Aeq,beq,lb,ub,nonlcon,options)

该调用格式的功能是求解以下单目标模型的最优解问题。

$$\min f(\boldsymbol{x}_i), \quad i = 1, 2, \cdots, n$$

$$\text{s.t.} \begin{cases} \boldsymbol{A}\boldsymbol{x} \leqslant \boldsymbol{b} \\ \boldsymbol{A}_{\text{eq}}\boldsymbol{x} = \boldsymbol{b}_{\text{eq}} \\ C(\boldsymbol{x}) \leqslant 0 \\ C_{\text{eq}}(\boldsymbol{x}) = 0 \\ \boldsymbol{l}_{\text{b}} \leqslant \boldsymbol{x} \leqslant \boldsymbol{u}_{\text{b}} \end{cases}$$

同时用 options 参数指定的优化参数进行最小化。

8.　x = ga(fun,nvars,A,b,Aeq,beq,lb,ub,nonlcon,intcon)

该调用格式的功能是求解以下多目标模型的最优解问题。

$$\min f(\boldsymbol{x}_i), \quad i = 1, 2, \cdots, n$$

$$\text{s.t.} \begin{cases} \boldsymbol{x}(\textbf{intcon}) \text{是整数} \\ \boldsymbol{A}\boldsymbol{x} \leqslant \boldsymbol{b} \\ \boldsymbol{A}_{\text{eq}}\boldsymbol{x} = \boldsymbol{b}_{\text{eq}} \\ C(\boldsymbol{x}) \leqslant 0 \\ C_{\text{eq}}(\boldsymbol{x}) = 0 \\ \boldsymbol{l}_{\text{b}} \leqslant \boldsymbol{x} \leqslant \boldsymbol{u}_{\text{b}} \end{cases}$$

其中，$\boldsymbol{l}_{\text{b}}$、$\boldsymbol{u}_{\text{b}}$ 为边界约束；$C(\boldsymbol{x})$、$C_{\text{eq}}(\boldsymbol{x})$ 为非线性约束（函数）；$\boldsymbol{A}$、$\boldsymbol{b}$ 为线性不等式约束；$\boldsymbol{A}_{\text{eq}}$、$\boldsymbol{b}_{\text{eq}}$ 为线性等式约束；**intcon** 为整数约束向量。

9.　x = ga(fun,nvars,A,b,Aeq,beq,lb,ub,nonlcon,intcon,options)

该调用格式的功能是求解上述问题，同时用 options 参数指定的优化参数进行最小化。

10.　x = ga(problem)

该调用格式的功能是使用结构体 problem 定义参数，problem 取值和相应的含义见表 12-1。

表 12-1　problem 取值和相应的含义

值	含义
fitnessfcn	适应度函数
nvars	设计变量数
Aineq	线性不等式约束矩阵 $\boldsymbol{A}$
Bineq	线性不等式约束向量 $\boldsymbol{b}$
Aeq	线性等式约束矩阵 $\boldsymbol{A}_{\text{eq}}$
Beq	线性等式约束向量 $\boldsymbol{b}_{\text{eq}}$
lb	下界
ub	上界
nonlcon	非线性约束函数
intcon	整数变量指数
rngstate	字段重置随机数生成器的状态

续表

值	含 义
solver	求解器函数'ga'
options	使用 optimoptions()函数创建选项

11. [x,fval] = ga (...)

该调用格式的功能是同时返回目标函数 fun 在解 x 处的值。

12. [x,fval,exitflag,output] = ga (...)

该调用格式的功能是返回 exitflag 值，描述函数计算的退出条件。其中，exitflag 取值和相应的含义见表 12-2。

表 12-2 exitflag 取值和相应的含义

值	含 义
1	没有非线性约束
3	在最大进化代数内目标函数没有变化，并且约束违背小于 options.TolCon
4	步长的幅度小于规定的精度，并且约束违背小于 options.TolCon
5	适应度函数的变化小于容许范围，并且约束违背小于 options.TolCon
0	超过最大迭代数
−1	以输出函数或绘图函数终止的优化
−2	找不到可行点
−4	超过停止时间限制
−5	超过时限

另外，返回包含 output 表示输出的算法结构，其中，output 包含的内容及含义见表 12-3。

表 12-3 output 包含的内容及含义

内 容	含 义
problemtype	问题类型： ➥ 'unconstrained'：没有任何限制 ➥ 'boundconstraints'：仅受边界约束 ➥ 'linearconstraints'：线性约束，有或无约束 ➥ 'nonlinearconstr'：非线性约束，有或其他类型的限制 ➥ integerconstraints'：整数约束，有或无约束
rngstate	状态的 MATLAB 随机数发生器
generations	迭代总数，不包括 HybridFcn 迭代
funccount	函数评价总数
message	ga 退出信息
maxconstraint	最终解的最大约束冲突
hybridflag	混合函数的退出标志

13. [x,fval,exitflag,output,population,scores] = ga (...)

该调用格式的功能是返回 population 与 scores。其中，population 表示最终得到种群适应度的列向量，scores 表示最终得到的种群。

扫一扫，看视频

实例——杂志定价问题

源文件：yuanwenjian\ch12\ep1201.m

某杂志以每册 2 元的价格发行时，发行量为 10 万册。经过调查，若单册价格每提高 0.5 元（定价不超过 4 元），则发行量就减少 5000 册。问每册杂志要如何定价，能使该杂志销售收入最高？

操作步骤

（1）建立数学模型。

设每册杂志提价 x 次，则销售收入为

$$f(x)=10000(2+0.5x)(10-0.5x)=-2500x^2+40000x+200000$$

为了使杂志销售收入最大，其目标规划模型为

$$\max f(x)$$

转化为

$$\min -f(x)$$

转化为 MATLAB 标准型：

$$\min 2500x^2-40000x-200000,\ 0\leqslant x\leqslant 4$$

（2）求解模型。

编写目标函数文件。

```
function f=fun121(x)
%该函数是演示函数
f=2500*x^2-40000*x-200000;
```

给出约束条件，输入目标函数的系数、约束矩阵。

```
>> A=[];            %定义不等式系数
>> b =[];
>> Aeq=[];          %定义等式系数
>> beq=[];
>> lb = 0;          %定义上下界
>> ub = 4;
>> nvars =1;        %定义变量个数
```

调用 **ga()** 函数求解。

```
>> [x,fval,exitflag,output] = ga(@fun121,nvars,A,b,Aeq,beq,lb,ub)
```

结果如下。

```
Optimization terminated: average change in the fitness value less than
options.FunctionTolerance.
x =
    4.0000
fval =
  -3.2000e+05
exitflag =
    1
output =
  包含以下字段的 struct:
      problemtype: 'boundconstraints'
         rngstate: [1×1 struct]
```

```
            generations: 65
             funccount: 3108
               message: 'Optimization terminated: average change in the fitness value less
than options.FunctionTolerance.'
          maxconstraint: 0
            hybridflag: []
```

（3）模型分析。

由输出结果可知，模型经过 65 次迭代后收敛。每册杂志提价 4 次，也就是定价为 2+4×0.5=4（元），可使该杂志销售收入最高，为 32 万元。

📢 **注意：**

遗传算法具有一定的随机性，每次的运行结果有差别，建议多运行几次程序，对比找到一个最好的结果。

扫一扫，看视频

实例——格里旺克函数极值问题

源文件： yuanwenjian\ch12\ep1202.m

格里旺克函数（Griewank Function）是数学上常用于测试优化程序效率的函数，数学定义如下。

$$G(x_1, x_2, \cdots, x_n) = 1 + \frac{1}{4000}\sum_1^n x_i^2 - \prod_{i=1}^n \cos\left(\frac{x_i}{\sqrt{i}}\right)$$

其中，$x_i \in [-600, 600]$，函数存在很多局部极小点，在全局最小值 $x = (0, 0, \cdots, 0)$ 处得到

一阶格里旺克函数：$g_1(x) = 1 + \frac{1}{4000}x_1^2 - \cos x_1$

二阶格里旺克函数：$g_2(x) = 1 + \frac{1}{4000}x_1^2 + \frac{1}{4000}x_2^2 - \cos x_1 \cos\frac{x_2}{\sqrt{2}}$

利用遗传算法计算二阶格里旺克函数在指定区间的极值。

操作步骤

（1）建立数学模型。

定义变量为 x_1、x_2，取值区间为 $-600 \leqslant x_i \leqslant 600$，将二阶格里旺克函数的极值问题转换为以下两个问题。

求极小值：$\min g_2(x), -600 \leqslant x \leqslant 600$

求极大值：$\min -g_2(x), -600 \leqslant x \leqslant 600$

（2）求解模型。

编写极小值目标函数文件。

```
function f=fun50(x)
%该函数是演示函数
f=1+(1/4000)*(x(1).^2)+(1/4000)*(x(2).^2)-cos(x(1)).*cos(x(2)./sqrt(2));
```

编写极大值目标函数文件。

```
function f=fun51(x)
%该函数是演示函数
f=-(1+(1/4000)*(x(1).^2)+(1/4000)*(x(2).^2)-cos(x(1)).*cos(x(2)./sqrt(2)));
```

给出约束条件。

```
>> A=[];              %定义不等式系数
```

```
>> b =[];
>> Aeq=[];          %定义等式系数
>> beq=[];
>> lb = -600;       %定义上下界
>> ub = 600;
>> nvars =2;        %定义变量个数
```

调用 ga()函数求解二阶格里旺克函数极小值。

```
>> [x1,fval1,exitflag,output]  = ga(@fun50,nvars,A,b,Aeq,beq,lb,ub)
```

结果如下。

```
x1 =
   -0.0000    8.8769
fval1 =
    0.0197
exitflag =
    1
output =
  包含以下字段的 struct:
      problemtype: 'boundconstraints'
         rngstate: [1×1 struct]
      generations: 75
        funccount: 3578
          message: 'Optimization terminated: average change in the fitness value less
than options.FunctionTolerance.'
    maxconstraint: 0
       hybridflag: []
```

经过计算可知，经过 75 次迭代后，函数得到极小值点(0,8.8769,0.0197)。

调用 ga()函数求解二阶格里旺克函数极大值。

```
>> [x2,fval2,exitflag,output]  = ga(@fun51,nvars,A,b,Aeq,beq,lb,ub)
```

结果如下。

```
Optimization terminated: average change in the fitness value less than
options.FunctionTolerance.
x2 =
 -581.4897    0.0000
fval2 =
  -86.4894
exitflag =
    1
output =
  包含以下字段的 struct:
      problemtype: 'boundconstraints'
         rngstate: [1×1 struct]
      generations: 61
        funccount: 2920
          message: 'Optimization terminated: average change in the fitness value less
than options.FunctionTolerance.'
    maxconstraint: 0
       hybridflag: []
```

经过计算可知，经过 61 次迭代后，函数得到极大值点(-581.4897,0, 86.4894)。

在函数三维曲面上显示函数极值点。

```
%定义函数表达式
>> f1=@(x,y) 1+(1/4000)*(x.^2)+(1/4000).*(y.^2)-cos(x).*cos(y./sqrt(2));
>> fs=fsurf(f1,[-600 600]);              %绘制曲面
>> fs.EdgeColor = 'none';                %设置曲面边颜色
>> fs.FaceAlpha = 0.2;                    %设置曲面透明度
>> hold on;
%绘制极小值点
>> plot3(x1(1),x1(2),fval1,'b.','MarkerSize',20)
%绘制极大值点
>> plot3(x2(1),x2(2),-fval2,'r.','MarkerSize',20)
>> legend('函数曲面','极小值','极大值')
```

运行结果如图 12-1 所示。

由图 12-1 可知，函数上显示了局部极大值和极小值。

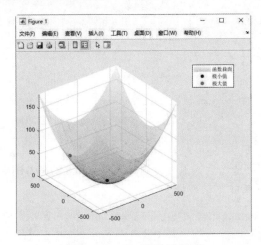

图 12-1　二阶函数极值图形

12.2　遗传算法求解多目标规划

非支配排序遗传算法（NSGA）是以遗传算法为基础的多目标寻优策略。NSGA-Ⅱ是带精英策略的非支配排序的遗传算法，属于遗传算法的一种改进，NSGA-Ⅱ是 NSGA 算法的改进。

12.2.1　数学原理与数学模型

目标优化问题通常面临多个目标函数无法同时达到最优的问题，为了解决这一问题，提出了 Pareto-Optimality 的概念。对于目标规划问题，其解通常是一个非劣解的集合——Pareto 解集，非劣解也称为有效解、非支配解、Pareto 最优解或 Pareto 解。当多目标问题中的多个目标存在冲突时，多目标规划问题的设计关键在于求取 Pareto 最优解集。

针对多目标问题适应度难以直接确定的特点，利用 NSGA-Ⅱ算法对种群进行非支配分层，赋以虚拟适应度值，再进行接下来的遗传操作。NSGA-Ⅱ算法中的快速非支配排序是依据个体的非劣解水平

对种群进行分层，其作用是指引搜索向 Pareto 最优解集方向进行。

为了描述接近 Pareto 最优域的解，NSGA-Ⅱ算法定义了以下几个概念。

1. Pareto 支配关系

对于最小化多目标问题，由 n 个目标分量 $f_i (i=1,2,\cdots,n)$ 组成的向量 $\overline{f}(\overline{X}) = (f_1(\overline{X}), f_2(\overline{X}), \cdots, f_n(\overline{X}))$，任意给定的两个决策变量 $\overline{X}_u, \overline{X}_v \in U$，有：

当且仅当 $\forall i \in \{1,2,\cdots,n\}$，有 $f_i(\overline{X}_u) < f_i(\overline{X}_v)$，则 $\overline{X}_u$ 支配 $\overline{X}_v$；

当且仅当 $\forall i \in \{1,2,\cdots,n\}$，有 $f_i(\overline{X}_u) < f_i(\overline{X}_v)$，且至少存在一个 $j \in (1,2,\cdots,n)$，使 $f_i(\overline{X}_u) < f_i(\overline{X}_v)$，则 $\overline{X}_u$ 弱支配 $\overline{X}_v$。

2. Pareto 最优解

对于最小化多目标问题，由 n 个目标分量 $f_i(i=1,2,\cdots,n)$ 组成的向量 $\overline{f}(\overline{X}) = (f_1(\overline{X}), f_2(\overline{X}), \cdots, f_n(\overline{X}))$，$\overline{X}_n \in U$ 为决策变量，若 $\overline{X}_u$ 为 Pareto 最优解，则需满足：

当且仅当不存在决策变量 $\overline{X}_v \in U$ 时，$v = f(\overline{X}_v) = (v_1, v_2, \cdots, v_n)$ 支配 $u = f(\overline{X}_u) = (u_1, u_2, \cdots, u_n)$，即不存在 $\overline{X}_v \in U$ 使下式成立：

$$\forall i \in \{1,2,\cdots,n\}，\quad v_i \leqslant u_i \wedge \exists i \in \{1,2,\cdots,n\} \mid v_i \leqslant u_i$$

3. 快速非支配排序算法

假设种群为 P，则该算法需要计算 P 中的每个个体 P 的两个参数 n_p 和 s_p，其中 n_p 为种群中支配个体 P 的个体数，s_p 为种群中被个体 P 支配的个体集合。遍历整个种群，这两个参数的总计算复杂度为 $O(mN^2)$。

算法的主要步骤如下。

（1）找到种群中所有 $n_p = 0$ 的个体，并保存在当前集合 F_1 中。

（2）对于当前集合 F_1 中的每个个体 i，其中支配的个体集合为 S_i，遍历 S_i 中的每个个体 l，执行 $n_l = n_l - 1$，如果 $n_l = 0$，则将个体 l 保存在集合 H 中。

（3）记 F_1 中得到的个体为第一个非支配层的个体，并以 H 作为当前集合，重复上述操作，直到整个种群被分级。

4. 拥挤度和拥挤度比较算子

（1）拥挤度。拥挤度是指种群中给定个体的周围个体的密度，直观上可表示为个体，周围仅包含个体。个体本身的最大长方形的长、宽之和用 n_d 表示。

在带精英策略的非支配排序遗传算法中，拥挤度的计算是保证种群多样性的一个重要环节，其函数伪代码如下。

令 $n_d = 0$，$n = 1,2,\cdots,N$。对于每个目标函数，有：①基于该目标函数对种群进行排序；②令边界的两个个体拥挤度为无穷，即 $l_d = N_d = \infty$；③计算 $n_d = n_d + (f_m(i+1) - f_m(i-1))$，$n = 2,3,\cdots,N-1$。

（2）拥挤度比较算子。

通过快速非支配排序及拥挤度计算之后，种群中的每个个体 n 都得到两个属性：非支配排序 n_{rank} 和拥挤度 n_d。利用这两个属性，可以区分种群中任意两个个体的支配和非支配关系。定义拥挤度比较算子为 $\geqslant_n$，个体优劣的比较依据为 $i \geqslant_n j$，即个体 i 优于个体 j（当且仅当 $i_{\text{rank}} < j_{\text{rank}}$ 或 $i_{\text{rank}} = j_{\text{rank}}$ 且 $i_d > j_d$）。

5. 数学模型

在 MATLAB 中，这个问题的数学模型可以用以下形式表示。

$$\min[f_1(\boldsymbol{x}), f_2(\boldsymbol{x}), \cdots, f_l(\boldsymbol{x})], \boldsymbol{x} = (x_1, x_2, \cdots, x_n) \in \mathbb{R}^n$$

$$\text{s.t.} \begin{cases} \boldsymbol{Ax} \leqslant \boldsymbol{b} \\ \boldsymbol{A}_{eq} \boldsymbol{x} = \boldsymbol{b}_{eq} \\ C(\boldsymbol{x}) \leqslant 0 \\ C_{eq}(\boldsymbol{x}) = 0 \\ \boldsymbol{l}_b \leqslant \boldsymbol{x} \leqslant \boldsymbol{u}_b \end{cases}$$

其中，$f(\boldsymbol{x})$ 称为目标函数；n 表示变量 $\boldsymbol{x}$ 的个数；l 表示目标函数的个数；$\boldsymbol{l}_b$、$\boldsymbol{u}_b$ 为边界约束；$C(\boldsymbol{x})$、$C_{eq}(\boldsymbol{x})$ 为非线性约束（函数）；$\boldsymbol{A}$、$\boldsymbol{b}$ 为线性不等式约束；$\boldsymbol{A}_{eq}$、$\boldsymbol{b}_{eq}$ 为线性等式约束。

12.2.2 遗传算法求解

在 MATLAB 中，gamultiobj()函数使用 NSGA-Ⅱ算法求解目标规划模型，找到 Pareto 最优解。函数具体的调用格式如下。

1. x = gamultiobj(fun,nvars)

该调用格式的功能为求解以下多目标模型的 Pareto 最优解问题。

$$\min[f_1(\boldsymbol{x}), f_2(\boldsymbol{x}), \cdots, f_l(\boldsymbol{x})], \boldsymbol{x} = (x_1, x_2, \cdots, x_n) \in \mathbb{R}^n$$

函数 fun 接收参数 x 的值，返回一个向量或矩阵。

2. x = gamultiobj(fun,nvars,A,b)

该调用格式的功能是求解带约束条件 $\boldsymbol{Ax} \leqslant \boldsymbol{b}$ 的多目标规划问题。

3. x = gamultiobj(fun,nvars,A,b,Aeq,beq)

该调用格式的功能是求解同时带有不等式约束和等式约束 $\boldsymbol{A}_{eq}\boldsymbol{x} = \boldsymbol{b}_{eq}$ 的多目标规划问题。

4. x = gamultiobj(fun,nvars,A,b,Aeq,beq,lb,ub)

该调用格式的功能是求解上述问题，同时给变量 x 设置上下界。

5. x = gamultiobj(fun,nvars,A,b,Aeq,beq,lb,ub,nonlcon)

该调用格式的功能是求解上述问题，同时在约束中加上由 nonlcon()函数（通常为 M 文件定义的函数）定义的非线性约束，当调用函数[C, Ceq] = feval(nonlcon,x)时，nonlcon()函数应返回向量 C 和 Ceq，分别代表非线性不等式和等式约束。

6. x = gamultiobj(fun,nvars,A,b,Aeq,beq,lb,ub,options)

该调用格式的功能是使用 options 参数指定的优化参数进行最小化，options 可取值为 ConstraintTolerance、CreationFcn、CrossoverFcn、CrossoverFraction、Display、DistanceMeasureFcn、EliteCount、FitnessLimit、FitnessScalingFcn、FunctionTolerance 和 HybridFcn 等。

7. x = gamultiobj(fun,nvars,A,b,Aeq,beq,lb,ub,nonlcon,options)

该调用格式的功能是求解以下多目标模型的 Pareto 最优解问题。

$$\min[f_1(\boldsymbol{x}), f_2(\boldsymbol{x}), \cdots, f_l(\boldsymbol{x})], \boldsymbol{x} = (x_1, x_2, \cdots, x_n) \in \mathbb{R}^n$$

$$\text{s.t.} \begin{cases} \boldsymbol{Ax} \leqslant \boldsymbol{b} \\ \boldsymbol{A}_{\text{eq}}\boldsymbol{x} = \boldsymbol{b}_{\text{eq}} \\ C(\boldsymbol{x}) \leqslant 0 \\ C_{\text{eq}}(\boldsymbol{x}) = 0 \\ \boldsymbol{l}_{\text{b}} \leqslant \boldsymbol{x} \leqslant \boldsymbol{u}_{\text{b}} \end{cases}$$

同时用 options 参数指定的优化参数进行最小化。

8．x = gamultiobj(fun,nvars,A,b,Aeq,beq,lb,ub,nonlcon,intcon)

该调用格式的功能是求解以下多目标模型的 Pareto 最优解问题。

$$\min[f_1(\boldsymbol{x}), f_2(\boldsymbol{x}), \cdots, f_l(\boldsymbol{x})], \boldsymbol{x} = (x_1, x_2, \cdots, x_n) \in \mathbb{R}^n$$

$$\text{s.t.} \begin{cases} \boldsymbol{x}(\textbf{intcon})\text{是整数} \\ \boldsymbol{Ax} \leqslant \boldsymbol{b} \\ \boldsymbol{A}_{\text{eq}}\boldsymbol{x} = \boldsymbol{b}_{\text{eq}} \\ C(\boldsymbol{x}) \leqslant 0 \\ C_{\text{eq}}(\boldsymbol{x}) = 0 \\ \boldsymbol{l}_{\text{b}} \leqslant \boldsymbol{x} \leqslant \boldsymbol{u}_{\text{b}} \end{cases}$$

其中，$\boldsymbol{l}_{\text{b}}$、$\boldsymbol{u}_{\text{b}}$ 为边界约束；$C(\boldsymbol{x})$、$C_{\text{eq}}(\boldsymbol{x})$ 为非线性约束（函数）；$\boldsymbol{A}$、$\boldsymbol{b}$ 为线性不等式约束；$\boldsymbol{A}_{\text{eq}}$、$\boldsymbol{b}_{\text{eq}}$ 为线性等式约束；**intcon** 为整数约束向量。

9．x = gamultiobj(fun,nvars,A,b,Aeq,beq,lb,ub,nonlcon,intcon,options)

该调用格式的功能是求解上述问题，同时用 options 参数指定的优化参数进行最小化。

10．x = gamultiobj(problem)

该调用格式的功能是使用结构体 problem 定义参数，problem 取值和相应的含义见表 12-4。

表 12-4　problem 取值和相应的含义

值	含　义
fitnessfcn	适应度函数
nvars	设计变量数
Aineq	线性不等式约束矩阵 $\boldsymbol{A}$
Bineq	线性不等式约束向量 $\boldsymbol{b}$
Aeq	线性等式约束矩阵 $\boldsymbol{A}_{\text{eq}}$
Beq	线性等式约束向量 $\boldsymbol{b}_{\text{eq}}$
lb	下界
ub	上界
nonlcon	非线性约束函数
intcon	整数变量指数
rngstate	字段重置随机数生成器的状态
solver	求解器函数'gamultiobj'
options	使用 optimoptions()函数创建选项

11. [x,fval] = gamultiobj (...)

该调用格式的功能是同时返回目标函数 fun 在解 x 处的值。fval 大致构成了一条空间曲线——Pareto Front 图。若各解分布较为均匀，说明该图包含了大部分最优解的情况，全局性优，适用性强。在满足 Pareto 最优的条件下，没有办法在不让某一优化目标受损的情况下令另一目标获得更优解。所以，这些解均为最优解，对最优解可以根据实际情况具体选择。

12. [x,fval,exitflag,output] = gamultiobj (...)

该调用格式的功能是返回 exitflag 值，描述函数计算的退出条件。其中，exitflag 取值和相应的含义见表 12-5。

表 12-5　exitflag 取值和相应的含义

值	含　义
1	函数收敛到最优解处
0	超过最大迭代数
−1	以输出函数或绘图函数终止的优化
−2	找不到可行点
−5	超过时限

另外，返回包含 output 结构的输出，其中，output 包含的内容及含义见表 12-6。

表 12-6　output 包含的内容及含义

内　容	含　义
problemtype	问题类型： ↘ 'unconstrained'：没有任何限制 ↘ 'boundconstraints'：仅受边界约束 ↘ 'linearconstraints'：线性约束，有或无约束 ↘ 'nonlinearconstr'：非线性约束，有或无其他类型的限制
rngstate	状态的 MATLAB 随机数发生器
generations	迭代总数，不包括 HybridFcn 迭代
funccount	函数评价总数
message	gamultiobj 退出信息
averagedistance	平均 "距离"，默认情况下是 Pareto 前端成员与其平均值之间差异的范数的标准差
spread	结合了 "距离"，并测量了最后两次迭代之间的 Pareto 前端的移动情况
maxconstraint	最终 Pareto 集的最大约束冲突

📢**注意：**

> 为了估计个体中某个特定解周围的解密度，计算该点两侧沿每个目标的两个点的平均距离，将使用最近邻点作为顶点形成的长方体周长的估计值，称为拥挤距离。

13. [x,fval,exitflag,output,population,scores] = gamultiobj (...)

该调用格式的功能是返回 population 与 scores，其中，population 是 $n \times$ nvars 矩阵，表示种群所有解；scores 是 $n \times$ nf 矩阵，表示支配解。

实例——原材料问题

源文件：yuanwenjian\ch12\ep1203.m

公司决定使用 200 万元新产品开发基金购买两种原材料 A、B，材料 A 2.3 万元/t，材料 B 3 万元/t，根据新产品开发的需要，购得原材料的总量不少于 70t，其中，原材料 B 不少于 30t，试为该公司确定最佳采购方案。

操作步骤

（1）建立数学模型。

设 x_1、x_2 分别为采购原材料 A、B 的数量，根据要求，采购的费用尽可能少，采购的总量尽可能多，采购原材料 B 尽可能多。

因此，得到如下模型：

$$\min 2.3x_1 + 3x_2$$
$$\max x_1 + x_2$$
$$\max x_2$$

约束条件为

$$\begin{cases} 2.3x_1 + 3x_2 \leqslant 200 \\ x_1 + x_2 \geqslant 70 \\ x_2 \geqslant 30 \\ x_1, x_2 \geqslant 0 \end{cases}$$

将上述问题转化为 MATLAB 标准型：

$$\min 2.3x_1 + 3x_2$$
$$\max - x_1 - x_2$$
$$\max - x_2$$
$$\text{s.t.} \begin{cases} 2.3x_1 + 3x_2 \leqslant 200 \\ -x_1 - x_2 \leqslant -70 \\ -x_2 \leqslant -30 \\ x_1, x_2 \geqslant 0 \end{cases}$$

（2）求解模型。

编写目标函数文件。

```
function f=gofun(x)
%该函数是演示函数
f(1)=2.3*x(1)+3*x(2);
f(2)=-x(1)-x(2);
f(3)=-x(2);
```

输入约束矩阵和其他约束条件。

```
>> A=[2.3 3
   -1 -1
   0 -1];            %定义不等式系数
>> b=[200 -70 -30];
>> Aeq=[];            %定义等式系数
```

```
>> beq=[];
>> lb=zeros(2,1);          %定义上下界
>> ub = [];
```

1）使用带精英策略的遗传算法求解。

设置初始数据。

```
>> nvars=2; %定义变量个数
```

调用 gamultiobj() 函数求解问题。

```
>> options =optimoptions("gamultiobj","PlotFcn","gaplotpareto","PopulationSize",100);
%设置优化参数，绘制由算法计算的数据的函数，定义种群大小
>> [x,fval,exitflag,output,population,scores] = gamultiobj(@gofun,nvars,A,b,Aeq,beq,
lb,ub,options);                %找到 Pareto 前端和所有其他输出
Optimization terminated: average change in the spread of Pareto solutions less than
options.FunctionTolerance.
```

运行结果如下，Pareto 前端图如图 12-2 所示。

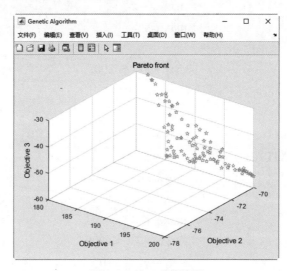

图 12-2　Pareto 前端图

```
%检查返回变量的大小
>> sizex = size(x)
sizex =
   100     2
>> sizepopulation = size(population)
sizepopulation =
   100     2
>> sizescores = size(scores)
sizescores =
   100     3
```

返回的 Pareto 前端图中有 100 个点，最终种群中有 100 个个体。population 行有 2 个维度，对应于 2 个决策变量；scores 行有 3 个维度，对应于 3 个适应度函数。

2）使用目标达到法求解。

给定目标，按照一般规律设置权重为目标的绝对值，同时给出初始条件。

```
>> goal=[200 -70 -30];
```

```
>> weight=abs(goal);
>> x0=[25 33];
```

调用 fgoalattain()函数求解上述问题。

```
>> [x,fval,attainfactor,exitflag,output,lambda] = fgoalattain(@gofun,x0,goal,weight,
A,b,[ ],[ ],lb)
```

结果如下。

```
Local minimum possible. Constraints satisfied.
fgoalattain stopped because the size of the current search direction is less than
twice the value of the step size tolerance and constraints are
satisfied to within the value of the constraint tolerance.
<stopping criteria details>
x =
   41.8848   31.4136
fval =
  190.5759  -73.2984  -31.4136
attainfactor =
   -0.0471
exitflag =
    4
output =
  包含以下字段的 struct:
        iterations: 8
         funcCount: 39
       lssteplength: 1
          stepsize: 2.8521e-08
         algorithm: 'active-set'
      firstorderopt: []
      constrviolation: 3.7792e-11
           message: 'Local minimum possible. Constraints satisfied.fgoalattain
stopped because the size of the current search direction is less thantwice the value of the
step size tolerance and constraints are satisfied to within the value of the constraint
tolerance.<stopping criteria details>Optimization stopped because the norm of the current
search direction, 2.836116e-08,is less than 2*options.StepTolerance = 1.000000e-06, and the
maximum constraint violation, 3.779162e-11, is less than options.ConstraintTolerance =
1.000000e-06.'
lambda =
  包含以下字段的 struct:
        lower: [2×1 double]
        upper: [2×1 double]
        eqlin: [0×1 double]
      eqnonlin: [0×1 double]
       ineqlin: [3×1 double]
     ineqnonlin: [0×1 double]
```

（3）模型分析。

由以上运行结果可知，最佳采购方案为：采购原材料 A 41.88t，采购原材料 B 31.4t，此时采购总费用为 190.6 万元，总重量为 73.3t。

实例——运输问题

源文件：yuanwenjian\ch12\ep1204.m

某运输公司的车按照载重量分为 4 种，该公司需要运输一部分冬储货物（不超过 100t），可调动的车辆为 27 辆，各车型载重量见表 12-7。

表 12-7 各车型载重量

车型	甲	乙	丙	丁
载重/t	3	8	10	2

可以开轻型货车（总质量为 1.8～6t）的司机有 10 名，可以开中型货车（总质量为 6～14t）的司机有 20 名。车辆运输过程中不超重，试确定充分使用车辆、使运输量最大的方案。

操作步骤

（1）建立数学模型。

设使用甲、乙、丙、丁车辆数分别为 x_1、x_2、x_3、x_4。为了充分使用车辆、运输量最大，该问题是目标规划问题，其数学模型为

$$\max x_1 + x_2 + x_3 + x_4$$
$$\max 3x_1 + 8x_2 + 10x_3 + 2x_4$$

根据各车型载重量得出约束条件为

$$\begin{cases} x_1 + x_4 \leqslant 10 \\ x_2 + x_3 \leqslant 20 \\ x_1 + x_2 + x_3 + x_4 \leqslant 27 \\ 3x_1 + 8x_2 + 10x_3 + 2x_4 \leqslant 100 \\ x_1, x_2, x_3, x_4 \text{是整数} \\ 0 \leqslant x_1, x_2, x_3, x_4 \leqslant 27 \end{cases}$$

转化为 MATLAB 标准型：

$$\min -x_1 - x_2 - x_3 - x_4$$
$$\min -3x_1 - 8x_2 - 10x_3 - 2x_4$$

$$\text{s.t.} \begin{cases} x_1 + x_2 + x_3 + x_4 \leqslant 27 \\ 3x_1 + 8x_2 + 10x_3 + 2x_4 \leqslant 100 \\ x_1 + x_4 \leqslant 10 \\ x_2 + x_3 \leqslant 20 \\ x_1, x_2, x_3, x_4 \text{是整数} \\ 0 \leqslant x_1, \ x_2, \ x_3, \ x_4 \leqslant 27 \end{cases}$$

（2）求解模型。

编写目标函数文件。

```
function f=fun13(x)
%该函数是演示函数
f(1)=-3*x(1)+ 8*x(2)-10*x(3)-2*x(4);
f(2)=-x(1)-x(2)-x(3)-x(4);
```

给出约束条件，输入目标函数的系数、约束矩阵。

```
>> A=[1 0 0 1;0 1 1 0;1 1 1 1];        %定义不等式系数
>> b =[10;20;27];
>> Aeq=[];                             %定义等式系数
>> beq=[];
>> lb = zeros(4,1);                    %定义上下界
>> ub = [27;27;27;27];
```

1）使用带精英策略的遗传算法求解。

设置初始数据。

```
>> nvars=4;                            %定义变量个数
>> nonlcon =[];                        %定义非线性不等式
>> intcon=[1,2,3,4];                   %定义整数变量
```

调用 gamultiobj() 函数求解问题。

```
>> options =optimoptions("gamultiobj","PopulationSize",5);  %设置优化参数，定义种群大小
>> [x,fval,exitflag,output] = gamultiobj(@fun13,nvars,A,b,Aeq,beq,lb,ub,nonlcon,
intcon,options)
```

结果如下。

```
Optimization terminated: average change in the spread of Pareto solutions less than
options.FunctionTolerance.
x =
    7     0    20     0
    7     0    20     0
fval =
  -221   -27
  -221   -27
exitflag =
    1
output =
  包含以下字段的 struct:
        problemtype: 'linearconstraints'
           rngstate: [1×1 struct]
        generations: 102
          funccount: 510
            message: 'Optimization terminated: average change in the spread of Pareto
solutions less than options.FunctionTolerance.'
      maxconstraint: 0
    averagedistance: 0
             spread: 0
```

上面的运行结果得到一组非劣解。

2）使用目标达到法求解。

给定目标和权重，并给出初始点。

```
>> goal=[1000,27];
>> weight=abs(goal);
>> x0=[0,0,0,0];
```

调用 fgoalattain() 函数求解问题。

```
>> [x,fval,attainfactor,exitflag,output,lambda] = fgoalattain(@fun13,x0,goal,weight,
```

```
A,b,Aeq,beq,lb,ub)
```

结果如下。

```
Local minimum possible. Constraints satisfied.
fgoalattain stopped because the size of the current search direction is less than
twice the value of the step size tolerance and constraints are
satisfied to within the value of the constraint tolerance.
<stopping criteria details>
x =
    7.0000    0.0000   20.0000         0
fval =
  -221   -27
attainfactor =
   -1.2210
exitflag =
     4
output =
    包含以下字段的 struct:
          iterations: 11
           funcCount: 76
         lssteplength: 1
            stepsize: 8.3503e-09
           algorithm: 'active-set'
       firstorderopt: []
       constrviolation: 0
             message: 'Local minimum possible. Constraints satisfied.↵fgoalattain
stopped because the size of the current search direction is less than↵twice the value of
the step size tolerance and constraints are ↵satisfied to within the value of the constraint
tolerance.↵↵<stopping criteria details>↵↵Optimization stopped because the norm of the
current search direction, 8.350288e-09,↵is less than 2*options.StepTolerance = 1.000000e-06,
and the maximum constraint ↵violation, 0.000000e+00, is less than options.ConstraintTolerance
= 1.000000e-06.'
     lambda =
        包含以下字段的 struct:
             lower: [4×1 double]
             upper: [4×1 double]
             eqlin: [0×1 double]
          eqnonlin: [0×1 double]
           ineqlin: [3×1 double]
         ineqnonlin: [0×1 double]
```

（3）模型分析。

由上述输出结果可知，在 27 辆车全部使用的情况下，使用甲型号车 7 辆、乙型号车 0 辆、丙型号车 20 辆、丁型号车 0 辆，将获得最大运输量，最大运输量为 221t。

实例——投资规划问题

扫一扫，看视频

源文件：yuanwenjian\ch12\ep1205.m

某工厂准备生产甲、乙两种新产品，生产设备费用分别为：生产 1t 甲需要 1 万元，生产 1t 乙需要 3 万元。但是，由于技术方面存在天然缺陷，这两种产品的生产均会造成环境污染，为了做好环境处理工作，每生产 1t 甲需要花费 3 万元，每生产 1t 乙需要花费 2 万元。市场调查显示，这两种新产品有广阔的市场，每个月的需求量不少于 8t，但是，工厂生产这两种产品的生产能力有限，分别为：每月生产甲 5t，生产乙 6t。试确定生产方案，使得在满足市场需要的前提下，使设备投资和环境治理费用最少。

在政府治理环境的压力下，根据工厂决策层的经验决定，这两个目标中，环境污染应优先考虑，设备投资费用的目标为 20 万元，环境治理费用的目标为 15 万元。

操作步骤

（1）建立数学模型。

假设工厂每月产品甲、乙的产量分别为 x_1、x_2，则上述问题可以表达为以下多目标规划问题。

$$\min x_1 + 3x_2$$
$$\min 3x_1 + 2x_2$$

约束条件为

$$\begin{cases} x_1 + x_2 \geqslant 8 \\ x_1 \leqslant 5 \\ x_2 \leqslant 6 \\ x_1, x_2 \geqslant 0 \end{cases}$$

转化为标准型：

$$\min x_1 + 3x_2$$
$$\min 3x_1 + 2x_2$$

$$\text{s.t.} \begin{cases} -x_1 - x_2 \leqslant -8 \\ x_1 \leqslant 5 \\ x_2 \leqslant 6 \\ x_1, x_2 \geqslant 0 \end{cases}$$

（2）求解模型。

编写目标函数文件。

```
function f=gofun1(x)
%该函数是演示函数
f(1)=x(1)+3*x(2);
f(2)=3*x(1)+2*x(2);
```

给出约束条件。

```
>> A=[-1 -1
   1 0
   0 1];              %定义不等式系数
>> b=[-8 5 6];
>> Aeq=[];            %定义等式系数
>> beq=[];
>> lb = zeros(2,1);   %定义上下界
>> ub = [];
```

1）使用带精英策略的遗传算法求解。

设置初始数据。

```
>> nvars=2;           %定义变量个数
>> nonlcon =[];       %定义非线性不等式
```

```
>> intcon=[1,2];          %定义整数变量
```

调用 gamultiobj()函数求解问题。

```
>> [x,fval,exitflag,output] = gamultiobj(@gofun1,nvars,A,b,Aeq,beq,lb,ub,nonlcon,intcon)
```

结果如下。

```
Optimization terminated: average change in the spread of Pareto solutions less than
options.FunctionTolerance.
x =
     2     6
     3     5
     4     4
     5     3
     2     6
     3     5
     4     4
     5     3
     5     3
     2     6
     4     4
     5     3
     2     6
     3     5
     4     4
     2     6
     3     5
     5     3
fval =
    20    18
    18    19
    16    20
    14    21
    20    18
    18    19
    16    20
    14    21
    14    21
    20    18
    16    20
    14    21
    20    18
    18    19
    16    20
    20    18
    18    19
    14    21
exitflag =
     1
output =
  包含以下字段的 struct:
        problemtype: 'linearconstraints'
           rngstate: [1×1 struct]
```

```
          generations: 104
            funccount: 1037
              message: 'Optimization terminated: average change in the spread of Pareto
solutions less than options.FunctionTolerance.'
        maxconstraint: 0
      averagedistance: 0.0636
               spread: 0.7906
```

上面的运行结果得到一组非劣解。

2）使用目标达到法求解。

给定目标和权重，并给出初始点。

```
>> goal=[20 12];
>> weight=abs(goal);
>> x0=[2 3];
```

调用 fgoalattain()函数求解问题。

```
>> [x,fval,attainfactor,exitflag,output,lambda] = fgoalattain(@gofun1,x0,goal,weight,
A,b,[ ],[ ],lb)
```

结果如下。

```
Local minimum possible. Constraints satisfied.
fgoalattain stopped because the size of the current search direction is less than
twice the value of the step size tolerance and constraints are
satisfied to within the value of the constraint tolerance.
<stopping criteria details>
x =
    2.0000    6.0000
fval =
    20    18
attainfactor =
    0.5000
exitflag =
     4
output =
   包含以下字段的 struct:
          iterations: 4
           funcCount: 19
         lssteplength: 1
            stepsize: 1.3174e-09
           algorithm: 'active-set'
        firstorderopt: []
        constrviolation: 8.8818e-16
              message: 'Local minimum possible. Constraints satisfied.fgoalattain
stopped because the size of the current search direction is less thantwice the value of
the step size tolerance and constraints are satisfied to within the value of the constraint
tolerance.<stopping criteria details>Optimization stopped because the norm of the
current search direction, 1.317395e-09,is less than 2*options.StepTolerance = 1.000000e-06,
and the maximum constraint violation, 8.881784e-16, is less than options.ConstraintTolerance
= 1.000000e-06.'
   lambda =
      包含以下字段的 struct:
```

```
          lower: [2×1 double]
          upper: [2×1 double]
          eqlin: [0×1 double]
       eqnonlin: [0×1 double]
        ineqlin: [3×1 double]
     ineqnonlin: [0×1 double]
```

（3）模型分析。

由以上运行结果可知，最优生产方案为：生产产品甲 2t，生产产品乙 6t，设备投资费用和环境治理费用分别为 20 万元和 18 万元。

第 13 章　极值最值问题模型

许多实际问题最终都归结为函数极值或最值问题，生活中遇到的实际问题，可以通过数学的知识建立一些函数模型和数学模型，表示为函数形式，而在求解具体问题时往往需要应用到极值和最值的求解。

智能算法起源于 20 世纪 80 年代初，近年来在实际应用方面得到了较大的发展，尤其在大数据环境下，人们在不断地探索研究以获得更有效的应用场景。本章介绍使用应用广泛的智能算法求解极值最值问题，包括粒子群算法、模式搜索法、模拟退火算法等。

- ↘ 函数极值最值问题
- ↘ 粒子群算法
- ↘ 模式搜索法
- ↘ 模拟退火算法

13.1　函数极值最值问题

函数极值最值问题用于计算函数极值和最值，是函数性质的一个重要分支和基本工具，在数学与其他科学技术问题方面，如数学建模、路程与经费、物理电路中电器消耗的功率、最优化问题、最优化方案等都有广泛的应用。不仅如此，函数极值理论在保险、价格策划、航海、航空和航天等众多领域中也富有表现性和灵活性，并具有不可替代的数学工具的作用。

13.1.1　函数极值和最值的定义

1. 函数极值的定义

设函数 $f(x)$ 在 x_0 附近有定义，如果对 x_0 附近的所有点都有 $f(x) < f(x_0)$，则 $f(x_0)$ 是函数 $f(x)$ 的一个极大值；如果对 x_0 附近所有点都有 $f(x) > f(x_0)$，则 $f(x_0)$ 是函数 $f(x)$ 的一个极小值。极大值与极小值统称为极值。

费马函数（设函数 f 在点 x_0 的某邻域内有定义，且在点 x_0 处可导，若点 x_0 为 f 的极值点，则必有 $f'(x) = 0$）：可导的极值点一定是稳定点，稳定点不一定是极值点，极值点也不一定是稳定点或不可导点。数学函数的一种稳定值，即一个极大值或一个极小值，只能在函数不可导的点或导数为 0 的点中取得。

若函数 f 在点 x_0 处可导，且 x_0 为 f 的极值点，则 $f'(x_0)=0$，也就是说可导函数在点 x_0 处取极值的必要条件是 $f'(x_0)=0$。

2. 函数最值的定义

设函数 $f(x)$ 在 X 区间上有定义，如果存在一点 $x_0 \in X$，使 $f(x_0)$ 不小于其他所有 $f(x)$，也即

$$f(x_0) \geqslant f(x), x \in X$$

则称 $f(x_0)$ 是在 X 上的最大值，又可记为

$$f(x_0) = \max\{f(x)\}$$

同样，使 $f(x_0)$ 不大于其他所有 $f(x)$，也即

$$f(x_0) \leqslant f(x), x \in X$$

则称 $f(x_0)$ 是在 X 上的最小值，又可记为

$$f(x_0) = \min\{f(x)\}$$

 注意：

函数 $f(x)$ 在 X 上未必一定有最大（最小）值。

13.1.2 函数极值和最值的联系

极值的概念来自数学应用中的最大最小值问题，定义在一个有界闭区域上的每个连续函数都必定达到它的最大值和最小值，问题在于要确定它在哪些点处达到最大值或最小值。如果不是边界点，就一定是内点，因而是极值点。这里的首要任务是求得一个内点使其成为一个极值点，即在最值的求解中，可以先求得函数在定义区间的极值和端点处的值，将所得数值进行比较，最大的为最大值，最小的为最小值。

简单说明，定义区间的最大（小）值不一定是极大（小）值，因为定义区间的端点为最值时，此处导数不一定为 0，即不是极值。同理，定义区间的极大（小）值，也不一定是函数的最大（小）值，最大（小）值可能在端点处取得。但如果区间内只有一个极值，那么这个极值一定是最值（最大值或最小值）。

极大值与极大值点：如果存在点 x_0 的某一邻域 $(x_0-\delta, x_0+\delta)$，使对任意 $x \in (x_0-\delta, x_0+\delta)$ 有 $f(x_0) > f(x)$，则称 x_0 为 $f(x)$ 的极大值点，称 $f(x_0)$ 为极大值。

极小值与极小值点：如果存在点 x_0 的某个邻域 $(x_0-\delta, x_0+\delta)$，使对任意 $x \in (x_0-\delta, x_0+\delta)$ 有 $f(x_0) < f(x)$，则称 x_0 为 $f(x)$ 的极小值点，称 $f(x_0)$ 为极小值。

最大值：在 $f(x)$ 的定义域 I 上，如果存在 $x_0 \in I$，使对任意 $x \in I$ 有 $f(x_0) > f(x)$，则称 x_0 是 $f(x)$ 的最大值点，称 $f(x_0)$ 为函数的最大值。

最小值：在 $f(x)$ 的定义域 I 上，如果存在 $x_0 \in I$，使对任意 $x \in I$ 有 $f(x_0) < f(x)$，则称 x_0 是 $f(x)$ 的最小值点，称 $f(x_0)$ 为函数的最小值。

有以下几点需要注意和区分。

（1）极值一定是函数在某个区间内的最值。

（2）极值未必是最值。

（3）如果函数的最值在某个区间内取得，那么该点一定是极值点。

13.1.3　极值问题的应用

生活中极值问题应用广泛，下面简单介绍几个实用的场合。

（1）运动员在奥运赛场上力争第一，无论怎样艰辛努力，但由于身体承受能力的极限，因此自己的比赛成绩只能在一个值徘徊，这个值可以说是一个极大值。

（2）天气气温达到 0℃ 或 0℃ 以下时，水就结成冰；天气气温达到 0℃ 或 0℃ 以上时，冰就会融化成水，因此，0℃ 是水结冰的最高温度，也是冰融化成水的最低温度，0℃ 这个温度就是冰水之间的极值温度。

（3）在家庭日常生活中，人们常用的照明灯有白炽灯、节能灯等，很多人选择节能灯是因为它有省电、省钱、寿命长等优点，既然节能灯有那么多的优点，为什么白炽灯还在继续被人们使用呢？除了一盏节能灯的价格比白炽灯贵好几倍外，白炽灯是否在某一使用时间范围内比节能灯省钱呢？这一现象同样需要用到数学知识和方法加以解决。

13.2　粒子群算法

粒子群（Particle Swarm Optimization，PSO）算法最早由 R.C. Eberhart 和 J. Kennedy 于 1995 年提出，它的基本概念源于对鸟群觅食行为的研究。

13.2.1　数学原理与数学模型

1. 数学原理

在 PSO 算法中，每个优化问题的潜在解都可以想象成 d 维搜索空间上的一个点，称之为"粒子"（Particle），所有粒子都有一个被目标函数决定的适应值（Fitness Value），每个粒子还有一个速度决定它们飞翔的方向和距离，然后粒子们就追随当前的最优粒子在解空间中搜索。经过对鸟群飞行的研究发现，鸟仅仅是追踪它有限数量的邻居，但最终的整体结果是整个鸟群好像在一个中心的控制之下，即复杂的全局行为是由简单规则的相互作用引起的。

粒子群算法通过设计一种无质量的粒子模拟鸟群中的鸟，粒子仅具有两个属性：速度和位置，速度代表移动的快慢，位置代表移动的方向。每个粒子在搜索空间中单独搜寻最优解，并将其记为当前个体极值。

早期的 PSO 算法并没有惯性权重参数，之后引入了惯性权重，将其作为一种控制群体搜索能力和探索能力的机制。

2. 数学模型

PSO 算法的数学模型可以表示为

$$V_i = \{V_{i1}, V_{i2}, \cdots, V_{id}, \cdots, V_{iD}\}$$

$$V_{id}^{k+1} = \omega V_{id}^k + c_1\xi_1(P_{id} - X_{id}) + c_2\xi_2(P_{gd} - X_{id})$$

$$X_{id}^{k+1} = X_{id}^k + V_{id}$$

其中，i 为此群中粒子的总数；V_i 为粒子的速度；X 为粒子的当前位置；c_1、c_2 为学习因子，通常

$c_1 = c_2 = 2$；ξ_1、ξ_2 为随机数；ω 为惯性权重；P_i 为粒子 i 的历史最优解；P_{id} 为 P_i 的第 d 个分量；P_g 为群体的历史最优解。

13.2.2 基本函数

在 MATLAB 中，使用 particleswarm()函数构造单目标无约束数学规划模型求解最大最小值问题，该函数在每个粒子位置对目标函数进行评价，确定最佳（最低）函数值和最佳位置。

1. x = particleswarm(fun,nvars)

该调用格式的功能是通过变换 x 使目标函数 fun 达到局部最小值指定的目标。nvars 表示变量 x 的个数。

2. x = particleswarm(fun,nvars,lb,ub)

该调用格式的功能同调用格式 1，并且定义变量 x 的上下界 lb、ub。

3. x = particleswarm(fun,nvars,lb,ub,options)

该调用格式的功能同调用格式 2，并且使用 options 参数指定的优化参数进行最小化，options 可取值为 Display、TolX、TolFun、TolCon、DerivativeCheck、FunValCheck、GradObj、GradConstr、MaxFunEvals、MaxIter、MeritFunction、GoalsExactAchieve、Diagnostics、DiffMinChange、DiffMaxChange 和 TypicalX。

4. x = particleswarm(problem)

该调用格式的功能是求解问题结构体 problem 指定的问题，problem 结构体包含所有参数。

5. [x,fval,exitflag,output] = particleswarm(…)

该调用格式的功能同调用格式 3，并且定义 fval 为解 x 处的目标函数值，fval = fun(x)；exitflag 描述函数计算的退出条件；output 包含结构的输出。

实例——面粉年生产规划问题

源文件：yuanwenjian\ch13\ep1301.m

某公司分厂用一条生产线加工 A 和 B 两种面粉，每周生产线运行时间为 60h，生产 1t 面粉 A 需要 4h，生产 1t 面粉 B 需要 6h。根据市场预测，A、B 面粉平均销售量分别为每周 9t、8t，它们的销售利润分别为 12 万元、18 万元。

试问：

（1）该企业应如何安排生产，使得在计划期内总利润最大？

（2）若允许加班，该企业应如何安排生产，使得在计划期内总利润最大？

操作步骤

（1）对于问题（1）建立数学模型。

这是一个线性规划问题，直接考虑它的线性规划模型。企业的经营目标不仅是利润，还要考虑多个方面。在制订生产计划时，应考虑以下 3 个条件。

- 产量不能超过市场预测的销售量。
- 工人加班时间最少。
- 总利润最大。

若把总利润最大看作目标，而把产量不能超过市场预测的销售量、工人加班时间最少和尽可能满足市场需求的目标看作约束，则可建立一个线性规划模型。

假设生产 A、B 的数量分别为 x_1、x_2，可以建立如下数学模型。

$$\max 12x_1 + 18x_2$$

根据题意添加约束条件：

$$\begin{cases} 4x_1 + 6x_2 \leqslant 60 \\ 0 \leqslant x_1 \leqslant 9 \\ 0 \leqslant x_2 \leqslant 8 \end{cases}$$

将上面的数学模型转化为线性规划标准型（有约束）：

$$\min -12x_1 - 18x_2$$

$$\text{s.t.} \begin{cases} 4x_1 + 6x_2 \leqslant 60 \\ 0 \leqslant x_1 \leqslant 9 \\ 0 \leqslant x_2 \leqslant 8 \\ x_1, x_2 \geqslant 0 \end{cases}$$

（2）使用线性规划方法求解模型。

首先，输入初始数据。

```
>> f=[-12;-18];          %定义目标函数系数
>> A=[4,6];              %定义线性不等式系数
>> b=[60];
>> lb=[0;0];             %定义上下界
>> ub=[9;8];
```

然后，根据设置的初始数据，调用 linprog() 函数求解线性规划问题。

```
>> [x,fval,exitflag,output,lambda]=linprog(f,A,b,[ ],[ ],lb,ub)
Optimal solution found.
x =
    3
    8
fval =
  -180
exitflag =
    1
output =
  包含以下字段的 struct:
        iterations: 1
    constrviolation: 0
           message: 'Optimal solution found.'
         algorithm: 'dual-simplex'
     firstorderopt: 0
lambda =
  包含以下字段的 struct:
     lower: [2×1 double]
     upper: [2×1 double]
     eqlin: []
   ineqlin: 3
```

由计算结果可知，生产面粉 A 3t、面粉 B 8t，可以创造最高的经济效益，为 180 万元。

（3）对于问题（2）建立数学模型。

若把加班时间最少、总利润最大看作目标，则可建立一个目标规划模型。

假设生产 A、B 的数量分别为 x_1、x_2，可以建立如下数学模型。

$$\max 12x_1 + 18x_2$$

根据题意添加约束条件：

$$\begin{cases} 0 \leqslant x_1 \leqslant 9 \\ 0 \leqslant x_2 \leqslant 8 \end{cases}$$

将上面的数学模型转化为线性规划模型（无约束）的标准型。

$$\min -12x_1 - 18x_2$$
$$\text{s.t.} \begin{cases} 0 \leqslant x_1 \leqslant 9 \\ 0 \leqslant x_2 \leqslant 8 \end{cases}$$

（4）使用目标规划方法求解模型。

编写目标函数文件。

```
function f=fun20(x)
%该函数是演示函数
f =-12*x(1)-18*x(2);
```

首先，输入初始数据。

```
>> lb=[0,0];                %定义上下界
>> ub=[9,8];
>> nvars=2;                 %定义变量个数
```

然后，根据设置的初始数据调用 particleswarm() 函数求解问题。

```
>> [x,fval,exitflag,output] = particleswarm(@fun20,nvars,lb,ub)
```

结果如下。

```
Optimization ended: relative change in the objective value
over the last OPTIONS.MaxStallIterations iterations is less than
OPTIONS.FunctionTolerance.
x =
     9     8
fval =
  -252
exitflag =
     1
output =
  包含以下字段的 struct:
       rngstate: [1×1 struct]
     iterations: 21
      funccount: 440
        message: 'Optimization ended: relative change in the objective value over the
last OPTIONS.MaxStallIterations iterations is less than OPTIONS.FunctionTolerance.'
      hybridflag: []
```

由计算结果可知，若允许加班，生产面粉 A 9t、面粉 B 8t，可以创造最高的经济效益，为 252 万元。

调用 particleswarm() 函数求解问题，同时使用内置绘图函数绘制最佳函数值随迭代次数的变化图。

```
>> options = optimoptions('particleswarm','PlotFcn',@pswplotbestf);
%调用函数求解上述问题
>> [x,fval,exitflag,output] = particleswarm(@fun20,nvars,lb,ub,options);
```

结果如图 13-1 所示。

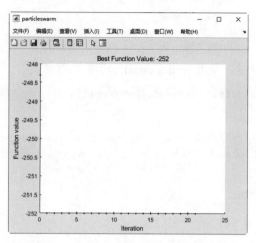

图 13-1　最佳函数值随迭代次数的变化图

实例——营养问题

源文件：yuanwenjian\ch13\ep1302.m

某饲养场所用的混合饲料由两种配料组成，要求这种混合饲料必须含有两种不同的营养成分，并且每份混合饲料中两种营养成分的含量不能低于表 13-1 所列数据。每单位的各种配料的水分见表 13-2。

表 13-1　某饲养场营养成分最低含量

营养成分甲	营养成分乙
6	4

表 13-2　每单位的各种配料的水分

配料 A	配料 B
4	5

每添加 1 单位的营养成分，配料 A 每单位的水分增加 2 单位，配料 B 每单位的水分降低 1 单位。调配饲料时，需要打开器皿，水分增加 30 单位。

试问应如何配方，使混合饲料的水分最少？

操作步骤

（1）建立数学模型。

设每份混合饲料中配料 A、B 的含量分别为 x_1、x_2，混合饲料的水分 $f(x)$ 为 $x_1(4+2x_1)-x_2(5-x_2)+30 = 2x_1^2 + x_2^2 + 4x_1 - 5x_2 + 30$。

该问题的线性规划模型为

$$\min 2x_1^2 + x_2^2 + 4x_1 - 5x_2 + 30$$
$$\text{s.t.} \begin{cases} 0 \leqslant x_1 \leqslant 6 \\ 0 \leqslant x_2 \leqslant 4 \end{cases}$$

（2）求解模型。

编写目标函数文件。

```
function f=fun21(x)
%该函数是演示函数
f =2*x(1)^2+x(2)^2+4*x(1)-5*x(2)+30;
```

首先，输入初始数据。

```
>> lb=[0,0];              %定义上下界
>> ub=[6,4];
>> nvars=2;               %定义变量个数
```

然后，根据设置的初始数据，调用 particleswarm() 函数求解问题。

```
>> [x,fval,exitflag,output] = particleswarm(@fun21,nvars,lb,ub)
```

结果如下。

```
Optimization ended: relative change in the objective value
over the last OPTIONS.MaxStallIterations iterations is less than OPTIONS.FunctionTolerance.
x =
    0    2.5000
fval =
   23.7500
exitflag =
     1
output =
  包含以下字段的 struct:
       rngstate: [1×1 struct]
     iterations: 34
      funccount: 700
        message: 'Optimization ended: relative change in the objective value over the
last OPTIONS.MaxStallIterations iterations is less than OPTIONS.FunctionTolerance.'
      hybridflag: []
```

由运行结果可知，每份混合饲料中配料 A 不增加，配件 B 的含量增加 2.5 单位，水分最少，为 23.75 单位。

13.3　模式搜索法

模式搜索法是一种解决最优化问题的直接方法，在计算时不需要目标函数的导数，所以在解决不可导的函数或求异常麻烦的函数的极值问题时，非常有效。

13.3.1　数学原理与数学模型

模式搜索就是寻找一系列的点（X_0, X_1, X_2, …），这些点都越来越靠近最优值点，当搜索进行到终止条件时，则将最后一个点作为本次搜索的解。

1. 数学原理

利用模式搜索法解决一个有 N 个自变量的最优化问题。首先要确定一个初始解 X_0，这个值的选取对计算结果影响很大；然后确定基向量用于指定搜索方向，如对于有两个自变量的问题，可设为 V（0, 1; 1, 0; -1, 0; 0, -1），即按十字方向搜索；最后确定搜索步长，它将决定算法的收敛速度，以及全局搜索能力。

具体步骤如下。

（1）计算出初始点的目标函数值 $f(X_i)$，然后计算其相邻的其他各点的值 $f(X_i+V(j)L)$，$j\in(1,2,\cdots,2N)$。

（2）如果有一点的函数值更优则表示搜索成功，那么 $X_{i+1}=X_i+V(j)L$，且下次搜索时以 X_{i+1} 为中心，以 $L=L\delta$ 为步长（$\delta>1$），扩大搜索范围。若没有找到这样的点，则表示搜索失败，仍以 X_i 为中心，以 $L=L\lambda$ 为步长（$\lambda<1$），缩小搜索范围。

（3）重复步骤（2），结果到终止条件为止。终止条件可以是迭代次数已到设定值或误差小于规定值等。

2. 数学模型

模式搜索法求解最小值问题的数学模型可以表示为

$$\min_{x\in\mathbb{R}^n} f(x)$$
$$\text{s.t.}\begin{cases}Ax\le b\\A_{eq}x=b_{eq}\\C(x)\le 0\\C_{eq}(x)=0\\l_b\le x\le u_b\end{cases}$$

其中，x、b、b_{eq}、l_b 和 u_b 为向量；A 和 A_{eq} 为矩阵；$C(x)$、$C_{eq}(x)$和 $f(x)$为函数，返回向量值，并且这些函数均可是非线性函数。

13.3.2　求解函数

在 MATLAB 中，使用 patternsearch()函数求解单目标问题，该函数采取模式搜索法构造单目标数学规划模型求解最大最小值问题。

1．x=patternsearch(fun,x0)

该调用格式的功能是设定初始条件 x0，求解目标函数 fun 的最大值最小化解 x。其中，x0 可以为标量、向量或矩阵。

函数 fun 的使用可以通过引用@完成，如

$$x = patternsearch(@myfun,[2\ 3\ 4])$$

2．x=patternsearch(fun,x0,A,b)

该调用格式的功能是求解带线性不等式约束 $Ax\le b$ 的最大值最小化问题。

3．x=patternsearch(fun,x0,A,b,Aeq,beq)

该调用格式的功能是求解上述问题，同时带有线性等式约束 $A_{eq}x=b_{eq}$。若无线性等式约束，则令 A=[ ]，b=[ ]。

4．x=patternsearch(fun,x0,A,b,Aeq,beq,lb,ub)

该调用格式的功能同调用格式 3，并且定义变量 x 所在集合的上下界。如果 x 没有上下界，则分别用空矩阵代替；如果问题中无下界约束，则令 lb(i) = -inf；如果问题中无上界约束，则令 ub(i) = inf。

5．x=patternsearch(fun,x0,A,b,Aeq,beq,lb,ub,nonlcon)

该调用格式的功能是求解上述问题，同时在约束中加上由 nonlcon()函数（通常为 M 文件定义的函数）定义的非线性约束，当调用函数[C, Ceq] = feval(nonlcon,x)时，在 nonlcon()函数的返回值中包含非线性等式约束 Ceq=0 和非线性不等式约束 C≤0。其中，C 和 Ceq 均为向量。

6．x=patternsearch(fun,x0,A,B,Aeq,beq,lb,ub,nonlcon,options)

该调用格式的功能是使用 options 参数指定的优化参数进行最小化，options 的可取值为 Display、TolX、TolFun、TolCon、DerivativeCheck、FunValCheck、GradObj、GradConstr、MaxFunEvals、MaxIter、MeritFunction、MinAbsMax、Diagnostics、DiffMinChange、DiffMaxChange 和 TypicalX。

7．x = patternsearch (problem)

该调用格式的功能是使用结构体 problem 定义参数。

8．[x,fval]=patternsearch(...)

该调用格式的功能是同时返回目标函数在解 x 处的值，fval=feval(fun,x)。

9．[x,fval, exitflag,output]=patternsearch(…)

该调用格式的功能是返回同调用格式 8 的值。另外，返回包含 output 结构的输出。

实例——药物配比问题

源文件：yuanwenjian\ch13\ep1303.m

某实验室测得小白鼠服用两种新药物 A、B 后血糖值的数据，利用回归分析得出两种药物的用量（x_1, x_2）与血糖 $f(x)$ 的回归方程为

$$f(x) = -2x_1 - 6x_2 + x_1^2 - 2x_1x_2 + 2x_2^2$$

这两种新药的用量关系为

$$\begin{cases} x_1 + x_2 \leqslant 2 \\ -x_1 + 2x_2 \leqslant 2 \end{cases}$$

根据数据推测如何设置两种药物的配比，使血糖值最低。

操作步骤

（1）建立数学模型。

极值问题模型：把上面的问题转化为最小值问题的数学模型，即

$$\min f(x) = -2x_1 - 6x_2 + x_1^2 - 2x_1x_2 + 2x_2^2$$

约束条件为

$$\begin{cases} x_1 + x_2 \leqslant 2 \\ -x_1 + 2x_2 \leqslant 2 \\ x_1, x_2 \geqslant 0 \end{cases}$$

二次规划问题模型：把上面的问题转化为 MATLAB 二次规划模型，即

$$\min_x \frac{1}{2} x^{\mathrm{T}} H x + f^{\mathrm{T}} x$$

$$\text{s.t.} \begin{cases} \boldsymbol{Ax} \leqslant \boldsymbol{b} \\ \boldsymbol{A}_{\mathrm{eq}}\boldsymbol{x} = \boldsymbol{b}_{\mathrm{eq}} \\ \boldsymbol{l}_{\mathrm{b}} \leqslant \boldsymbol{x} \leqslant \boldsymbol{u}_{\mathrm{b}} \end{cases}$$

其中，二次项系数为

$$\boldsymbol{H} = \begin{bmatrix} 2 & -2 \\ -2 & 4 \end{bmatrix}$$

线性项系数为

$$\boldsymbol{f} = \begin{bmatrix} -2 \\ -6 \end{bmatrix}$$

线性不等式系数为

$$\boldsymbol{A} = \begin{bmatrix} 1 & 1 \\ -1 & 2 \end{bmatrix}, \boldsymbol{b} = \begin{bmatrix} 2 \\ 2 \end{bmatrix}$$

下界系数为

$$\boldsymbol{l}_{\mathrm{b}} = \begin{bmatrix} 0 \\ 0 \end{bmatrix}$$

（2）使用模式搜索法求解最值问题模型。

编写目标函数文件。

```
function f=fun60(x)
%该函数是演示函数
f=-2*x(1)-6*x(2)+x(1).^2-2*x(1)  *x(2)+ 2*x(2).^2;
```

给出约束条件系数。

```
>> A=[1 1
      -1 2];
>> b=[2;2];
>> Aeq=[];              %定义等式系数
>> beq=[];
>> lb=zeros(2,1);       %定义上下界
>> ub = [];
>> x0 =[0,0];           %定义变量初始值
```

调用 **patternsearch()** 函数求解最小值。

```
>> [x1,fval1,exitflag,output] = patternsearch(@fun60,x0,A,b,Aeq,beq,lb,ub)
```

结果如下。

```
Optimization terminated: mesh size less than options.MeshTolerance.
x1 =
    0.8000    1.2000
fval1 =
   -7.2000
exitflag =
    1
output =
  包含以下字段的 struct:
        function: @fun60
     problemtype: 'linearconstraints'
```

```
        pollmethod: 'gpspositivebasis2n'
     maxconstraint: 0
      searchmethod: []
         iterations: 44
          funccount: 165
           meshsize: 9.5367e-07
           rngstate: [1×1 struct]
            message: 'Optimization terminated: mesh size less than options.MeshTolerance.'
```

由以上运行结果可知，经过 44 次迭代，函数得到最小值点(0.8000,1.2000,–7.2000)。

（3）使用内点算法求解二次规划问题模型。

在命令行窗口中输入如下参数。

```
>> H=[2 -2;
     -2 4];
>> f=[-2;-6];
>> A=[1 1
     -1 2];
>> b=[2;2];
>> lb=zeros(2,1);
```

调用二次迭代算法 quadprog()函数求解。

```
%默认使用'interior-point-convex'内点算法求解二次规划模型
>> [x,fval, exitflag,output,lambda]= quadprog(H,f,A,b,[ ],[ ],lb)
```

结果如下。

```
Minimum found that satisfies the constraints.
Optimization completed because the objective function is non-decreasing in
feasible directions, to within the value of the optimality tolerance,
and constraints are satisfied to within the value of the constraint tolerance.
<stopping criteria details>
x =
    0.8000
    1.2000
fval =
   -7.2000
exitflag =
     1
output =
  包含以下字段的 struct:
         message: 'Minimum found that satisfies the constraints.↵Optimization
completed because the objective function is non-decreasing in ↵feasible directions, to within
the value of the optimality tolerance,↵and constraints are satisfied to within the value
of the constraint tolerance.↵↵<stopping criteria details>↵Optimization completed: The
relative dual feasibility, 1.212631e-16,↵is less than options.OptimalityTolerance =
1.000000e-08, the complementarity measure,↵1.948841e-11, is less than
options.OptimalityTolerance, and the relative maximum constraint↵violation, 2.960595e-16,
is less than options.ConstraintTolerance = 1.000000e-08.'
         algorithm: 'interior-point-convex'
      firstorderopt: 1.9488e-11
      constrviolation: 0
         iterations: 4
       linearsolver: 'dense'
```

```
                cgiterations: []
    lambda =
        包含以下字段的 struct:
            ineqlin: [2×1 double]
              eqlin: [0×1 double]
              lower: [2×1 double]
              upper: [2×1 double]
```

（4）模型分析。

由以上运行结果可知，当 x 取值为[0.8000,1.2000]时，目标函数 $f(x)$ 有最小值-7.2000。即两种药物用量分别为 0.8g、1.2g 时，测得的血糖值最低，为 7.2mmol/L。

实例——Rastrigrin 函数极值问题

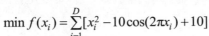

扫一扫，看视频

源文件：yuanwenjian\ch13\ep1304.m

Rastrigrin 函数是数学上常用于测试优化程序效率的函数，其数学定义如下。

$$\min f(x_i) = \sum_{i=1}^{D} [x_i^2 - 10\cos(2\pi x_i) + 10]$$

其中，$x_i \in [-5.12, 5.12]$。该函数是多峰值函数，在 $(x_1, x_2, \cdots, x_n) = (0, 0, \cdots, 0)$ 处取得全局最小值 0，函数大约有 $10n$ 个局部极小点，也是一种非线性多模态函数。

试利用模式搜索法计算该函数在指定区间的极值。

操作步骤

（1）建立数学模型。

设定义变量为 x_1、x_2，取值区间为 $-5.12 \leqslant x_i \leqslant 5.12$。

二阶 Rastrigrin：$f(x) = x_1^2 + x_2^2 - 10\cos 2\pi x_1 - 10\cos 2\pi x_2 + 20$。将二阶 Rastrigrin 的极值问题转换为以下两个问题。

求极小值：$\min f(x)$, $-5.12 \leqslant x \leqslant 5.12$

求极大值：$\min -f(x)$, $-5.12 \leqslant x \leqslant 5.12$

（2）使用模式搜索法求解极值问题模型。

编写极小值目标函数文件。

```
function f=fun70(x)
%该函数是演示函数
f=20+x(1).^2+x(2).^2-10*cos(2*pi*x(1))-10*cos(2*pi*x(2));
```

编写极大值目标函数文件。

```
function f=fun71(x)
%该函数是演示函数
f=-(20+x(1).^2+x(2).^2-10*cos(2*pi*x(1))-10*cos(2*pi*x(2)));
```

给出约束条件系数。

```
>> A=[];                  %定义不等式系数
>> b=[];
>> Aeq=[];                %定义等式系数
>> beq=[];
>> lb = [-5.21;-5.21];    %定义上下界
>> ub = [5.21;5.21];
>> x0 =[1,1];             %定义变量初始值
```

调用 patternsearch()函数求解极小值。

```
>> [x1,fval1] = patternsearch(@fun70,x0,A,b,Aeq,beq,lb,ub)
```

结果如下。

```
Optimization terminated: mesh size less than options.MeshTolerance.
x1 =
     0     0
fval1 =
     0
```

经过计算可知，函数得到极小值点(0, 0, 0)。

调用 patternsearch()函数求解极大值。

```
>> [x2,fval2] = patternsearch(@fun71,x0,A,b,Aeq,beq,lb,ub)
```

结果如下。

```
Optimization terminated: mesh size less than options.MeshTolerance.
x2 =
    4.5230    4.5230
fval2 =
  -80.7066
```

经过计算可知，函数得到极大值点(4.5230,4.5230,80.7066)。

在函数三维曲面上显示函数极值点。

```
%定义函数表达式
>> f=@(x,y)20+x.^2+y.^2-10*cos(2*pi*x)-10*cos(2*pi*y);
>> fs=fsurf(f);                    %绘制曲面
>> fs.EdgeColor = 'none';          %设置曲面边颜色
>> fs.FaceAlpha = 0.3;             %设置曲面透明度
>> hold on;
%绘制极小值点，用蓝色实点表示
>> plot3(x1(1),x1(2),fval1,'b.','MarkerSize',50)
%绘制极大值点，用红色实点表示
>> plot3(x2(1),x2(2),-fval2,'r.','MarkerSize',50)
>> legend('函数曲面','极小值','极大值')
```

运行结果如图 13-2 所示。

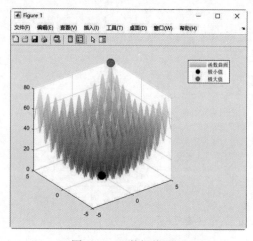

图 13-2　函数极值图形

13.4　模拟退火算法

模拟退火（Simulated Annealing，SA）算法的思想最早是由 Metropolis 等人基于物理中固体物质的退火过程与一般的组合优化问题之间的相似性提出的。模拟退火算法是一种通用的优化算法，可用于求解极值问题模型。

13.4.1　数学原理与数学模型

模拟退火本身是求最小值问题，但可以转化为求最大值问题，只需要对目标函数加个负号或取倒数。

1．数学原理

模拟退火算法是一种通用概率算法，用于在一个大的搜索空间内寻找问题的最优解。1953 年，Metropolis 等人提出了模拟退火的思想。1983 年，Kirkpatrick 等人将模拟退火算法引入了组合优化领域。

退火，俗称固体降温，先把固体加热至足够的高温 T，使固体中所有粒子处于无序的状态，然后让温度缓慢下降，粒子渐渐有序，这样只要温度上升得足够高，冷却过程足够慢，则所有粒子最终会处于最低能态。该算法试图随着控制参数 T 的降低，使目标函数值 f（内能 E）也逐渐降低，直至趋于全局最小值（退火中低温时的最低能量状态），算法工作过程就像固火过程一样。

模拟退火的物理退火过程包括以下 3 部分。

（1）加温过程。其目的是增强粒子的热运动，使其偏离平衡位置。当温度足够高时，固体将熔为液体，从而消除系统原先存在的非均匀状态。

（2）等温过程。对于与周围环境交换热量而温度不变的封闭系统，系统状态的自发变化总是朝自由能减少的方向进行的，当自由能达到最小时，系统达到平衡状态。

（3）冷却过程。使粒子热运动减弱，系统能量下降，得到晶体结构。

加温过程相当于对算法设定初值，等温过程对应算法的 Metropolis 抽样过程，冷却过程对应控制参数的下降。这里能量的变化就是目标函数，要得到的最优解就是能量最低态。

Metropolis 准则是模拟退火算法收敛于全局最优解的关键所在，Metropolis 准则以一定的概率接收恶化解，这样就能使算法跳离局部最优的陷阱。

2．数学模型

模拟退火求解最小值问题的数学模型可以表示为

$$\min_{x \in \mathbb{R}^n} f(x)$$
$$\text{s.t. } l_b \leqslant x \leqslant u_b$$

其中，x、l_b 和 u_b 为向量；$f(x)$ 为非线性函数，返回向量值。

13.4.2　求解函数

在 MATLAB 中，使用 simulannealbnd() 函数求解单目标无约束问题，该函数采取模拟退火算法构造单目标无约束数学规划模型求解最大最小值问题。具体调用格式如下。

1. x=simulannealbnd(fun,x0)

该调用格式的功能是设定初始条件 x0，求解目标函数 fun 的最小值解 x。其中，x0 可以为标量、向量或矩阵。

函数 fun 的使用可以通过引用@完成，如

$$x = simulannealbnd(@myfun,1)$$

2. x=simulannealbnd(fun,x0,lb,ub)

该调用格式的功能同调用格式 1，并且定义变量 x 所在集合的上下界。如果 x 没有上下界，则分别用空矩阵代替；如果问题中无下界约束，则令 lb(i) = -inf；如果问题中无上界约束，则令 ub(i) = −inf。

3. x=simulannealbnd(fun,x0,lb,ub,options)

该调用格式的功能是使用 options 参数指定的优化参数进行最小化，options 的可取值为 Display、TolX、TolFun、TolCon、DerivativeCheck、FunValCheck、GradObj、GradConstr、MaxFunEvals、MaxIter、MeritFunction、MinAbsMax、Diagnostics、DiffMinChange、DiffMaxChange 和 TypicalX。

4. x = simulannealbnd (problem)

该调用格式的功能是使用结构体 problem 定义参数。

5. [x,fval]=simulannealbnd(...)

该调用格式的功能是同时返回目标函数在解 x 处的值，fval=feval(fun,x)。

6. [x,fval, exitflag,output]=simulannealbnd(...)

该调用格式的功能是返回同调用格式 5 的值。另外，返回包含 output 结构的输出。

扫一扫，看视频

实例——用电量变化问题

源文件：yuanwenjian\ch13\ep1305.m

某地夏天上午 8 点到下午 14 点的用电量 y 随用电时间 t 的变化曲线近似满足函数 $y = A\sin(wt + \phi) + b$，

其中 $\phi \in (0, \pi)$，$\phi = \dfrac{\pi}{3}$，$A = 2$，$w = 2$，$b = 10$。试求这一天达到最大用电量时所用的最短时间。

操作步骤

（1）建立数学模型。

设用电时间 t 变量 x 表示，计算上午 8 点到下午 14 点的用电时间，有

$$0 \leqslant x \leqslant 6$$

对于最大用电量问题，其数学模型为

$$\max A\sin(wx + \phi) + b$$
$$\text{s.t. } 0 \leqslant x \leqslant 6$$

其非线性规划模型为

$$\min - A\sin(wx + \phi) + b$$
$$\text{s.t. } 0 \leqslant x \leqslant 6$$

（2）求解模型。

在命令行窗口中输入目标函数的常量参数。

```
>> A=2;
```

```
>> b=10;
>> s=pi/3;
>> w=2;
```

1）调用 fminimax() 函数使用序列二次规划法求解极小值。

```
>> x0=[0 6];                                           %定义初始值
>> [x,fval] = fminimax(@(x)-(A*sin(w*x+s)+b),x0)       %使用匿名函数定义求解的目标函数
```

结果如下。

```
Local minimum possible. Constraints satisfied.
fminimax stopped because the predicted change in the objective function
is less than the value of the function tolerance and constraints
are satisfied to within the value of the constraint tolerance.
<stopping criteria details>
x =
    0.2618    6.5450
fval =
 -12.0000  -12.0000
```

由运行结果可知，函数取得最大值时，x 的两个局部最小值为 0.2618 和 6.5450（$x > 6$，不符合条件）。因此，上午 8 点 15 分 42.48 秒时（用电 0.2618 小时），用电量最大，为 12kW·h。

2）调用 fminbnd() 函数使用黄金分割搜索和抛物线插值方法求解最小值。

```
>> x1=0;      %定义取值区间
>> x2=6;
>> [x,fval,exitflag,output] = fminbnd(@(x)-(A*sin(w*x+s)+b),x1,x2)
```

结果如下。

```
x =
    3.4034
fval =
 -12.0000
exitflag =
    1
output =
  包含以下字段的 struct:
    iterations: 8
     funcCount: 9
     algorithm: 'golden section search, parabolic interpolation'
       message: '优化已终止:↵ 当前的 x 满足使用 1.000000e-04 的 OPTIONS.TolX 的终止条件↵'
```

由运行结果可知，模型经过 8 次迭代后，函数取得最小值 12，x 的最小值为 3.4034。因此，上午 11 点 24 分 12.24 秒（用电 3.4034 时），用电量最大，为 12kW·h。

3）调用 simulannealbnd() 函数使用模拟退火算法求解最小值。

```
>> lb=0;                                        %定义上下界
>> ub=6;
>> x0=0;                                        %定义初始值
>> fun=@(x)-(A*sin(w.*x+s)+b);                  %定义目标函数句柄
>> [x,fval] = simulannealbnd(fun,x0,lb,ub)      %求解的目标函数
```

结果如下。

```
Optimization terminated: change in best function value less than options.FunctionTolerance.
x =
```

```
      3.4034
   fval =
     -12.0000
```

由运行结果可知，函数取得最小值 12 时，x 的最小值为 3.4034。因此，上午 11 点 24 分 12.24 秒时（用电 3.4034 时），用电量最大，为 12kW·h。

实例——Schaffer 函数极值问题

源文件：yuanwenjian\ch13\ep1306.m

Schaffer 函数是数学上常用于测试遗传算法性能的函数，全局最大点在(0,0)处，而在距离全局最大点 3.14 的范围内，有无限个次全局最大点。数学定义如下。

$$\min f(x_1, x_2) = 0.5 + \frac{(\sin\sqrt{x_1^2 + x_2^2})^2 - 0.5}{[1 + 0.001(x_1^2 + x_2^2)]^2}$$

其中，$-10 \leqslant x_1, x_2 \leqslant 10$。

函数是复杂的二维函数，具有无数个极小值点，在(0,0)处取得最小值 0。由于该函数处于强烈的振动状态，很难找到全局最优值。

试利用模拟退火算法计算该函数在指定区间的极值。

操作步骤

（1）建立数学模型。

定义函数变量为 x_1、x_2，取值区间为 $-10 \leqslant x_1, x_2 \leqslant 10$，则 Schaffer 函数为

$$f(x) = 0.5 + \frac{(\sin\sqrt{x_1^2 + x_2^2})^2 - 0.5}{[1 + 0.001(x_1^2 + x_2^2)]^2}$$

将 Schaffer 函数的极值问题转化为以下两个问题。

求极小值：$\min f(x)$，$-10 \leqslant x \leqslant 10$

求极大值：$\min - f(x)$，$-10 \leqslant x \leqslant 10$

（2）使用模拟退火算法求解极值问题模型。

编写极小值目标函数文件。

```
function f=fun80(x)
%该函数是演示函数
f=0.5+((sin(sqrt(x(1).^2+x(2)).^2)).^2-0.5)./((1+0.001*(x(1).^2+x(2).^2)).^2);
```

编写极大值目标函数文件。

```
function f=fun81(x)
%该函数是演示函数
f=-(0.5+((sin(sqrt(x(1).^2+x(2)).^2)).^2-0.5)./((1+0.001*(x(1).^2+x(2).^2)).^2));
```

给出初始参数系数。

```
>> lb=[-10;-10];          %定义上下界
>> ub=[10;10];
>> x0=[1,1];              %定义初始值
```

调用 simulannealbnd()函数求解极小值。

```
>> [x1,fval1] = simulannealbnd(@fun80,x0,lb,ub)  %求解的目标函数
```

结果如下。

```
Optimization terminated: change in best function value less than options.FunctionTolerance.
x1 =
   -1.0860   -1.1820
fval1 =
    0.0026
```

由运行结果可知,函数得到极小值点。模拟退火算法具有一定的随机性,每次的运行结果都有差别。
调用 simulannealbnd()函数求解极大值。

```
>> [x2,fval2] = simulannealbnd(@fun81,x0,lb,ub)  %求解的目标函数
```

结果如下。

```
Optimization terminated: change in best function value less than options.FunctionTolerance.
x2 =
   -1.9846    0.7791
fval2 =
   -0.9955
```

在函数三维曲面上显示函数极值点。

```
%定义函数表达式
>> f=@(x,y)(0.5+((sin(sqrt(x.^2+y.^2))).^2-0.5)./((1+0.001*(x.^2+y.^2)).^2));
>> fs=fsurf(f);                  %绘制曲面
>> fs.EdgeColor = 'none';        %设置曲面边颜色
>> fs.FaceAlpha = 0.5;           %设置曲面透明度
>> hold on;
%绘制极小值点,用蓝色实点表示
>> plot3(x1(1),x1(2),fval1,'b.','MarkerSize',50)
%绘制极大值点,用红色实点表示
>> plot3(x2(1),x2(2),-fval2,'r.','MarkerSize',50)
>> legend('函数曲面','极小值','极大值')
```

运行结果如图 13-3 所示。

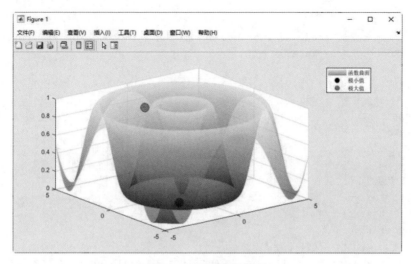

图 13-3　函数极值图形

扫一扫，看视频

实例——滑雪高度问题

源文件：yuanwenjian\ch13\ep1307.m

某国际滑雪场自建成以来，吸引了大批滑雪爱好者，一滑雪者从山坡滑下，测得滑行高度 $f(x)$ 与滑行水平距离 x（单位为 m）之间的关系可以近似用二次函数表示，利用拟合方法得到拟合函数为

$$f(x) = (x-1)^2 + 3$$

滑雪者所在山坡可向两个方向滑行。试问滑行过程中滑行高度最低时的滑行距离。

操作步骤

（1）建立数学模型。

对于滑行高度最低问题，其数学模型为

$$\min(x-1)^2 + 3$$
$$\text{s.t. } -2 \leqslant x \leqslant 2$$

利用遗传算法、模拟退火算法求解上述函数最小值。

（2）求解模型。

输入初始数据。

```
>> fun=@(x)(x-1)^2+3;        %定义目标函数系数
>> lb=[-2] ;                 %定义上下界
>> ub=[2];
>> x0=0;
```

给出约束条件。

```
>> A=[];                     %定义不等式系数
>> b =[];
>> Aeq=[];                   %定义等式系数
>> beq=[];
>> nvars =1;                 %定义变量个数
```

调用 **ga()** 函数利用遗传算法求解。

```
>> [x1,fval1,exitflag,output]  = ga(fun,nvars,A,b,Aeq,beq,lb,ub)
```

运行结果如下。

```
Optimization terminated: average change in the fitness value less than
options.FunctionTolerance.
x1 =
    1.0000
fval1 =
    3.0000
exitflag =
    1
output =
  包含以下字段的 struct:
        problemtype: 'boundconstraints'
           rngstate: [1×1 struct]
        generations: 57
          funccount: 2732
            message: 'Optimization terminated: average change in the fitness value less
than options.FunctionTolerance.'
```

```
     maxconstraint: 0
        hybridflag: []
```

然后，根据设置的初始数据，调用 simulannealbnd() 函数利用模拟退火算法求解问题。

```
>> [x2,fval2,exitflag,output]=simulannealbnd(fun,x0,lb,ub)
```

运行结果如下。

```
Optimization terminated: change in best function value less than
options.FunctionTolerance.
x =
    1.0003
fval =
    3.0000
exitflag =
    1
output =
  包含以下字段的 struct:
     iterations: 1152
      funccount: 1159
        message: 'Optimization terminated: change in best function value less than
options.FunctionTolerance.'
       rngstate: [1×1 struct]
    problemtype: 'boundconstraints'
    temperature: 0.4499
      totaltime: 0.0937
```

（3）模型分析。

由以上运行结果可知，当函数取得最小值 3 时，x 的最小值为 1。此时滑雪者滑雪水平距离为 1m，处于坡底，此时滑雪高度最低，为 3m。

第14章 测定线膨胀系数设计实例

线膨胀系数又名线弹性系数（Linear Expansivity），是固体物质的温度每改变1℃时，其长度的变化和它在0℃时长度的比值（温度每变化1℃材料长度变化的百分率）。本章通过对线膨胀系数的测定，复习矩阵的创建、编辑与应用；回顾图形的创建与编辑。

知识重点

- ↘ 线膨胀系数
- ↘ 线膨胀量的测定
- ↘ 计算线膨胀系数

14.1　线膨胀系数

固体物质的温度每改变1℃时，其长度的变化和它在0℃时长度之比称为线膨胀系数，单位为1/℃或1/开，符号为α_l。其定义式是

$$L_t = L_0(1 + \alpha_l \Delta t)$$

由于物质的不同，线膨胀系数也不相同，其数值也与实际温度和确定长度L时所选定的参考温度有关，但由于固体的线膨胀系数变化不大，通常可以忽略，而将α_l当作与温度无关的常数。

为了了解固体在一定温度范围内的平均线膨胀系数，本节利用线膨胀系数测定仪测得铜在不同温度下的长度。下面介绍测定步骤。

（1）调节千分表，调节侧面螺栓使大圆盘的指针对准0刻度线，小圆盘指针对准0.2刻度线。

（2）接通温控仪，升温到75℃，并记录20、25、30、35、…、75℃时的数据，设定达到最大值时开始降温，将主仪器的盖子打开散热，并记录75、70、…、20℃时的数据。

（3）舍去前后波动的数据，取30～60℃时的数据，并作图，计算出斜率，并通过铜的线膨胀系数计算出百分误差。

实验数据见表14-1。

表14-1　线膨胀系数实验数据

温度/℃	L/mm（升温）	L/mm（降温）	平均值/mm
20.0	0.006	0.006	0.006
25.0	0.019	0.119	0.069
30.0	0.037	0.173	0.105

温度/℃	L_i/mm（升温）	L_i/mm（降温）	平均值/mm
35.0	0.059	0.235	0.147
40.0	0.081	0.291	0.186
45.0	0.108	0.341	0.225
50.0	0.134	0.387	0.261
55.0	0.176	0.431	0.304
60.0	0.216	0.468	0.342
65.0	0.277	0.492	0.385
70.0	0.353	0.505	0.429
75.0	0.453	0.508	0.481

被测铜棒直径为 8mm，长度为 400mm，铜的线膨胀系数理论值为 $1.70 \times 10^{-5}(℃)^{-1}$。

14.2　线膨胀量的测定

在温度 θ_1 和 θ_2 下物体的长度分别为 L_1 和 L_2，$\delta L_{21} = L_2 - L_1$ 是长度为 L_1 的物体在温度从 θ_1 升至 θ_2 的伸长量。实验中需要直接测量的物理量是 δL_{21}、L_1、θ_1 和 θ_2，为了使平均线膨胀系数 $\bar{\alpha}$ 的测量结果比较精确，还要扩大到对 θ_1 和 θ_2 相应的测量，即

$$\delta L_{i1} = \bar{\alpha} L_1 (\theta_i - \theta_1), \ i = 1, 2, \cdots$$

实验中可以等间隔改变加热温度（如改变量为 10℃），从而测量相应的一系列 δL_{i1}。将所得数据采用最小二乘法进行直线拟合处理，从直线的斜率可得一定温度范围内的平均线膨胀系数 $\bar{\alpha}$。

14.2.1　创建数据矩阵

为了对比温度与线膨胀量的关系，这里将表 14-1 中的实验数据分为 3 种：20～35℃、40～55℃、60～75℃，分别使用 S1、S2、S3 表示。

扫一扫，看视频

```
>> S1=[20 0.006 0.006 0.006;25 0.019 0.119 0.069;30 0.037 0.173 0.105;35 0.059 0.235 0.147]
S1 =
   20.0000    0.0060    0.0060    0.0060
   25.0000    0.0190    0.1190    0.0690
   30.0000    0.0370    0.1730    0.1050
   35.0000    0.0590    0.2350    0.1470
>> S2=[40 0.081 0.291 0.186;45 0.108 0.341 0.225;50 0.134 0.387 0.261;55 0.176 0.431 0.304]
S2 =
   40.0000    0.0810    0.2910    0.1860
   45.0000    0.1080    0.3410    0.2250
   50.0000    0.1340    0.3870    0.2610
   55.0000    0.1760    0.4310    0.3040
>> S3=[60 0.216 0.468 0.342;65 0.277 0.492 0.385;70 0.353 0.505 0.429;75 0.453 0.508 0.481]
S3 =
   60.0000    0.2160    0.4680    0.3420
```

65.0000	0.2770	0.4920	0.3850
70.0000	0.3530	0.5050	0.4290
75.0000	0.4530	0.5080	0.4810

14.2.2 比较不同温度下膨胀量的图形

1. 绘制升温膨胀量对比图

抽取数据矩阵中的升温膨胀量，显示在二维图形中，直观地对比不同温度段温度的升高对膨胀量的影响。

（1）创建数据。

```
>> S12=S1(:,2);                    %抽取升温膨胀量，所有数据的第二列
>> S22=S2(:,2);
>> S32=S3(:,2);
>> S02=[S12;S22];                  %创建所有温度下的膨胀量
>> S02=[S02;S32];
```

（2）绘制常温图形。

```
>> subplot(2,2,1),plot(S12, 'b+')    %绘制图形
>> title('常温膨胀量')               %添加标题
>> xlabel('常温')
>> ylabel('膨胀量')
>> axis([0 5 0 0.1])
```

（3）绘制中温图形。

```
>> subplot(2,2,2),plot(S22, 'go')
>> title('中温膨胀量')
>> xlabel('中温')
>> ylabel('膨胀量')
>> axis([0 5 0 0.2])
```

（4）绘制高温图形。

```
>> subplot(2,2,3),plot(S32, 'rx')
>> title('高温膨胀量')
>> xlabel('高温')
>> ylabel('膨胀量')
>> axis([0 5 0 0.5])
```

（5）绘制所有图形。

```
>> subplot(2,2,4),plot(S02, 'kp')
>> title('升温膨胀量对比图')
>> xlabel('温度')
>> ylabel('膨胀量')
>> axis([0 12 0 0.5])
```

绘制完成的图形如图 14-1 所示。

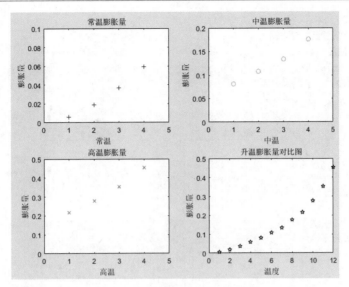

图 14-1　不同温度下的升温膨胀量

2．绘制降温膨胀量对比图

抽取数据矩阵中的降温膨胀量，显示在二维图形中，直观地对比不同温度段温度的降低对膨胀量的影响。

（1）创建数据。

```
>> S13=S1(:,3);          %抽取降温膨胀量，所有数据的第三列
>> S23=S2(:,3);
>> S33=S3(:,3);
>> S03=[S13;S23];        %创建所有温度下的膨胀量
>> S03=[S03;S33];
```

（2）绘制常温图形。

```
>> subplot(2,2,1),plot(S13, 'b+')     %绘制图形
>> title('常温膨胀量')                  %添加标题
>> xlabel('常温')
>> ylabel('膨胀量')
>> axis([0 5 0 0.3])
```

（3）绘制中温图形。

```
>> subplot(2,2,2),plot(S23, 'go')
>> title('中温膨胀量')
>> xlabel('中温')
>> ylabel('膨胀量')
>> axis([0 5 0 0.5])
```

（4）绘制高温图形。

```
>> subplot(2,2,3),plot(S33, 'rx')
>> title('高温膨胀量')
>> xlabel('高温')
>> ylabel('膨胀量')
>> axis([0 5 0 0.6])
```

（5）绘制所有图形。

```
>> subplot(2,2,4),plot(S03, 'kp')
>> title('降温膨胀量对比图')
>> xlabel('温度')
>> ylabel('膨胀量')
>> axis([0 12 0 0.6])
```

绘制完成的图形如图 14-2 所示。

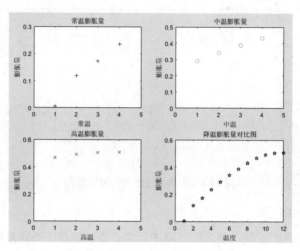

图 14-2　不同温度下的降温膨胀量

3. 绘制相同温度下升、降温膨胀量对比图

抽取数据矩阵中的升、降温膨胀量，将相同温度段内的升、降温膨胀量叠加显示在二维图形中，直观地对比不同温度段温度的变化对膨胀量的影响。

（1）绘制常温图形。

```
>> subplot(2,2,1),plot(S12, 'b-')      %绘制图形
>> gtext('升温数据')                   %标注曲线
>> hold on                             %保持命令
>> plot(S13, 'r--')
>> gtext('降温数据')
>> hold off
>> title('常温膨胀量')                 %添加标题
>> xlabel('常温')
>> ylabel('膨胀量')
>> axis([0 5 0 0.3])
```

（2）绘制中温图形。

```
>> subplot(2,2,2),plot(S22, 'b-')
>> gtext('升温数据')
>> hold on
>> plot(S23, 'r--')
>> gtext('降温数据')
>> hold off
>> title('中温膨胀量')
>> xlabel('中温')
>> ylabel('膨胀量')
>> axis([0 5 0 0.5])
```

（3）绘制高温图形。

```
>> subplot(2,2,3),plot(S32, 'b-')
>> gtext('升温数据')
>> hold on
>> plot(S33, 'r--')
>> gtext('降温数据')
>> hold off
>> title('高温膨胀量')
>> xlabel('高温')
>> ylabel('膨胀量')
>> axis([0 5 0 0.6])
```

（4）绘制所有图形。

```
>> subplot(2,2,4),plot(S02, 'kx')
>> hold on
>> plot(S03, 'ro')
>> hold off
>> title('温度膨胀量对比图')
>> xlabel('温度')
>> ylabel('膨胀量')
>> axis([0 12 0 0.6])
>> legend('升温数据','降温数据')
```

绘制完成的图形如图 14-3 所示。

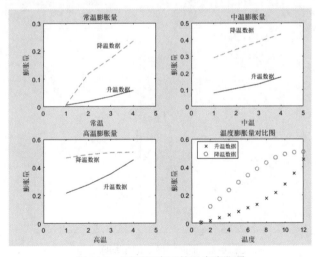

图 14-3 不同温度下的温度膨胀量

14.2.3 比较膨胀量平均值

1. 显示温度平均膨胀量

（1）创建平均数据。

```
>> S14= S1(:,4);            %抽取平均膨胀量，所有数据的第四列
>> S24=S2(:,4);
>> S34=S3(:,4);
>> S04=[S14;S24];           %创建所有温度下的平均膨胀量
```

```
>> S04=[S04;S34];
```

（2）绘制平均膨胀量对比图。

```
>> subplot(1,2,1),plot(S14, 'k+')
>> hold on
>> plot(S24, 'm>')
>> plot(S34, 'rh')
>> hold off
>> title('温度平均膨胀量对比图')
>> xlabel('温度')
>> ylabel('平均膨胀量')
>> axis([0 5 0 0.6])
>> legend('常温数据','中温数据','高温数据')
```

（3）绘制所有温度的图形。

```
>> subplot(1,2,2),plot(S04, 'b-')       %绘制图形
>> title('不同温度的平均膨胀量')           %添加标题
>> xlabel('温度')
>> ylabel('平均膨胀量')
>> axis([0 12 0 0.6])
```

绘制完成的图形如图 14-4 所示。

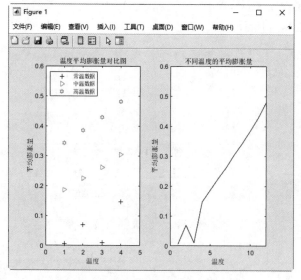

图 14-4　不同温度下的平均膨胀量

2. 计算膨胀量差值

```
>> M=(S3-S2)-(S2-S1)
ans =
        0    0.0600   -0.1080   -0.0240
        0    0.0800   -0.0710    0.0040
        0    0.1220   -0.0960   -0.0825
        0    0.1600   -0.1190    0.0200
>> M1=abs(S2-S1);
>> errorbar(S1,M1)
>> title('升降温误差棒图')
```

运行结果如图 14-5 所示。

对比结果可知，升温时，温度越高，单位温度下拉伸量越大；降温时，温度越高，单位温度下拉伸量越小。

3. 显示膨胀量差值

绘制膨胀量差值图形。

```
>> plot(M(:,2), 'b-')                      %绘制图形
>> hold on                                 %保持命令
>> plot(M(:,3), 'r--')
>> plot(M(:,4), 'k-.')
>> hold off
>> title('差值膨胀量')                       %添加标题
>> xlabel('温度')
>> ylabel('差值膨胀量')
>> legend('升温数据','降温数据','平均数据')
```

绘制完成的图形如图 14-6 所示。

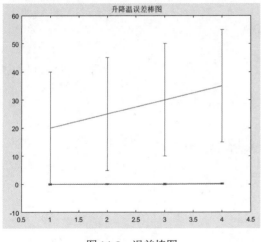

图 14-5　误差棒图

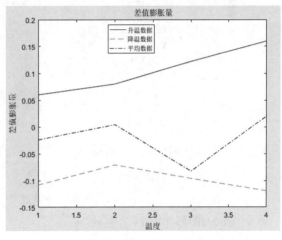

图 14-6　不同温度下的平均膨胀量差值

14.2.4　线膨胀差值的范围

扫一扫，看视频

（1）计算平均膨胀量浮动范围。

```
>> cz=S04
cz =
    0.0060
    0.0690
    0.0105
    0.1470
    0.1860
    0.2250
    0.2610
    0.3040
    0.3420
    0.3850
```

```
    0.4290
    0.4810
>> cz_max=max(cz)                        %显示平均膨胀量的最大值
cz_max =
    0.4810
>> cz_min=min(cz)                        %显示平均膨胀量的最小值
cz_min =
  0.0060
```

（2）显示线膨胀值统计图。

```
>> Y(:,1)=S02;
>> Y(:,2)=S03;
>> Y(:,3)=S04;
>> Y
Y =
    0.0060    0.0060    0.0060
    0.0190    0.1190    0.0690
    0.0370    0.1730    0.0105
    0.0590    0.2350    0.1470
    0.0810    0.2910    0.1860
    0.1080    0.3410    0.2250
    0.1340    0.3870    0.2610
    0.1760    0.4310    0.3040
    0.2160    0.4680    0.3420
    0.2770    0.4920    0.3850
    0.3530    0.5050    0.4290
    0.4530    0.5080    0.4810
>> bar(Y)
>> title('温度对膨胀量的影响')           %显示平均膨胀量的图形
>> xlabel('温度')
>> ylabel('膨胀量')
>> legend('升温数据','降温数据','平均数据')
```

绘制完成的图形如图 14-7 所示。

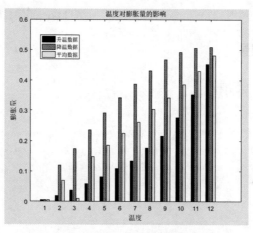

图 14-7　不同温度下的膨胀量

（3）求特征值。

```
>> d1=eigs(S1,S2,2)
```

```
d1 =
  358.7350
    9.0342
>> d2=eigs(S1,S2,2,'sm')
d2 =
  0.5979 + 0.2935i
  0.5979 - 0.2935i
```

14.3　计算线膨胀系数

在压强保持不变的情况下，温度每升高 1℃物理所变化的相应长度即为线膨胀系数α的物理意义，即

$$\alpha = \frac{1}{L}\left(\frac{\partial L}{\partial \theta}\right)_P$$

温度升高使原子的热运动加剧，从而使固体发生膨胀，设L_0为物体在初始温度θ_0下的长度，则在某个温度θ_1时物体的长度为

$$L_T = L_0\left[1+\alpha\left(\theta_1-\theta_0\right)\right]$$

当温度变化不大时，α是一个常数，即

$$\alpha = \frac{L_T - L_0}{L_0\left(\theta_1-\theta_0\right)} = \frac{\delta L}{L_0}\frac{1}{\left(\theta_1-\theta_0\right)}$$

扫一扫，看视频

14.3.1　线膨胀系数表达式

当温度变化较大时，α与$\Delta\theta$有关，可用$\Delta\theta$的多项式来描述，即
$$\alpha = a+b\Delta\theta+c\Delta\theta^2+\cdots$$
其中，a、b、c为常数。

（1）计算线膨胀系数表达式。

```
>> syms x a b c
>> xishu=a+b*x+c*x^2
xishu =
c*x^2 + b*x + a
```

在实际测量中，由于$\Delta\theta$相对比较小，一般地，忽略二次方及以上的小量，只要测得材料在温度$\theta_1\sim\theta_2$之间的伸长量δL_{21}，即得到在该温度段的平均线膨胀系数$\bar{\alpha}$，即

$$\bar{\alpha} \approx \frac{L_2-L_1}{L_1\left(\theta_2-\theta_1\right)} = \frac{\delta L_{21}}{L_1\left(\theta_2-\theta_1\right)}$$

（2）计算平均线膨胀系数$\bar{\alpha}$（Average）表达式。

```
>> syms x1 x2
>> L1=S1(:,2);
```

```
>> L2=S1(:,3);
>> Average =(L1-L2).\(L1*(x1-x2))
Average =
Inf*((3*x1)/500 - (3*x2)/500)
    (19*x2)/100 - (19*x1)/100
    (37*x2)/136 - (37*x1)/136
    (59*x2)/176 - (59*x1)/176
```

14.3.2 分析线膨胀系数

扫一扫，看视频

将平均线膨胀系数 $\bar{\alpha}$ 表达式转化为函数，其中

$$f(L_1, L_2, X) = \frac{L_1 - L_2}{xL_1}$$

计算 f 沿 $v=(1,2,3)$ 的方向导数。

```
>> clear
>> syms L1 L2 x
>> f=(L1-L2).\(L1*x);
>> v=[L1,L2,x];
>> j=jacobian(f,v)
j =
[ x/(L1 - L2) - (L1*x)/(L1 - L2)^2, (L1*x)/(L1 - L2)^2, L1/(L1 - L2)]
>> v1=[1,2,3];
>> j.*v1
ans =
[ x/(L1 - L2) - (L1*x)/(L1 - L2)^2, (2*L1*x)/(L1 - L2)^2, (3*L1)/(L1 - L2)]
```